LE GRAND LIVRE
DU VIVANT

De la molécule à la biosphère

Michel Lamy

LE GRAND LIVRE DU VIVANT

De la molécule à la biosphère

FAYARD

AVANT-PROPOS

En ce début de XXIe siècle, la biologie est sûrement l'une des sciences les plus médiatisées. En atteste l'annonce du séquençage du génome humain, riche seulement de quelque trente mille gènes, alors qu'on en escomptait cent mille.

Au cours du XXe siècle, la science biologique a réalisé des progrès considérables, notamment après 1953, date qui marque la découverte de la structure de l'ADN, et donc l'avènement de la biologie moléculaire.

Les applications furent nombreuses et les résultats spectaculaires tant dans l'agriculture, en médecine humaine et animale, que dans l'industrie (les biotechnologies). L'espérance de vie de l'homme (pour les deux sexes) est passée de quarante-cinq/cinquante ans à soixante-quinze/quatre-vingts ans, durant ce siècle. Dans les pays développés, la révolution agricole a permis la multiplication par quatre des rendements à l'hectare. Beaucoup d'autres retombées sont attendues pour le XXIe siècle. Si le XXe siècle avait été celui de la physique et de l'informatique, le XXIe siècle sera sans doute celui de la biologie.

Mais les applications peuvent générer des effets pervers : veaux aux hormones, poulets à la dioxine, vaches folles... Vous vous interrogez sur les risques liés aux plantes et aux animaux transgéniques, sur les avantages ou les inconvénients des thérapies géniques, des transplantations d'embryons, des clonages... La liste s'allonge encore lorsque l'on se réfère aux risques écologiques de ce dernier quart de siècle : déforestation, trou dans la couche d'ozone, augmentation de l'effet de serre et modifications climatiques...

L'homme, par ses actions, est mis en accusation comme perturbateur des grands équilibres de la nature. Aussi est-il confronté à des choix difficiles — de véritables choix de société, qu'il s'agisse de son alimentation, de sa santé, de son environnement, et les trois sont liés —, et de son développement industriel. De ses options dépendront son avenir et celui des générations futures.

Le Grand Livre du vivant n'a d'autre ambition que de vous informer sur l'état de la science biologique et de ses potentialités en termes d'applications. Vous n'y trouverez pas de réponses toutes faites aux questions que vous vous posez. Il vous appartiendra, après lecture, de forger votre opinion et d'opérer les choix les plus judicieux, et ce en connaissance de cause.

Informer est donc le but de cet ouvrage, destiné au grand public curieux de la nature et de sa complexité. Le sujet abordé est très vaste. Il s'agit de conduire le lecteur de l'origine de la vie, c'est-à-dire des premières molécules du vivant, jusqu'à la diversité actuelle des espèces, la biodiversité, observable sur la planète Terre et que nous appelons, du fait de la vie qu'elle supporte, la biosphère. Dans cette odyssée de la vie, nous irons du plus simple au plus complexe, de la molécule à la biosphère, comme nous imaginons que cela s'est probablement passé dans l'histoire du vivant, qui se déroule pendant quatre milliards d'années.

Pour raconter cette histoire, j'ai choisi d'aller à l'essentiel, sans entrer dans trop de détails — il existe pour cela des revues ou livres spécialisés que le lecteur intéressé trouvera en bibliographie — et en essayant de toujours replacer l'élément (ou événement) étudié dans le contexte général de l'histoire évolutive du vivant. Car le vivant a évolué à partir de briques élémentaires, constitutives de tous les êtres, jusqu'à cette diversité extraordinaire constituée d'équilibres précaires entre les espèces et leur environnement.

Puisse cette histoire se continuer... car c'est aussi la nôtre ;

Ce livre doit beaucoup à mes étudiants (naturalistes, philosophes, économistes), à leur désir de connaître et à leur exigence à mon égard qui m'a conduit à cette synthèse de mes propres connaissances. Qu'ils soient ici remerciés, ainsi que les collègues des universités bordelaises qui ont fait appel à mes services pour enseigner.

Mon éditeur, Henri Trubert, qui m'avait fait confiance lors de la publication de mon premier ouvrage de vulgarisation scientifique : *L'Intelligence de la nature*, m'a poussé dans mes derniers retranchements afin que j'aille au bout de cette synthèse et de sa compréhension par le plus grand nombre d'entre vous. Je lui dois des remerciements

particuliers pour m'avoir utilement conseillé quant au découpage définitif entre texte, illustrations et glossaire.

Mes remerciements vont également à Mme Claude Renouleaud qui
a pris beaucoup de soin pour réaliser la frappe du manuscrit plusieurs
fois remis sur le chantier, ainsi qu'à ma première lectrice, mon épouse,
qui a effectué l'illustration originale et qui enfin, et ce n'est pas le
moindre de ses mérites, m'a supporté tout au long de la réalisation de
ce passionnant projet.

Saint-Georges-de-Didonne
le 11 mars 2001

INTRODUCTION

Cet ouvrage a pour objet l'étude de la vie sur la planète Terre — la seule planète à notre connaissance dont le développement est la résultante de contraintes physico-chimiques — de son origine à sa diversité actuelle, au fil d'une aventure de près de quatre milliards d'années.

Deux lignes de force contradictoires, en apparence seulement, soustendent cette longue histoire : l'unicité et la diversité qui caractérisent le vivant.

L'unicité des molécules du vivant, de leur auto-organisation en une unité constitutionnelle, la cellule, s'accompagne d'une unité de fonctionnement. De plus, ces molécules se transmettent grâce à la reproduction sexuée — une géniale invention du vivant — de génération en génération, assurant la pérennité de l'espèce. Mais il serait réductionniste de croire que l'on peut assimiler le vivant à ces quelques molécules, même complexes, tels les acides nucléiques qui constituent les gènes.

La diversité du vivant est le fruit d'un jeu subtil entre les gènes et l'environnement. Parce que l'environnement change au cours des temps géologiques — nous raisonnons ici en milliards d'années — et que les gènes subissent des transformations (mutations), de nouvelles espèces apparaissent alors que d'autres disparaissent. La sélection naturelle fait le tri et sépare le bon grain de l'ivraie... Les espèces les mieux adaptées colonisent l'espace disponible, s'organisent entre elles : une extraordinaire diversité écologique, la biodiversité, se met en place dans des limites bien précises sur la Terre, constituant la sphère du vivant, ou biosphère.

Au sein de cette biosphère, il y a près de 100 000 ans, est apparue une espèce nouvelle, l'homme moderne, capable de modifier le cours de la vie, en colonisant tous les milieux et, depuis peu, en agissant sur les molécules du vivant, en particulier sur les gènes. L'histoire de la vie va-t-elle s'achever avec l'avènement de l'homme et par sa faute ?

Avant de retracer l'histoire du vivant, il convient de rappeler quelques données générales sur la vie et le vivant, en fait sur la biologie, science dont ils sont l'objet d'étude, et sur ses applications.

Les biologistes ont élaboré des méthodes qui leur ont permis d'aborder la vie de divers points de vue et de dégager de grands concepts admis de tous et qui seront la toile de fond de cet ouvrage. Nombreuses sont les applications de la science biologique ; certaines sont à venir. Toutes posent des problèmes d'éthique, tant aux biologistes qu'aux membres de la société qui les utilisent.

Mais comment définir la vie ?

La vie et le vivant

La biologie est, étymologiquement parlant, la science de la vie et par extension des êtres vivants. On l'oppose à la thanatologie, étude de la mort. D'ailleurs, à la fin du XVIIIe siècle, l'anatomiste et physiologiste français Xavier Bichat définit la vie par rapport à la mort. Elle comprend « l'ensemble des fonctions qui résistent à la mort ».

Dans *Le Hasard et la Nécessité*, Jacques Monod l'envisage, lui, comme la propriété des « objets doués d'un projet ».

En fait, dire ce qu'est la vie n'est pas chose aisée. Même si diverses définitions en ont été données selon les époques, elles n'ont jamais obtenu une adhésion totale. Ainsi que le soulignait Pierre-Paul Grassé, il est plus simple de définir l'être vivant.

L'être vivant, dans l'acception classique, est celui qui « se nourrit, grandit et se reproduit », autrement dit un être doué des fonctions de nutrition, de croissance et de reproduction. Dans une vision plus moderne, les biologistes contemporains s'accordent sur trois propriétés fondamentales du vivant : l'auto-organisation, la reproduction et l'évolution. D'autres éléments, caractéristiques ou fonctions, sont parfois mis en avant pour définir la vie : l'eau, le mouvement, l'homéostasie, la cellule...

Les disciplines de la biologie et leurs méthodes d'étude

Si l'objet de cette étude est difficile à identifier, les méthodes d'étude en revanche sont multiples et diversifiées. Elles reposent sur les données conjointes de l'observation et de l'expérimentation et ont bénéficié des progrès considérables de la technique.

L'étude des êtres vivants peut être entreprise de points de vue très variés auxquels correspondent des disciplines scientifiques distinctes.

Comme toutes les sciences de la nature, elle repose d'abord sur les données de l'observation, qui permet de décrire la forme et l'organisation externe de l'être vivant ; la discipline concernée est la morphologie.

La dissection, la première et la plus simple des expérimentations, donne accès à l'intimité du vivant. La forme et la disposition des organes constitutifs d'un être vivant constituent l'anatomie. Sa connaissance est indispensable pour réaliser des expérimentations plus complexes : ablation d'organe ou greffe, ligature de vaisseaux...

L'histologie étudie les tissus qui constituent les organes. Ceux-ci doivent être préparés afin d'être observables au microscope : ils sont fixés chimiquement, inclus dans de la paraffine, découpés en fines tranches puis colorés avec des colorants généralistes ou spécifiques.

La biologie cellulaire ou cytologie étudie les cellules constitutives des tissus. Des méthodes histologiques de base (affinité tinctoriale) sont mises en œuvre afin d'observer les organites qu'elles contiennent au moyen des microscopes à optiques classiques et à contraste de phase, à fluorescence, à fond noir... et du microscope électronique. Grâce à ce dernier ont été aussi découverts les micro-organismes, objets de la microbiologie et de la virologie.

Si les notions fournies par les études morphologiques, anatomiques ou cyto-histologiques semblent statiques, il ne faut pas oublier que cette apparente stabilité d'un être vivant organisé masque en fait une incessante activité chimique et physique des constituants intimes de la matière vivante. L'être vivant utilise certaines substances du milieu qui est le sien et en rejette d'autres. L'ensemble de ces transformations lui permet de fonctionner, et l'étude de ce fonctionnement, à l'échelon cellulaire, tissulaire ou de l'organe, constitue l'objet de la physiologie. Cette même discipline étudie les grandes fonctions, telles la nutrition et la digestion, l'excrétion, la respiration, ainsi que l'ensemble des organes correspondants.

Une approche nouvelle du vivant, la biochimie, doit beaucoup à une autre science, la chimie.

Anciennement appelée chimie biologique, elle traite des substances constitutives de la matière vivante. Elle est devenue indispensable lorsque l'on a commencé à étudier la physiologie. Les méthodes de la biochimie associées aux méthodes histologiques sont désormais celles de l'histochimie, de l'histoenzymologie et même de l'immunohistochimie : elles permettent la localisation et l'identification des molécules au sein des cellules et des tissus.

L'application de la biochimie aux molécules du vivant et son regroupement avec d'autres disciplines — microbiologie, virologie, immunologie — sont à l'origine de la biologie moléculaire.

Une autre partie de la biologie s'intéresse non à la molécule mais à l'individu ou organisme, à sa genèse, à son développement et à sa reproduction.

L'embryologie ou biologie du développement étudie le développement de l'embryon, de la fécondation à l'éclosion (sortie de l'œuf), ainsi que l'évolution post-embryonnaire. Croissance et développement ont pour but de conduire à la reproduction des individus. Mais celle-ci ne peut s'effectuer qu'entre individus plus ou moins semblables entre eux, appartenant à la même espèce.

La systématique (ou taxinomie) essaie, à partir des résultats obtenus par les disciplines précédentes, d'établir une classification rationnelle de tous les êtres vivants actuellement connus et décrits. L'unité de base est l'espèce et des regroupements ont été proposés, dont le plus important est l'embranchement (*cf.* tableau ci-dessous).

					X	Embranchement
				X	X	Classe
			X	X	X	Ordre
		X	X	X	X	Famille
	X	X	X	X	X	Genre
X	X	X	X	X	X	Espèce

La systématique permet le constat aisé de l'existence de deux règnes : le règne animal, étudié par les zoologistes, et le règne végétal, objet d'étude des botanistes. L'étymologie (végétal vient de *vegetare* : « augmenter », « croître », « se développer », et animal d'*anima* : « vie ») n'étant pas ici d'un grand secours, reportons-nous aux définitions données par Littré :

« Végétal : corps organisé qui végète, arbre, plante, ou biologiquement tout être organisé qui accomplit son organisation solide, liquide et gazeuse aux dépens du milieu minéral ou inorganique, par opposition à l'animal qui s'alimente aux dépens d'êtres vivants ou qui ont vécu. »

« Animal : être vivant doué de mouvements. Les êtres vivants se divisent en deux grands règnes dont les individus diffèrent notablement sur le plan global de leur architecture et de leur mode de vie. Au niveau cellulaire ils diffèrent au contraire fort peu. »

Si la distinction apparaît facile lorsque l'on compare un animal supérieur à un végétal supérieur, elle l'est beaucoup moins lorsque l'on envisage ces formes à l'organisation élémentaire, visibles uniquement grâce au microscope et présentes dans les deux règnes, que sont les êtres unicellulaires. Zoologistes et botanistes se disputent certaines de ces espèces : les premiers les appellent protozoaires, les seconds protophytes. Certains naturalistes les placent dans un règne intermédiaire, celui des protistes. Mais, nous verrons qu'il n'est guère raisonnable de vouloir établir des séparations, créer des limites nettes.

Cependant on parle encore de biologie animale, de biologie végétale, mais, comme nous le verrons ultérieurement, la cellule animale est fondamentalement identique à la cellule végétale. De plus, il faut se souvenir que le terme « biologie » a été créé par Jean-Baptiste de Lamarck en 1802 pour « désigner la science qui étudie ce qui est commun aux animaux et aux végétaux » (Langaney).

Une discipline, l'écologie, a mis à bas toutes ces barrières. Étude des êtres vivants dans leur habitat naturel, elle s'intéresse aux interactions de toute nature qui existent entre les êtres vivants (micro-organismes, végétaux et animaux) formant la biocénose et leur milieu de vie, le biotope. Arthur Tansley (1935) baptisa écosystème ce système interactif. L'écologie devint alors la science qui traite des écosystèmes. Ceux-ci interagissent dans les trois compartiments de la Terre — la lithosphère ou sphère de la roche, l'hydrosphère ou sphère aquatique et l'atmosphère ou sphère gazeuse — et forment la biosphère (sphère du vivant). L'étude des interactions entre êtres vivants fait appel à l'éthologie, la science qui étudie les mœurs et le comportement de ces mêmes êtres dans leur milieu. On a d'ailleurs démontré que l'environnement jouait un rôle important dans la genèse des comportements. À telle enseigne qu'éthologie et écologie ont donné naissance à une éthoécologie.

Lorsque l'on considère les multiples individus d'une même espèce, on constate qu'ils diffèrent par de nombreux caractères propres à chacun d'eux. Des mutations peuvent apparaître ; certaines seront transmises à la descendance. La transmission héréditaire des caractères, celle des mutations et les lois qui régissent ces phénomènes constituent le champ d'étude de la génétique.

Enfin, on pense que des mutations importantes, brusques ou progressives expliqueraient la naissance d'espèces nouvelles, chacune d'elles dérivant d'une espèce préexistante. C'est la théorie de l'évolution, qui pose bien sûr la question de l'origine de la vie.

Histoire de la biologie

À la lumière de ce qui précède, la biologie apparaît comme la somme de nombreuses disciplines qui entrent en scène successivement. On peut donc en retracer l'histoire depuis 1802, année où, rappelons-le, Lamarck créa le terme « biologie ».

D'après François Gros, François Jacob et Pierre Royer (1979), l'histoire de ces disciplines et de la biologie se décompose en quatre périodes.

Jusqu'au milieu du XIXᵉ siècle, on est encore dans la phase qui précède la biologie à proprement parler, celle dite alors de l'« histoire naturelle », qui deviendra les « sciences naturelles » (à Paris existe toujours le Muséum national d'histoire naturelle). C'est l'époque où zoologistes et botanistes décrivent, recensent les espèces animales et végétales et essaient de les classer : morphologie, anatomie comparée, zoologie, botanique, systématique sont à l'honneur.

À partir de 1850, les biologistes s'intéressent au fonctionnement du vivant. La physiologie l'emporte sur les disciplines descriptives. Qui plus est, il faut noter un effort de compréhension du vivant, dans son ensemble. On s'efforce de conceptualiser la cellule, l'évolution, les grandes fonctions du vivant... La biologie cellulaire, la biochimie, la microbiologie, la virologie et même la génétique sont les disciplines en cours d'émergence. Y sont associés notamment les noms de Virchow, Darwin, Claude Bernard, Mendel, Pasteur et Berthelot.

Au début du XXᵉ siècle, les recherches en biologie s'intensifient. Les connaissances progressent, grâce à l'utilisation de techniques de plus en plus performantes, dans des domaines restés très indépendants. Puis la convergence de disciplines variées — biologie et physiologie cellulaires, biochimie, microbiologie, virologie et génétique — conduit, au cours des années 1950 et 1960, à la biologie moléculaire. La structure et le rôle des molécules du vivant, protéines et acides nucléiques, sont élucidés. La biologie cellulaire et la génétique vont progresser énormément. Les applications attendues sont révolutionnaires, d'où le nom de « révolution biologique » donné à cette période.

Enfin, à partir des années 1970, alors que la biologie est profondément ancrée dans le moléculaire, zoologie et botanique reviennent à l'honneur alors que l'écologie prend son essor. On s'aperçoit que les êtres vivants — animaux et végétaux — sont intimement liés à leur environnement physico-chimique, constituant ainsi des écosystèmes au fonctionnement complexe et facilement déréglé par l'activité humaine.

Nous ajouterons une cinquième période aux quatre proposées en

1979 par les auteurs précités, ce tournant de siècle où les extrêmes que sont l'infiniment petit et l'infiniment grand se rejoignent.

D'une part, les recherches sur les gènes et l'ADN ont pour vecteurs la biologie moléculaire qui permet de montrer l'unicité du monde vivant en rendant caducs les clivages disciplinaires : êtres unicellulaires, êtres pluricellulaires, animaux ou végétaux fonctionnent avec les mêmes molécules, les protéines et les acides nucléiques. Ces derniers, constitutifs des gènes, sont transmis de génération en génération. La génétique rend compte de la transmission des gènes et des caractères héréditaires qu'ils portent. Mieux encore, elle permet de comprendre des phénomènes longtemps restés inexpliqués et qui relèvent de disciplines différentes : apparition d'un cancer (biologie cellulaire), développement d'un embryon (embryologie)... Elle apporte des preuves aux défenseurs de l'évolution, elle est utilisée par les écologistes (génétique des populations).

D'autre part, il existe une composante écologique, ou pour simplifier environnementale. Elle est incontournable. Lorsque l'on s'est aperçu que le fonctionnement des gènes dépend des facteurs environnementaux, alors l'écologie est à son tour devenue explicative de tous les grands problèmes de la biologie. De plus, les études écologiques sur l'environnement et sur la biosphère ont désormais un caractère pluridisciplinaire qui fait appel à la physique, à la chimie, à la géologie notamment. Ainsi l'écologie n'est-elle plus l'apanage des biologistes et de la biologie. Les autres sciences essaient de l'accaparer, comme une « science porteuse », pour employer un terme à la mode. Elle est aussi devenue un phénomène politique, mais c'est là une autre histoire.

Retenons de cette évolution de la biologie que génétique et écologie, gènes et environnement expliquent et attestent l'unicité de la biologie et du vivant.

Naissance des concepts de la biologie

À partir des données fournies par les diverses disciplines précitées, le biologiste va rechercher les phénomènes communs à tous les êtres vivants, pour en tirer de grandes généralisations ou concepts. On retiendra les quatre principaux admis par la communauté scientifique : le concept cellulaire et le concept d'évolution, formulés au XIXe siècle, le concept d'hérédité et le concept écologique, forgés au XXe siècle.

Il faut attendre 1839 pour que soit énoncé le concept cellulaire (ou doctrine cellulaire) par deux biologistes allemands, un botaniste, Matthias Jakob Schleiden, et un zoologiste, Theodor Schwann. La cellule est l'unité de base du monde vivant. De surcroît, vingt ans plus tard, un autre biologiste allemand, Rudolf Virchow, émet une autre idée intéressante : les cellules ne proviennent que de cellules préexistantes. Quand on comprend, à la fin du XIXe siècle, que la cellule mâle, le spermatozoïde, et la cellule femelle, l'ovule, s'unissent par la fécondation pour donner une nouvelle cellule, l'idée de Virchow trouve sa confirmation. La vie est bien une succession ininterrompue de cellules...

L'idée que les espèces ne sont pas stables mais se transforment est formulée en 1809 par le Français Lamarck. Elle sera reprise par le plus célèbre des biologistes britanniques, Charles Darwin, dans un livre publié en 1859 et intitulé *De l'origine des espèces par voie de sélection naturelle ou la Préservation des races favorisées dans la lutte pour la vie*. Darwin n'utilise pas le terme « évolution » ; il lui préfère l'expression « descendance avec modification » (on parlerait maintenant de continuité généalogique avec modification). Les espèces dérivent les unes des autres. Autrement dit, tous les végétaux et animaux complexes d'aujourd'hui proviennent des premiers organismes primitifs, à la suite d'une évolution progressive et continue.

Pour l'anecdote, rappelons que l'idée d'évolution fut proposée à Darwin — alors qu'il avait presque achevé son manuscrit sur l'origine des espèces au terme de près de vingt ans de travail — par un jeune biologiste anglais, Alfred Russell Wallace. Par lettre en date du 18 juin 1858 celui-ci soumettait à son aîné un texte intitulé « Sur la tendance des variétés à s'écarter indéfiniment du type primitif », à propos duquel il sollicitait son avis. La Société Linnéenne de Londres organisa une séance spéciale sur l'évolution, le 1er juillet 1858, afin de trouver un « gentleman's agreement » : on était entre Britanniques ! Darwin fut intronisé père de la théorie évolutionniste qui porte maintenant son nom, le darwinisme.

Le XXe siècle a vu se former deux autres concepts autour des deux disciplines qui ont le plus marqué ce siècle, la génétique et l'écologie.

La théorie chromosomique de l'hérédité est l'œuvre de l'école de généticiens américains dirigée par Thomas Hunt Morgan. Ce biologiste reçut le prix Nobel de physiologie et de médecine en 1933 « pour ses découvertes sur la fonction des chromosomes à porter l'hérédité ». Sa théorie allait se préciser avec la découverte des gènes — dont on sait maintenant qu'ils sont faits d'acides nucléiques — constitutifs des chromosomes et porteurs des facteurs héréditaires. On parle maintenant de théorie génique de l'hérédité. Les gènes sont transmis de génération en génération et assurent la transmission des caractères héréditaires : couleur de la peau, des yeux, des cheveux, etc.

Enfin, la théorie écologique prend en compte l'environnement comme une composante fondamentale dans le fonctionnement et l'évolution des êtres vivants. Qu'il s'agisse des gènes, des cellules, des individus, des espèces, tous fonctionnent et évoluent dans des conditions environnementales précises. Que ces conditions viennent à changer — cela a été plusieurs fois le cas au cours des temps géologiques et pourrait l'être encore aujourd'hui ou demain du fait de l'activité humaine — et tout est remis en question : des extinctions d'espèces se produisent ; des nouvelles espèces apparaissent. Le vivant ne peut être dissocié de l'environnement, auquel il s'adapte. Déjà Darwin — un pionnier de l'écologie — insistait dans « La lutte pour l'existence » (un chapitre de son ouvrage déjà cité, *De l'origine des espèces,* 1859) sur l'importance des relations des individus avec leur environnement biologique, les autres espèces, et leur environnement physico-chimique : eau (humidité), température...

Il faudra attendre 1935 pour qu'un écologiste britannique, Arthur Tansley, formalise ces interactions multiples entre les êtres vivants et leur milieu, et crée le terme d'écosystème. Ce concept sera utilisé à tous les niveaux : d'un arbre mort à une forêt, d'une plage à un océan... Enfin, depuis 1992 seulement, il est étendu à l'ensemble du monde vivant, la biodiversité, localisée dans la biosphère, cette partie de la Terre où la vie est présente.

Les applications de la biologie

Elles sont très nombreuses et souvent si familières que l'on n'a plus conscience qu'elles sont liées aux progrès de la recherche biologique. Nous aurons, tout au long de cet ouvrage, l'occasion de revenir sur certaines de ces applications. D'ores et déjà, nous pouvons les limiter à quatre secteurs : la médecine, l'agriculture et l'élevage, l'environnement et l'industrie.

La médecine, c'est-à-dire la santé humaine, est définie par l'OMS comme un « état de bien-être physique, mental et social ». Les médicaments jouent un rôle clé dans les problèmes de santé publique, et la pharmacologie a bénéficié, ces dernières années, des progrès de la biologie moléculaire. Elle bénéficiera aussi dans l'avenir de nouvelles molécules issues de la diversité du vivant, que les écologistes s'efforcent de découvrir.

L'agriculture et l'élevage sont des activités indispensables à l'homme pour assurer la production d'aliments, de vêtements et des matières premières destinées à l'industrie. L'agronomie utilise les résultats de la biologie pour accroître la productivité des cultures et des élevages. On espère pouvoir en tirer parti aussi pour améliorer la productivité de l'aquaculture, qui s'intéresse aux animaux (crustacés, poissons) et aux végétaux (algues) marins et d'eau douce.

L'environnement est objet de préoccupations. L'air que nous respirons, l'eau que nous buvons, les aliments que nous mangeons sont pollués ou contaminés. La microbiologie, science des microbes, et l'écotoxicologie, science des polluants environnementaux, réussiront-elles à résoudre les problèmes de l'environnement générés par l'agriculture, l'élevage, l'industrie, sans oublier nos activités domestiques ?

Enfin, l'industrie utilise le vivant ; on parle de bio-industrie et de biotechnologie. De tout temps, l'homme a exploité et fait travailler le vivant. Le pain, le vin et les boissons alcoolisées, les fromages pour ne citer que ces quelques exemples, sont les premières utilisations par l'homme du vivant (levures, bactéries). Plus récemment, les techniques du génie génétique ont été appliquées aux bactéries mais aussi à des animaux et à des végétaux, afin de leur faire produire des médicaments, des hormones, des vaccins... Ces techniques ont même donné naissance à de nouvelles espèces, pour le pire ou le meilleur.

De la biologie à l'éthique

Une science n'est ni bonne ni mauvaise en soi. Ce sont les applications qu'en fait la société des hommes qui posent des problèmes d'éthique.

Ainsi la physique nucléaire a-t-elle produit la bombe atomique, mais elle génère aussi une énergie propre (abstraction faite de ses déchets), qui ne participe pas à l'effet de serre, l'énergie nucléaire.

Qu'en est-t-il de la science biologique et de ses applications anciennes ou récentes ? Prenons le cas d'une de ses applications exemplaires : la médecine.

Selon Jean Bernard, la médecine a connu deux grandes révolutions suivies d'effets, heureux ou malheureux, pour la société humaine.

La révolution thérapeutique tout d'abord, qui, avec la découverte en 1937 de médicaments efficaces, les sulfamides, a enfin permis de guérir de nombreuses maladies : tuberculose, syphilis, septicémies... Peu après, en 1945, de la mise au point des antibiotiques avec la pénicilline a découlé une « explosion thérapeutique », source éventuelle d'une surconsommation de médicaments : Jean Bernard donne l'exemple d'une patiente qui en absorbait soixante-cinq par jour. Certains médicaments s'étant avéré avoir des effets néfastes sur le patient ou sa descendance, on a été amené à en interdire l'usage : ainsi de la thalidomide qui, absorbée par la mère pendant la grossesse, entraînait des malformations chez le nouveau-né et a fait de 15 000 à 20 000 victimes dans le monde en 1961-1962.

Ensuite, la révolution biologique, dans les années 1950-1960, ou maîtrise du vivant, qui a eu trois conséquences :

— la maîtrise de la reproduction humaine : contraception, fivete (fécondation *in vitro* et transfert d'embryon)...

— la maîtrise de l'hérédité par le génie génétique, aux applications multiples, tant chez l'homme (thérapie génique) que chez le végétal et l'animal (espèces transgéniques) ;

— la maîtrise du système nerveux, grâce au développement des neurosciences, qui s'efforcent de « corriger, modifier, organiser » le cerveau. Selon Jean-Didier Vincent « la génétique et la biologie moléculaire révolutionneront aussi les neurosciences ». Mais on est encore loin de la greffe de cerveau.

Mais la maladie a également une composante environnementale, qu'il faut prendre en compte. Des maladies nouvelles sont en cours d'émergence, dues à des agents pathogènes nouveaux, ou plutôt nouvellement découverts : virus du sida (syndrome d'immunodéficience acquise), virus d'Ebola, prions et encéphalopathie spongiforme, dont on recherche l'origine. Ces agents étaient sûrement présents dans l'environnement et ont été révélés par des pratiques nouvelles : la déforestation est souvent suspectée de favoriser la propagation des virus contenus dans des espèces servant de « réservoirs à virus » et avec lesquelles l'homme n'était pas en contact. Les prions sont liés aux méthodes d'élevage d'animaux d'embouche... les vaches sont devenues « folles » en mangeant des particules protéiques infectieuses (prions) de mouton, additionnées à leur alimentation.

On parle aussi de maladies de civilisation, c'est-à-dire liées à nos pratiques industrielles. Par exemple, la maladie de Minamata (Japon) est due à l'accumulation du mercure utilisé dans l'industrie devenu méthyl-mercure, au long des chaînes trophiques du milieu marin : très concentré dans le poisson, il a, par le biais de la chaîne alimentaire, contaminé le cerveau de l'homme.

Les recherches écologiques appliquées à l'homme, en écologie humaine, révèlent de nouveaux problèmes d'éthique de l'environnement que la société devra prendre en compte. Comme la maladie de Minamata, ils sont liés à la pollution. L'ozone en basse altitude, produit par les gaz d'échappement des voitures, s'accumule et provoque des troubles respiratoires surtout chez les enfants et les personnes âgées. En haute altitude, en revanche, l'ozone est détruit par des gaz d'invention humaine, les fréons. Or, cet ozone constitue une couche protectrice de la Terre : elle arrête les rayons ultraviolets B ou UVB, radiations qui brûlent la peau humaine et peuvent provoquer des cancers. Dans l'eau de boisson, on décèle des nitrates en trop grande quantité pour les nourrissons et, comme les techniques d'analyse se perfectionnent, on détecte d'autres substances tout aussi toxiques, comme des insecticides. Nitrates et insecticides sont utilisés par les agriculteurs à qui on demande d'améliorer leur productivité à l'hectare.

Sous leurs diverses formes (ou disciplines), les recherches biologiques ont eu ou auront des implications dans la société des hommes, qui devra faire des choix difficiles.

Au-delà des clivages disciplinaires — ils n'ont plus tellement de raison d'être — ce livre entend aller, à la façon de Descartes, du plus simple au plus compliqué de l'organisation du vivant : des molécules de la vie à la cellule, unité constitutionnelle des êtres vivants, de l'espèce, unité de base du vivant, à l'écosystème, unité de base de la biosphère.

De l'origine de la vie et des premières molécules du vivant à la biosphère et à la biodiversité qui la compose (près de deux millions d'espèces décrites), tel est le parcours que nous accomplirons ensemble, jalonné de merveilleuses découvertes mais où demeurent encore bien des inconnues.

PREMIÈRE PARTIE

LA VIE ET LA MATIÈRE VIVANTE DES MOLÉCULES PRÉBIOLOGIQUES AUX MOLÉCULES DU VIVANT

Si l'on admet que la vie est le passage de l'inanimé à l'animé, des substances minérales aux substances organiques, la première question à se poser est celle de son origine.

La vie a transformé la planète Terre, sur laquelle elle est apparue. Mais existe-t-elle sur d'autres planètes ? Pourrions-nous la transférer sur certaines d'entre elles, en apparence hospitalières ? Autant de questions qui suscitent des débats passionnés.

Enfin, la matière vivante ainsi formée est si différente de la matière minérale dont elle est issue qu'une étude physico-chimique s'impose. Œuvre de la chimie biologique, devenue biochimie, elle est indispensable pour comprendre le fonctionnement de la vie et des êtres vivants.

CHAPITRE I

L'origine de la vie sur Terre

Depuis plus de vingt-cinq siècles, le problème de l'origine de la vie sur Terre est débattu entre philosophes et scientifiques.

Nombreuses furent les théories, les hypothèses émises, mais, avant de les passer en revue, tordons le cou à l'une d'entre elles : la génération spontanée.

La génération spontanée

Cette théorie eut la vie longue. Défendue par Aristote (384-322 av. J.-C.), elle prétendait que la vie naissait spontanément, de la matière en décomposition et en l'absence de germes : de la boue surgissaient des vers, du sol des grillons, de la viande avariée des mouches, etc.

En 1688, un auteur italien, Francesco Redi, s'intéresse à l'origine des insectes et remet en cause les conceptions aristotéliciennes. Son expérience géniale — mais passée inaperçue — démontre que les mouches n'apparaissent pas spontanément dans la viande en décomposition, mais proviennent d'asticots, eux-mêmes sortis des œufs pondus, dans cette viande, par les mouches. De la viande mise par ses soins dans un bocal fermé par une gaze fine n'engendre pas de vers ! Redi est considéré par Jean Rostand comme un précurseur de la biologie expérimentale, avec l'introduction de témoins dans ses expériences.

Il faudra pourtant attendre les travaux de Louis Pasteur (1822-1895), deux siècles plus tard, pour démontrer qu'en l'absence de germe la vie n'est pas possible. Ces germes sont partout présents : dans l'air, l'herbe, le sol... Pasteur, en stérilisant l'atmosphère, démontre qu'aucune vie ne se développe à partir d'elle. De la même façon, si l'on met du foin à infuser dans de l'eau, on voit se développer en surface un voile dont le microscope révèle la richesse en micro-organismes tels que les infusoires (protozoaires ciliés, dont la paramécie de grande taille). Si, au préalable, le foin est stérilisé, alors l'infusion reste sans vie.

Mais si la vie ne naît pas spontanément, si elle procède d'organismes préexistants, microscopiques, les micro-organismes, comment ceux-ci se sont-ils formés ?

La panspermie

On a donc imaginé que la vie venait d'ailleurs, qu'elle était éternelle et universelle. La vie ne s'accommode que de conditions du milieu assez étroites : température modérée, présence d'atmosphère et d'eau liquide. Lorsque les planètes se sont suffisamment refroidies pour être habitables, elles furent colonisées par des semences de vie provenant des espaces interstellaires, sous forme de spores, de bactéries... de germes.

Cette théorie ébauchée par Anaxagore dès le Vᵉ siècle avant Jésus-Christ et proposée par lord Kelvin à la fin du XIXᵉ siècle fut reprise par le prix Nobel de chimie suédois (1903) Svante Arrhenius (1859-1927), qui créa en 1906 le terme de « panspermie » pour désigner la migration des spores d'une planète à l'autre.

Plus récemment, le Britannique Francis Crick, prix Nobel de physiologie et de médecine en 1962, a modernisé ce concept en imaginant que c'est volontairement que notre planète Terre a été ensemencée par des germes de vie envoyés par des êtres « intelligents » venus d'ailleurs ; mais le père de la théorie de la « panspermie dirigée » reconnaît lui-même qu'il s'agit d'une hypothèse, car il ne peut l'étayer par des preuves !

Ces dernières années, les avancées de la biologie, de l'astrophysique et de l'astrochimie ont renforcé la théorie de la panspermie, dirigée ou non.

Les biologistes ont découvert des bactéries vivant sans oxygène, dans des conditions extrêmes et parfois très longtemps. Ainsi, la dissection d'une abeille fossilisée dans l'ambre a permis de trouver dans son tube digestif des bactéries qui ont pu être réanimées... alors même qu'elles étaient en dormance depuis des millions d'années. Les bactéries feraient de bonnes candidates aux voyages interplanétaires. Mais, même bien protégées dans une météorite, il n'est pas certain qu'elles résistent aux radiations cosmiques.

Quant au voyage d'une planète à l'autre, les astrophysiciens parlent de « billard planétaire ». Si une grosse météorite frappe Mars selon un angle rasant, des débris rocheux seront arrachés de son sol. Échappant au champ de gravité martien, ils deviendront des météorites qui tomberont par exemple sur terre.

En fait, les quatre planètes rocheuses : Mercure, Vénus, Mars, la Terre, et même la Lune, échangent en permanence des débris. Or, les astrochimistes ont analysé les météorites mais aussi les poussières spatiales (particules cométaires). Les météorites contiennent, en propre, des composés carbonés simples (acide cyanhydrique, formaldéhyde...) ou complexes pouvant posséder jusqu'à cinquante atomes de carbone. Le plus surprenant fut d'y découvrir des acides aminés, fruit d'une synthèse abiotique (voir chap. II). Les poussières spatiales contiennent jusqu'à 50 % de carbone et l'on estime qu'elles apportent quotidiennement sur terre 30 tonnes environ de matière organique. Comme, lors de sa genèse, la Terre était soumise à un bombardement de météorites 10 000 fois plus important qu'aujourd'hui, on considère que les météorites ont introduit, en grande quantité des substances organiques dans l'océan primitif en formation.

Retenons l'idée générale, vraisemblable, que l'espace a pu contribuer, à l'origine des origines, à l'apport de matières premières du vivant sur les différentes planètes. La vie s'est-elle développée sur toutes, s'est-elle échangée ?

Une seule certitude, la Terre est riche de la vie. Celle-ci est-elle d'origine martienne ou vient-elle d'ailleurs ? Ne nous perdons pas en conjectures. Rien n'interdit de penser que la vie soit tout simplement née sur terre. Voyons comment.

La naissance de la vie sur la Terre : de l'inanimé à l'animé

La vie prend naissance *de novo*. À partir de la matière inerte inanimée se forme de la matière vivante, animée. Deux sortes de théories ont été formulées pour rendre compte de ce processus : l'une dite du hasard, et les autres baptisées évolutionnistes.

La théorie du hasard énonce qu'au cours d'une très longue période des temps géologiques au moins une molécule « vivante » primitive a pu apparaître sur la Terre par suite d'une combinaison, très peu probable, d'éléments atomiques. Cette molécule douée de la propriété d'autoreproduction, que l'on considère comme fondamentale entre toutes chez les êtres vivants, devait être une protéine ou mieux une nucléoprotéine, c'est-à-dire une molécule de structure très complexe. Le calcul de probabilité montre que l'obtention d'une telle structure est un hasard extraordinaire, et que l'éventualité, si elle n'est pas nulle, est très faible.

Ce « hasard créateur » a dû se poursuivre pour aboutir à des êtres organisés, fonctionnels et capables de se reproduire.

Les théories évolutionnistes considèrent que le passage de la matière inerte à des organismes vivants est le résultat d'une longue évolution chimique orientée vers l'acquisition de structures moléculaires de plus en plus ordonnées et complexes. On peut déjà trouver une ébauche de ces théories chez certains philosophes matérialistes de l'Antiquité, en particulier Épicure, puis dans le *De natura rerum* de Lucrèce. C'est au cours de la seconde moitié du XIXe siècle que Spencer et Engels ont généralisé la notion d'évolution énoncée par Lamarck et Darwin pour les êtres vivants à l'évolution chimique : des éléments minéraux devenant organiques, puis prébiologiques, enfin biologiques.

Au début de ce siècle, deux auteurs, indépendamment l'un de l'autre, ont imaginé un scénario que les scientifiques s'efforcent de démontrer par des expériences appropriées : il s'agit de la théorie d'Oparin et de Haldane (1924).

La théorie d'Oparin et de Haldane

Elle propose une biogenèse, ou genèse du vivant, en quatre étapes.

Rappelons que, d'après la théorie de Georges Gamow, le cosmos a son origine dans un noyau très dense qui explosa voilà plus de 10 milliards d'années. Ce noyau était constitué de neutrons, parmi lesquels certains devinrent des protons lors de l'explosion. Proton et neutron formèrent le deutéron, deutéron et neutron le tritium (isotope radioactif de l'hydrogène), qui devint l'hydrogène (H).

L'hydrogène était au tout début de l'évolution biologique : soit sous forme moléculaire H_2, soit combiné au carbone (méthane, CH_4), à l'oxygène (eau, H_2O), ou à l'azote (ammoniac, NH_3).

Dans l'atmosphère primitive de la Terre, H_2, CH_4, H_2O (vapeur d'eau) et NH_3 figuraient à côté du gaz carbonique (CO_2). Il n'y avait pas d'oxygène. C'est au sein de ce mélange gazeux réducteur que se produisirent les synthèses primordiales de composés organiques sous l'influence des radiations lumineuses, des ultraviolets, de la chaleur, des radiations atomiques, des décharges électriques... Acides aminés simples, trioses (sucres élémentaires), bases puriques et pyrimidiques, acides gras apparurent dans cette atmosphère primitive, pour composer les briques élémentaires de la vie.

Puis on assista à la formation d'un océan primitif : la température de la Terre diminuant, la vapeur d'eau se condensa et entraîna avec elle les composés organiques pour donner un océan primitif qui, d'après l'expression de Haldane, ressemblait à « une soupe chaude diluée ».

Dans l'océan primitif ou plutôt dans les lagunes périphériques se formèrent des substances de poids moléculaire plus élevé, par polymérisation, c'est-à-dire soudure entre eux des composés synthétisés au cours de la première étape : protéines rudimentaires à partir d'acides aminés, sucres en C_6, à partir de trioses, acides nucléiques, à partir des bases puriques et pyrimidiques, lipides, enfin, à partir des acides gras.

Ensuite, ces molécules s'associèrent les unes aux autres, dans une même catégorie, pour engendrer des systèmes polymacromoléculaires qui acquirent progressivement les attributs fondamentaux des cellules vivantes et en particulier du métabolisme et de la reproduction.

Ces premiers êtres vivants, dénommés « éobiontes » par Pirie, étaient hétérotrophes, ils se nourrissaient aux dépens des substances préfabriquées du milieu.

Oparin transposa alors aux éobiontes la notion darwinienne de sélection naturelle : la multiplication des éobiontes saprophytes entraîna la consommation rapide des molécules organiques énergétiques, en particulier des sucres, d'où la nécessité de s'adapter, en particulier en utilisant l'énergie de la lumière solaire.

Des organismes « inventèrent » la photosynthèse. Ils convertirent l'énergie solaire en énergie chimique, transformant le gaz carbonique (CO_2) et l'eau (H_2O) en sucres ; ils n'eurent plus besoin de trouver leurs aliments dans le milieu puisqu'ils les synthétisaient. Désormais autotrophes, ils dégagèrent de l'oxygène — première pollution atmosphérique d'origine naturelle — et les êtres vivants inventèrent alors la respiration, qui permet de brûler les sucres produits par les autotrophes. La respiration est-elle apparue simultanément ou secondairement par rapport à la photosynthèse ? Quelle que soit la réponse, toujours est-il qu'actuellement photosynthèse et respiration sont le moteur de fonctionnement de la biosphère telle que nous la connaissons.

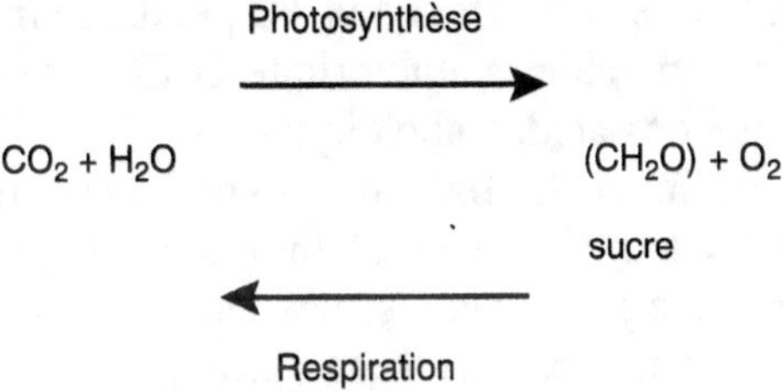

Pour employer la terminologie contemporaine, on peut dire que les éobiontes (ou protobiontes ou progénotes, selon les auteurs) sont des protobactéries, qui ont donné naissance en se multipliant aux bactéries actuelles.

Les premiers êtres autotrophes capables de photosynthèse sont des algues bleues unicellulaires, les ancêtres des cyanobactéries.

Les preuves expérimentales de la théorie d'Oparin et de Haldane

Une théorie est toujours contestable. Celle d'Oparin et de Haldane a été corroborée par l'expérimentation en laboratoire, faute de pouvoir observer le phénomène dans la nature. En effet, l'atmosphère actuelle est le résultat de l'évolution chimique que nous venons de décrire, et l'oxygène qu'elle contient (21 %) est incompatible avec l'évolution prébiologique.

La première vérification expérimentale a été réalisée en 1951 par l'école de Melvin Calvin (1951). En bombardant un mélange de CO_2 et de vapeur d'eau par les radiations ionisantes d'un cyclotron, elle a obtenu la formation d'acide formique, d'acide acétique et d'acide oxalique.

En 1953, un jeune chimiste américain, Stanley Miller, a soumis un mélange gazeux reproduisant l'atmosphère terrestre primitive (NH_3, CH_4, H_2, H_2O) à des décharges électriques répétées : il en est résulté un mélange de composés organiques, formaldéhyde (HCHO) et acide cyanhydrique (HCN), et d'acides aminés naturels.

Ces deux expériences ont ouvert la voie à ce que Huxley appelle l'« abiogenèse chimique expérimentale » et que Pirie nomme « bio-poïèse » ou « biogenèse ».

En 1959, Sidney Fox chauffe un mélange d'acides aminés, en présence de polyphosphates, et obtient des chaînes polypeptidiques ressemblant à celles des protéines ; les polyphosphates seraient les capteurs d'énergie (photosensibles). Ces « ancêtres des protéines », qu'il a nommés « protéinoïdes », sont en quelque sorte des protéines non biologiques.

En 1960, Juan Oro, en chauffant à 90 °C pendant vingt-quatre heures un mélange gazeux d'acide cyanhydrique et d'ammoniac, produit de l'adénine, une base des acides nucléiques.

Pour ne pas allonger la liste des expériences réalisées, disons qu'après les acides aminés, les protéinoïdes et les bases nucléiques (adénine, guanine, etc.), des sucres, des acides gras, des lipides, des pigments ont été obtenus par synthèse abiotique.

Mais il y a loin des molécules aux êtres vivants. Comment faire s'organiser des molécules obtenues par synthèse en laboratoire ? C'est encore à Fox que revient le mérite d'avoir réussi l'auto-organisation des protéinoïdes. Ceux-ci, dans l'eau, s'agencent en « microsphères » de deux microns de diamètre. Elles ont l'allure de bactéries sphériques et sont limitées par une « double membrane ».

Cette membrane rudimentaire sépare l'eau extérieure de l'eau intérieure. C'est par rapport à l'eau que le vivant a dû s'organiser. Des microsphères de Fox aux éobiontes (ou protobiontes), il reste beaucoup d'expériences à mener pour obtenir en laboratoire l'organisme primitif.

Dans la nature, c'est-à-dire dans des lagunes et des marécages, où alternent sécheresse et humidité, chaleur et froidure, la présence de quartz et d'argile a dû permettre l'assemblage des molécules prébiologiques. Le rôle déterminant de l'argile dans l'auto-organisation du vivant a été prouvé expérimentalement. Mais s'il a fallu, à l'état naturel, un demi-milliard d'années pour que les microsphères deviennent des éobiontes, les scientifiques expérimentent depuis moins d'un demi-siècle !

Conclusion : quelques dates utiles

L'histoire de la vie s'étend sur plusieurs milliards d'années, échelle de temps sans commune mesure avec la durée de la vie humaine. Il est bon d'insister sur la durée relative des événements dont nous avons parlé et de préciser les dates d'apparition des principaux phénomènes biologiques, ce à quoi les paléontologistes nous aident par leur datation des formes fossiles.

Le schéma de Francis Crick retrace mieux qu'un long discours cette longue histoire de la vie.

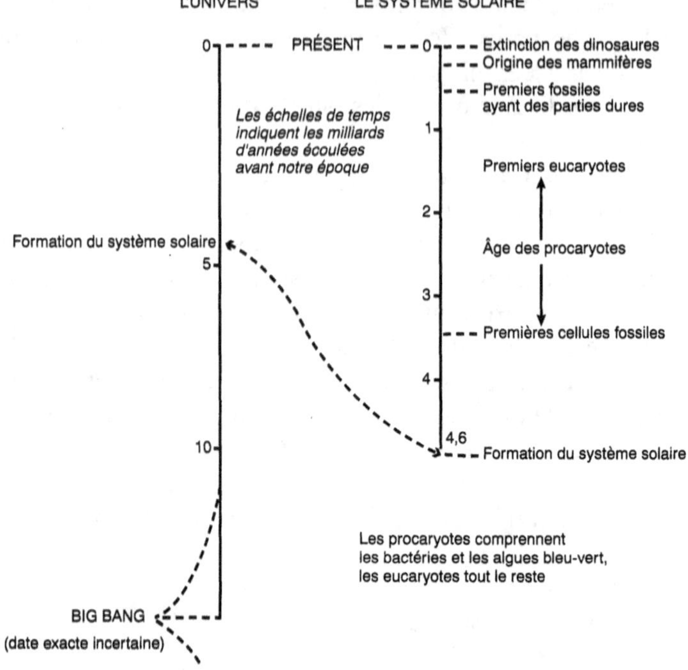

Fig. 1 — Quelques dates utiles (en milliards d'années)
(d'après F. Crick, *La vie vient de l'espace*, Hachette, 1982)

Ramenés à un an, les 4,6 milliards d'années de la Terre et de la vie permettent à Jacques Reisse et Pierre Jaisson d'établir un « calendrier de la vie » tout à fait compréhensible.

1er janvier 0 h	Naissance de la Terre
28 mars	Premiers microfossiles
25 juillet	Enrichissement en O_2
3 septembre	Premiers eucaryotes
15 novembre	Début du paléozoïque
12 décembre	Début du mésozoïque (*l'ère des dinosaures*)
26 décembre	Disparition des dinosaures et début du cénozoïque (*l'ère des mammifères*)
31 décembre 18 h 16 min 40 s	il y a 3 millions d'années
31 décembre 20 h 56 min 40 s	il y a 1,6 million d'années
31 décembre 23 h 59 min 46 s	il y a 2 000 ans

Fig. 2 — *LE CALENDRIER DE LA VIE* (4,6 milliards d'années ramenées à un an)
d'après J. Reisse, *Les Origines*, L'Harmattan, 1988.

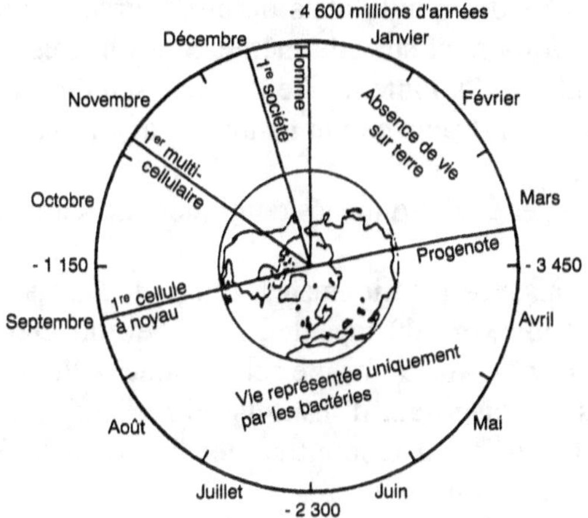

Fig. 3 — Le calendrier de la vie
*L'histoire de l'évolution de la vie sur Terre, ramenée à l'échelle d'une année,
la formation de la planète (– 4 600 millions d'années) se situant au matin du 1ᵉʳ janvier
(figure inspirée du livre de Mary E. WHITE.* The Greening of Gondwana, *REED, 1986)
(d'après P. JAISSON,* La Fourmi et le Sociobiologiste, *Odile Jacob, 1994).*

Et Dieu dans tout ça ?

Nous avons volontairement omis toute référence à un Créateur omni-potent, car si nous avions envisagé son intervention, alors la question posée, celle de l'origine de la vie, eût été caduque. Il convient tout de même de rappeler que de nombreuses théories, dont celle de la géné-ration spontanée, sont d'inspiration déiste : Dieu aurait créé la vie spontanément, voilà 6 000 ans.

Lorsque Buffon (1707-1788), partisan de la génération spontanée, osa écrire en 1744 que la Terre avait 74 000 ans, il dut bientôt se rétracter face à une Église toute-puissante qui ne lui en prêtait que six mille.

La doctrine d'inspiration religieuse qui soutient que la création a été réalisée en une seule fois a pour nom le créationnisme. Elle s'oppose à la notion d'évolution avancée par Lamarck en 1809 dans sa *Philo-sophie zoologique* et baptisée depuis « transformisme », puis reprise par Darwin en 1859 dans *De l'origine des espèces*, et devenue le « darwinisme ». Le concept d'évolution, appliqué à l'origine des espè-ces comme à l'origine de la vie, est une révolution de la pensée humaine d'une importance égale à celle de la révolution copernicienne, qui vit Copernic (1473-1543) puis Galilée (1564-1642) expliquer que la Terre n'est pas le centre du monde mais qu'elle tourne doublement, autour du Soleil en 365 jours et sur elle-même en 24 heures.

Avec l'évolution, l'homme tombe du piédestal où l'avaient placé les créationnistes. Il n'est plus que le résultat, l'aboutissement de l'évolution du vivant...

Créationnistes et évolutionnistes continuent de s'affronter et le débat n'est pas clos !

Aux États-Unis, les créationnistes, qui sont attachés à une lecture littérale de la Bible, ont dû inventer, pour devenir crédibles face aux évolutionnistes, un « créationnisme scientifique ». Pour ce faire, depuis vingt-cinq ans, ils disposent d'instituts de recherche et de chercheurs dont le travail consiste à démontrer que le contenu de la Bible est « scientifiquement prouvée ».

Démontrer que la Terre n'a que 6 000 ans n'est guère facile face aux paléontologues, qui disposent de moyens de datation de plus en plus précis. L'un d'entre eux, un Australien, Ian Pilmer, professeur à l'université de Melbourne, se bat avec les créationnistes de son pays à coups de procès — il s'y est ruiné ! Leur influence est telle qu'en 1980, dans l'État du Queensland, on autorisa l'enseignement du créationnisme en tant que science dans les écoles. Dans le même ordre d'idées, aux États-Unis, l'État du Kansas vient d'interdire aux enseignants des écoles publiques d'interroger leurs élèves sur la théorie de l'évolution !

Guillaume Lecointre, biologiste au Muséum national d'histoire naturelle de Paris, s'inquiète, à juste titre, de cette poussée du créationnisme aux États-Unis et en Australie, et de sa possible extension en Europe. Le premier congrès européen du créationnisme a eu lieu en Suisse en 1984 ; la Suède dispose d'un musée créationniste à Umeaa depuis 1996, et les Pays-Bas diffusent des cassettes vidéo créationnistes...

CHAPITRE II

La vie extraterrestre ou l'exobiologie

C'est Jashua Lederberg, prix Nobel de médecine et de physiologie en 1958, qui, vers 1960, créa le mot exobiologie pour désigner la biologie extraterrestre, c'est-à-dire l'étude de la vie dans l'univers, de ses origines, de son évolution et de sa distribution.

Cette science, aussi nommée bioastronomie, s'est développée en même temps que l'exploration spatiale. D'abord l'exploration de la Lune, dont Neil Armstrong et Edwin Aldrin furent les premiers hommes à fouler le sol le 21 juillet 1969. Puis tout récemment, en 1997, l'exploration de Mars, sur laquelle circule un « insecte-robot » envoyé par les Américains et « télécommandé » de la Terre.

Ce concept d'une vie extraterrestre n'est pas récent. On en trouve trace dans les écrits les plus anciens, chez les philosophes grecs, comme Thalès et Pythagore, et latins, tel Lucrèce, qui affirme dans le *De natura rerum* que « partout où la matière immense trouvera un espace pour la contenir et ne rencontrera nul obstacle à son développement, elle fera éclore la vie sous des formes variées ».

Plus près de nous, Giordano Bruno (1548-1600) fut brûlé vif sur ordre du Saint-Office pour avoir écrit : « Il existe d'innombrables Soleils et d'innombrables Terres tournant autour de leur Soleil exactement comme nos sept planètes tournent autour de notre Soleil. Des êtres vivants habitent ces mondes. » François Raulin, spécialiste français de l'exobiologie, considère Giordano Bruno « comme le premier martyr historique de l'exobiologie ».

Notre seule certitude est que la vie existe sur Terre, où des contraintes particulières ont permis son apparition et son développement. De telles contraintes se retrouvent-elles ailleurs dans l'univers, sur des planètes proches ou lointaines telles que Vénus ou Mars ?

Le bref rappel de ces contraintes nous conduit à dire au lecteur que nous sommes conscients, en procédant par analogie avec la seule forme de vie que nous connaissons, de limiter notre champ d'investigation. D'autres formes de vie existent peut-être, que nous sommes incapables d'imaginer...

Les contraintes de la vie sur Terre

La planète Terre possède de l'eau liquide, c'est la planète bleue, et, comme nous l'avons vu précédemment, la vie est née dans l'eau. Or l'eau, selon la température, est à l'état gazeux, liquide ou solide (glace). La température fait la différence entre ces trois états : c'est la contrainte fondamentale. Qu'en est-il sur Terre ?

La Terre tourne autour du Soleil à une distance telle que la température moyenne y est de 15 º C : à cette température, l'eau est liquide. Mais la température de 15 º C est essentiellement due à la présence, autour de la Terre, d'une enveloppe gazeuse, l'atmosphère, qui produit un « effet de serre ». L'atmosphère terrestre primitive est formée des gaz émis par les volcans, les geysers et les sources thermales. Dans cette atmosphère, des gaz comme la vapeur d'eau, le gaz carbonique, le méthane sont dits à effet de serre : ils captent les radiations lumineuses (dont les infrarouges) qui traversent l'atmosphère et se réfléchissent sur le sol, faisant augmenter la température, comme dans une serre. En l'absence de ces gaz, la température sur terre serait de − 20 º C et l'eau, à l'état de glace, n'aurait pas permis à la vie de se développer.

La contrainte de viabilité de la planète Terre est donc la température induite par les radiations solaires et amplifiée par l'effet de serre. La vie terrestre tire son énergie du Soleil, unique source énergétique des êtres vivants qui constituent la biosphère. Tout le fonctionnement de cette dernière repose sur lui. L'énergie solaire, sous la forme de multiples radiations, ne parvient que partiellement jusqu'au sol terrestre. La couche atmosphérique réfléchit (33 %) ou absorbe (14 %) de l'énergie émise, qu'elle transforme essentiellement en vent.

D'un point de vue qualitatif, toutes les radiations émises par le Soleil n'atteignent pas non plus le sol. La couche d'ozone ou ozonosphère arrête les rayons ultraviolets B alors que les infrarouges réémis par la surface de la Terre sont captés par les gaz dits à effet de serre.

Les radiations lumineuses, que les végétaux, grâce à leurs pigments assimilateurs, peuvent utiliser pour assurer la photosynthèse, ne représentent que 10 % de l'énergie totale que la Terre reçoit du Soleil : seules certaines radiations sont absorbées. C'est ainsi qu'un pigment vert (chlorophyllien) absorbe préférentiellement les radiations rouges, alors qu'un pigment rouge (dans les algues rouges par exemple) est sensible aux radiations vertes.

L'énergie solaire est transformée par les végétaux, grâce à la photosynthèse, en énergie chimique (sous forme de sucres) indispensable aux animaux et aux micro-organismes, qui se la procurent par l'alimentation ou la décomposition des êtres vivants.

Enfin, la photosynthèse des végétaux terrestres et aquatiques et la respiration des végétaux et des animaux assurent l'équilibre entre les principaux gaz de l'atmosphère actuelle, le gaz carbonique et l'oxygène.

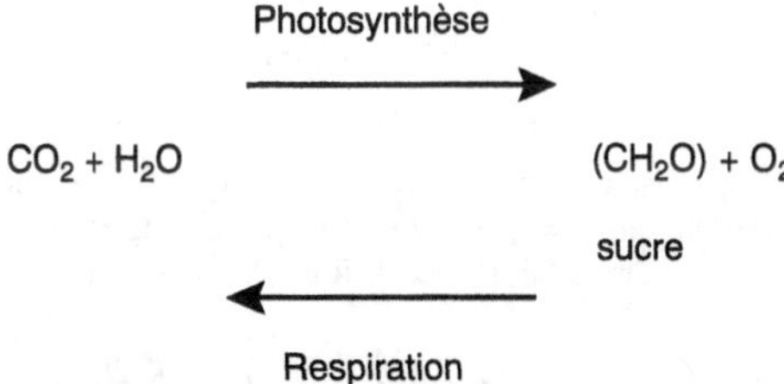

L'oxygène, essentiellement d'origine biologique, se mue en ozone, pour former l'ozonosphère, qui a permis le passage de la vie aquatique à la vie terrestre.

En d'autres termes, la biosphère terrestre conditionne, par son fonctionnement, l'atmosphère que nous respirons et assure sa propre protection.

La vie sur Vénus et Mars

Vénus et Mars sont les deux planètes les plus proches de la Terre, par rapport au Soleil. La seconde est plus éloignée de celui-ci que la première, mais les différences quant aux températures mesurées, par rapport à la Terre, sont dues à l'effet de serre.

Sur Vénus, la présence d'une atmosphère très riche en gaz carbonique induit un effet de serre considérable. La température de 480 $^{\circ}$ C est incompatible avec la vie ; l'eau est à l'état de vapeur. Sur Mars, l'effet de serre est très réduit, par absence presque totale d'atmosphère, et la température est de − 55 $^{\circ}$ C. L'eau liquide a existé autrefois sur cette planète, où l'atmosphère devait être plus abondante et plus riche en gaz carbonique, l'effet de serre y étant plus important. Les vallées encore présentes témoigneraient de cette existence ancienne d'une eau liquide. Actuellement, tout le sol de Mars, gelé en permanence, est un « pergélisol », où l'eau à l'état de glace ne permet pas la vie.

	Vénus	Terre	Mars
Distance au soleil en U.A.	0,723	1	1,523
Température de surface approximative en l'absence de gaz à effet de serre	– 20 ºC	– 20 ºC	– 60 ºC
Température de surface réelle	460 ºC	15 ºC	– 55 ºC
Réchauffement dû à l'effet de serre	480 ºC	35 ºC	5 ºC

Fig. 4 — Comparaisons entre la Terre, Vénus et Mars : distance au soleil
(1 U.A. = unité astronomique = 149 597 870 km), réchauffement par effet de serre
(modifié d'après I. Rasool, 1993)

Les recherches actuelles, menées par les Américains grâce à des robots de petite taille qui parcourent et analysent le sol de Mars, sur un grand nombre de sites (les deux derniers, envoyés en septembre et décembre 1999, ont disparu...), vont-elles montrer que la vie a existé sur Mars du temps où l'eau y était liquide ? Des fossiles de bactéries ou de structures biologiques rudimentaires seront-ils découverts ?

Si tel était le cas, alors, « la découverte d'une vie, même éteinte, sur Mars, comme l'a déclaré le physicien américain Philip Mottison, transformerait l'origine de la vie de miracle en statistique » (F. Raulin).

La Lune, un astre mort

La Lune étant l'astre le plus proche de la Terre, il n'est pas étonnant qu'elle ait été l'objet de convoitise pour les hommes et de recherche pour les scientifiques.

Il fallut attendre 1959 pour que les Russes fassent alunir la sonde *Luna-2,* et 1969 pour que deux Américains foulent le sol lunaire. Les analyses réalisées sur les échantillons du sol lunaire rapportés à l'occasion de six alunissages, en trois ans, ne révèlent pas de vie : ni organismes, ni composés organiques.

La Lune, ne possédant pas d'atmosphère protectrice, est une planète inhospitalière. Toute vie y est rendue impossible par les radiations cosmiques et les particules de haute énergie qui la bombardent. Elle est également percutée par des météorites, auxquels on attribue les cratères qui modèlent son sol.

La Lune joue un rôle fondamental comme stabilisateur de l'angle d'inclinaison de l'axe terrestre, au voisinage de 23º par rapport au Soleil, ce qui crée les conditions climatiques compatibles avec la vie sur Terre. De plus, lors de la formation de la Lune, il y a 4,5 milliards d'années, par percussion de la Terre par une planète errante de trois fois la masse de Mars, l'atmosphère terrestre aurait été balayée. Sans cette collision, l'atmosphère de notre planète ressemblerait à celle de Vénus.

Et les météorites ?

Nous avons précédemment émis des réserves sur la théorie de la panspermie, telle qu'elle a été formulée à son origine, d'échanges de germes, c'est-à-dire d'organismes vivants, faute de preuves d'une telle hypothèse, mais avons indiqué la contribution des météorites à l'apport de substances organiques sur Terre.

Jusqu'en 1969, avant l'alunissage, nous ne disposions que des météorites comme objets extraterrestres. La Terre reçoit un très grand nombre de ces fragments de corps célestes gravitant dans l'espace interstellaire. L'origine en est incertaine : sont-ils lunaires, martiens... ?

L'analyse chimique de météorites a permis de déceler de nombreux composés organiques dans certaines d'entre elles : les chondrites carbonées. Les analyses révèlent à la fois la présence d'acides aminés et de bases puriques et pyrimidiques (ou de leurs précurseurs). De là à penser qu'une synthèse organique abiotique ait pu se réaliser dans l'atmosphère extraterrestre et conduire aux briques du vivant, il n'y a qu'un pas, que franchissent les exobiologistes. Ils imaginent même que ces briques auraient pu venir sur Terre et contribuer, avec les molécules prébiologiques de l'atmosphère terrestre, à l'enrichissement en matière organique de l'océan primitif d'où allait naître la vie.

Toujours est-il que l'étude de ces météorites n'a pas permis de trouver des restes d'organismes : spores, bactéries, etc., jusqu'au 7 août 1997. Ce jour-là, dix scientifiques de la NASA et de l'université de Stanford, en Californie, ont annoncé avoir peut-être découvert un fossile de bactérie primitive dans une météorite de Mars (Allan Hills 84001). Mais rien n'est encore certain : la bactérie trouvée serait cent fois plus petite que les bactéries terriennes et, sa structure biologique intérieure n'étant pas accessible, rien n'empêche de penser qu'elle est purement minérale !

L'exobiologie nous réserve encore bien des surprises, d'autant que la prémonition de Giordano Bruno est en partie prouvée. Cinquante planètes ont été repérées par les astronomes au-delà de notre système solaire. Ces « exoplanètes » tournent autour de leur propre Soleil. Sont-elles des dizaines ou des milliers ? Toujours est-il qu'il serait bien extraordinaire que parmi ces milliers de planètes il n'en existe pas une, semblable à la Terre, et où la vie aurait pu se développer. Pour l'instant, la contribution de cette science, et ce n'est pas son moindre mérite, a été d'expliquer en partie l'origine de la vie sur Terre, la seule planète où elle ait pu se développer, à partir des briques du vivant, dont certaines viendraient de l'espace.

Conclusion : la vie sauvée grâce à l'espace

La vie sur Terre étant menacée par les activités humaines (cf. chap. XIII), les scientifiques envisagent de sauver des espèces et l'homme lui-même grâce à l'espace. Mais pourra-t-on préserver la vie grâce à l'espace ?

Deux possibilités sont envisageables : soit mettre sur orbite une plate-forme suffisamment grande contenant les espèces à sauver, soit ensemencer par des germes, comme l'envisageait Francis Crick, une planète lointaine.

Le 12 avril 1961, Youri Gagarine effectuait le premier vol spatial à bord de *Vostok-1*, vol de 1 h 48 mn. Depuis lors, de nombreuses expériences ont été tentées à la fois pour allonger la durée du vol (le maximum actuel est de 437 jours pour le russe Valeri Poliakov en (1994-1995) et augmenter le nombre de participants. En 1996, on comptait 344 spationautes, pour presque 6 milliards d'êtres humains (6 sur 10 étaient américains, 3 russes, 1 d'une autre nationalité). Il faut savoir que les Russes demandent 12,5 millions de dollars pour monter à bord de la capsule *Soyouz* et qu'un vol de deux mois ne coûterait pas plus de 30 millions de dollars. On comprend alors pourquoi il est plus rentable, scientifiquement et économiquement, de partir pour des vols de longue durée. Encore faut-il que les spationautes résistent aux contraintes imposées dans l'espace. En 1980, on a lancé une plate-forme européenne, Eureka, afin de tester les contraintes de l'espace sur les êtres vivants. À l'extérieur des vaisseaux, la température varie de − 150 º C à + 150 º C, selon l'orientation par rapport au Soleil, l'irradiation par les ultraviolets est particulièrement intense du fait de l'absence d'atmosphère, enfin la pression est extrêmement faible

$(10^{-13}$ mm de mercure). Dans ces conditions, les espèces embarquées ont été tuées en quelques secondes et ces expériences ne plaident pas en faveur de la panspermie.

Il faut donc envisager de placer ces êtres vivants, comme on l'a fait de l'homme, à l'intérieur des capsules, où ils subiront l'apesanteur et les rayonnements cosmiques. Ces contraintes, en particulier l'apesanteur, ont été testées sur l'homme, qui y est sensible, mais s'adapte. Qu'en est-il des autres espèces, dont les végétaux ? Ces derniers ayant un développement très lié à la pesanteur, leur géotropisme sera très perturbé en apesanteur.

Des chercheurs américains ont cultivé des pommes de terre dans les conditions identiques à celles qui règnent dans l'espace. Ils ont constaté qu'une telle plantation réalisée dans un engin spatial fournirait de l'oxygène à l'astronaute, pourrait satisfaire une partie de ses besoins en glucides, et permettrait, en plus, de recycler l'eau nécessaire à la consommation.

Ainsi, comme l'arche de Noé au moment du Déluge, l'arche de l'espace, de petite taille, ne pourra emporter que quelques espèces, voire quelques hommes, qui devront s'adapter pour survivre dans des conditions environnementales difficiles.

Aussi l'idée d'aller ensemencer une autre planète — on parle même de la coloniser et d'y faire vivre l'homme — trotte-t-elle dans l'esprit de nos scientifiques.

Pour Jean-Maurice Robillot, de l'observatoire de Bordeaux, et pour beaucoup d'astronomes, il faut pour cela être capable de créer une nouvelle Terre à partir d'une autre planète, processus baptisé « terra-formation ».

On doit d'emblée exclure la Lune, qui est un astre mort où il faudrait créer une atmosphère de toutes pièces. De plus, la Lune est de toute petite taille (1 736,7 km de rayon, soit 3/11 de la Terre), aussi n'envisage-t-on de se servir d'elle que comme base de lancement pour des explorations lointaines. Mars, en revanche, porte tous les espoirs des astronomes. En effet, même si c'est un astre vieillissant ayant une forte activité, il possède une atmosphère qu'on devrait enrichir en gaz à effet de serre. Cela serait possible à partir des réserves de Mars en eau (il suffirait de faire fondre la glace) et en carbone (dont le CO_2 à effet de serre émis par les volcans), et aussi en faisant pousser des végétaux producteurs d'oxygène.

Mais cette planète étant à 50 millions de kilomètres de la Terre, la durée du voyage nécessaire pour l'atteindre serait d'un an, et le retour prendrait le même laps de temps. Si l'on imagine d'y rester un an pour travailler, cela porterait à trois ans la durée minimale de l'expérience. Mais combien de temps et donc d'hommmes faudrait-il pour transformer Mars en une planète habitable ? Des milliers d'années et des millions d'hommes devraient se relayer sur cette planète rouge afin qu'elle devienne bleue comme la Terre ! De plus, Mars est plus petite que la Terre et ne permettrait pas de doubler la surface dont nous disposons, mais seulement de l'augmenter de 60 %.

Jupiter est beaucoup plus loin : 800 millions de kilomètres nous en séparent. L'un de ses satellites, Europe, semble d'après François Raulin susceptible d'avoir connu la vie. On y trouve de l'eau, à l'état de glace en surface et liquide en profondeur. Mais sa distance par rapport à la Terre rend peu probable sa colonisation et sa transformation par l'homme.

Certains nourrissent un rêve encore plus fou, celui de sortir de notre système solaire. À la vitesse de 30 km/s, 40 000 ans seraient nécessaires pour atteindre Proxima du Centaure, étoile la plus proche du Soleil !

Et les ovni ?

Les ovni, ou objets volants non identifiés, ont fait et font toujours couler beaucoup d'encre. Il y a ceux qui y croient et pensent que des êtres intelligents, vivant sur d'autres planètes, dans un système autre que le système solaire, sont capables d'envoyer sur Terre des engins d'où sortiraient des « petits hommes verts » !

Il y a les sceptiques qui pensent que tout cela relève des fantasmes ou des visions de quelques personnes qu'ils suspectent d'être dans un état second sous l'effet de la drogue ou de l'alcool.

Et puis il y a les scientifiques, qui cherchent une explication plausible, écoutant tous azimuts les signes d'une intelligence extraterrestre à la lumière de leurs connaissances de Terriens. Il n'est pas sûr qu'une quelconque explication satisfasse les uns ou les autres !

Cette nouvelle science, l'ufologie, est pratiquée par les ufologues. L'histoire en a été retracée par le sociologue Pierre Lagrange.

Seule certitude : il existe dans l'espace de nombreux objets volants très clairement identifiés. Il s'agit d'éléments de la conquête spatiale commencée il y a plus de quarante ans, qui en ont peu à peu fait une poubelle. Satellites, étages ou morceaux de lanceurs, objets largués volontairement par les cosmonautes encombrent de plus en plus l'espace. Ces débris sont russes, américains, français... et engendrent des risques de collision pour les nouveaux engins envoyés. Il suffit de les éviter ! À moins que l'on se décide à produire des lanceurs propres...

En toute hypothèse, les restes des engins spatiaux peuvent aussi rentrer dans l'atmosphère, s'y désintégrer, ou la traverser : sans doute arrive-t-il alors que ces résidus soient pris pour un ovni.

Ainsi, en moyenne, un objet par jour tombe sur la planète Terre. Reste à savoir si nous sommes les seuls fabricants d'ovnis. « Sommes-nous seuls dans l'univers ? » est bien l'éternelle question, et d'autant plus d'actualité qu'on découvre d'autres systèmes solaires dans l'univers, où la vie est peut-être apparue...

CHAPITRE III

Des molécules du vivant au premier être

Quelle que soit l'origine des premières molécules du vivant — terrestre ou extraterrestre —, la vie résulte d'abord d'un processus chimique qui a pour cadre l'eau liquide. Cette eau va solubiliser des substances minérales présentes dans le milieu environnant — la matière vivante est de ce point de vue très proche quant à sa composition du cosmos et des étoiles — ainsi que les substances organiques formées à partir du carbone, de l'hydrogène, de l'oxygène et de l'azote, substances dont le carbone assure l'ossature.

En effet, les atomes donnent naissance à de petites molécules qui se complexifient pour produire des molécules plus grosses, les briques du vivant ou monomères, qui regroupent les acides aminés, les bases, les oses... Ces briques vont s'associer, comme les perles d'un collier, en chaînes très longues, pour composer des macromolécules ou polymères, phénomène appelé polymérisation. Cette taille de géant atteinte par les molécules du vivant est une de leurs caractéristiques à mettre en relation avec le stockage de l'information.

Les trois familles principales de molécules organiques polymérisées du vivant sont les protéines (polymères d'acides aminés), les acides nucléiques (polymères de bases, d'oses et de phosphore) et les glucides ou sucres (polymères d'oses). Seuls les acides nucléiques sont porteurs de l'information moléculaire héréditaire et capables de se reproduire. Les protéines organisent et structurent le vivant ; elles sont aussi des enzymes qui permettent le travail chimique. Celui-ci nécessite de l'énergie, stockée dans les glucides (sucres).

Enfin, une quatrième famille de molécules organiques, non polymérisées celles-là, est représentée par les lipides et en particulier des phospholipides. Du fait de leurs propriétés, ils s'organisent par rapport à l'eau, en membranes enfermant les autres macromolécules, qui s'auto-organisent en un premier être, la cellule primitive, d'où dériveront tous les autres. Il n'est pas étonnant dès lors que tous les êtres vivants soient constitués par les mêmes molécules, que les mêmes réactions chimiques assurent le fonctionnement des organismes, du plus simple au plus complexe — « ce qui est vrai pour la bactérie l'est pour l'éléphant », disait Jacques Monod — et que la cellule, enfin, représente l'unité de base du vivant.

De l'eau à la vie organisée du premier être capable de se reproduire, tel sera le fil conducteur de cette chimie du vivant volontairement simplifiée pour aller à l'essentiel.

L'eau, c'est la vie

L'analyse globale de la matière vivante montre que celle-ci comprend de l'eau, élément majoritaire, dans laquelle se trouvent dissous les sels minéraux et les substances organiques : glucides, lipides, protides et nucléoprotéines.

Ces constituants sont en proportions différentes. À titre d'exemple, le tableau ci-dessous montre les différences entre règne animal et règne végétal.

	Animal	Végétal
Eau	60 %	75 %
Substances minérales	4,3 %	2,5 %
Substances organiques	35,7 %	22,5 %
Glucides	6,2 %	18 %
Lipides	11,7 %	0,5 %
Protides	17,8 %	4 %

On en déduit que le monde végétal est riche en glucides alors que le monde animal est lipoprotéique. L'alimentation humaine, qui associe fibres végétales et aliments carnés, est celle d'un omnivore.

L'eau est donc le principal constituant de la matière vivante : au moins 60 % chez l'homme, parfois beaucoup plus dans d'autres espèces, (les méduses peuvent en contenir jusqu'à 95 %). Même les organismes vivant en vie ralentie, les spores ou les graines, comprennent encore 10 à 20 % d'eau. L'eau, c'est donc la vie.

D'ailleurs, chez l'homme, l'eau est, après l'oxygène et bien avant les aliments, l'élément de son milieu dont il est le plus dépendant. Sans oxygène, il meurt immédiatement, sans eau, il meurt en quelques jours (deux à trois jours), sans aliment, mais en buvant, il survit jusqu'à quarante jours s'il est au repos total (gréviste de la faim).

Pour comprendre l'importance biologique de l'eau, liée à ses trois propriétés fondamentales : son pouvoir de solvant, sa dissociation et la dissociation des autres molécules, il faut en rappeler brièvement la composition.

Deux atomes d'hydrogène (H) et un d'oxygène (O) forment la molécule d'eau : H_2O. Chaque atome d'hydrogène est relié à l'atome d'oxygène par une liaison covalente O-H. Celle-ci est constituée par la mise en commun de deux électrons — ils forment un doublet —, l'un venant de l'oxygène, l'autre de l'hydrogène.

De plus, par suite d'une répartition non symétrique des électrons dans la liaison covalente O-H, l'oxygène est chargé négativement et l'hydrogène positivement. De ce fait, une molécule d'eau peut établir, avec une molécule d'eau voisine, une liaison dite électrostatique : l'oxygène négatif est attiré par l'hydrogène positif de la molécule d'eau proche. On appelle cette liaison la liaison hydrogène. Nous verrons qu'elle est tout à fait caractéristique de la structuration des molécules du vivant. Aussi l'eau est-elle formée d'un agrégat de molécules d'eau liées les unes aux autres par des liaisons hydrogènes. La configuration dans l'espace des atomes d'hydrogène et d'oxygène associés par liaisons covalentes et liaisons hydrogène est tétraédrique, l'oxygène occupant le centre de chaque tétraèdre.

Les liaisons sont importantes mais variables avec la température, d'où la variation de densité de l'eau selon la température (l'eau est la plus lourde à 4 $^\circ$ C).

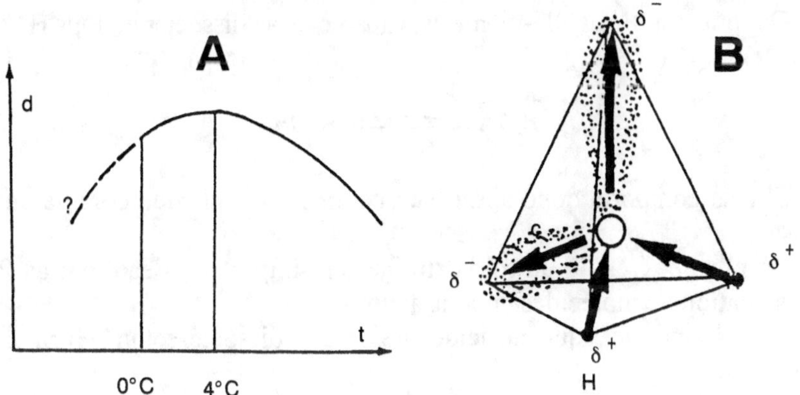

Fig. 5 — Densité (A) et formule de l'eau (B).

Ce type de liaison conduit aussi à des liaisons avec des substances polaires. Certaines substances aiment l'eau, propriété appelée hydrophilie. Sont hydrophiles les groupements dits polaires ; par ordre décroissant, ce sont : COOH (acide), CH_2OH (alcool primaire), CHOH (alcool secondaire), CO (carboxyle), NH_2 (amine). Quand une molécule comprend un nombre important de constituants hydrophiles, elle se dissout dans l'eau : c'est le cas du glucose (5 groupements CHOH et 1CHO).

La solubilité s'explique essentiellement par des liaisons hydrogène s'établissant avec les atomes d'oxygène de l'eau.

Ainsi, un acide établira deux liaisons hydrogène avec deux molécules d'eau, un alcool une seule liaison, que l'on peut schématiser de la sorte :

Les sels sont complètement dissociés en ions.

Ainsi, les ions, degré extrême de la polarité, sont hydrophiles : les ions (Na^+) sont par exemple entourés d'une molécule d'eau, plus ou moins volumineuse.

Qui plus est, l'eau elle-même est capable de se dissocier en ions H^+ et OH^- :

$$H_2O \rightleftharpoons H^+ + OH^-$$

Elle se comporte donc aussi bien comme un acide que comme une base.

De plus, et c'est là un rôle extrêmement important, l'eau permet la dissociation de molécules en ions actifs.

Ainsi l'acide acétique, un acide faible, est-il dissocié, selon la formule simplifiée :

$$CH_3\,COOH \rightleftharpoons CH_3\,COO^- + H^+$$

Or, cette fonction acide se retrouve dans les acides aminés, dans les protéines et dans d'autres molécules du vivant. La dissociation, en faisant apparaître des charges positives et négatives, contribue à l'organisation spatiale tridimensionnelle — on parle de conformation — et au fonctionnement des molécules du vivant : l'eau, en permettant la dissociation des molécules, apporte une contribution essentielle à la vie.

Enfin, l'hydrophobie est le phénomène inverse de l'hydrophilie, que nous venons d'expliquer. Sont hydrophobes les substances voisines des hydrocarbures, des huiles : les groupements non polaires CH_3, CH_2,... Mises en suspension dans l'eau, ces molécules hydrophobes se rassemblent, comme l'huile dans l'eau. Au sens large, les lipides (de *lipos* : « graisse ») sont insolubles dans l'eau et vont participer à la constitution des membranes cellulaires, dont le rôle est fondamental dans l'organisation et le fonctionnement du vivant, car elles séparent le milieu intérieur de la cellule du milieu extérieur, la divisent en compartiments et limitent les organites.

Parce qu'ils n'aiment pas l'eau, les lipides méritent une attention particulière, et notamment les phospholipides.

On distingue classiquement, à côté des acides gras, deux catégories de lipides : les lipides simples, formés de C, H, O (triglycérides), et les lipides complexes, formés de C, H, O, ainsi que d'autres éléments N, P (lécithines).

Les acides gras sont formés d'une longue chaîne d'hydrocarbures terminée par une fonction acide. Leur formule générale est la suivante : $CH_3 - (CH_2)n - COOH$.

Tous les groupements fonctionnels étant des CH_3, CH_2, c'est-à-dire des groupements hydrophobes, ces longues chaînes carbonées sont hydrophobes et ne se dissolvent pas dans l'eau.

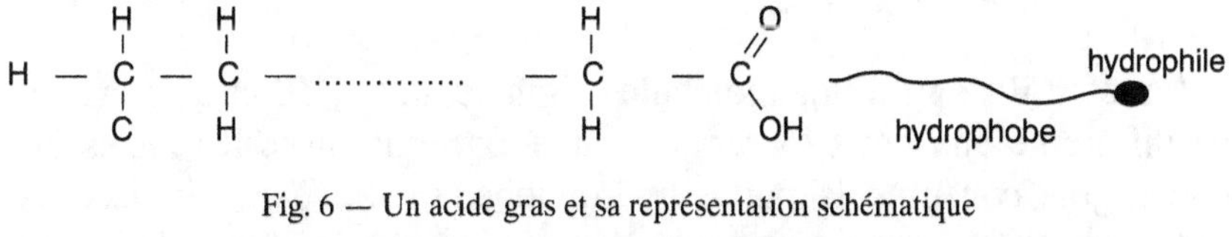

Fig. 6 — Un acide gras et sa représentation schématique

Les lipides simples ou graisse neutre sont des triglycérides.

L'estérification d'un trialcool, le glycérol, par trois acides gras qui peuvent être différents, forme un triglycéride, avec libération de trois molécules d'eau.

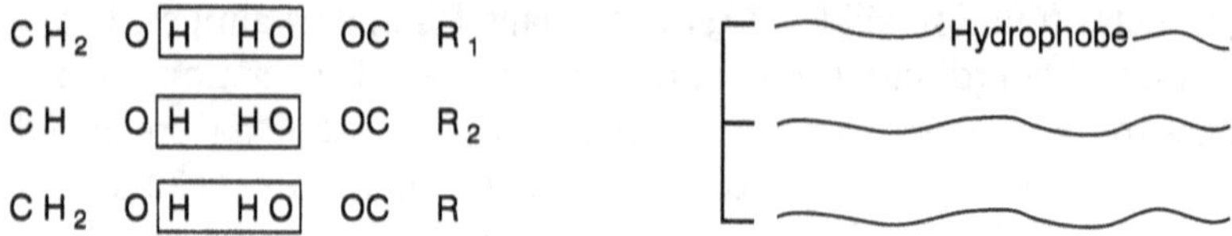

Fig. 7 — Un triglycéride et sa représentation symbolique

Tous les groupements fonctionnels sont des CH_2, CH_3, c'est-à-dire des groupements hydrophobes : les graisses ne se dissolvent pas dans l'eau et constituent des formes de réserves énergétiques pour le vivant.

Mais les molécules qui vont jouer le rôle le plus important dans la structuration du vivant (et des membranes) sont les lipides complexes, en particulier les lécithines.

Par hydrolyse d'une molécule de lécithine, on obtient du glycérol, deux acides gras, l'acide orthophosphorique et une base complexe : la choline. L'union est la suivante : le glycérol estérifie deux acides gras, puis la troisième fonction alcool estérifie l'acide phosphorique, c'est-à-dire une fonction acide ; une autre de ces trois fonctions acides estérifiant la choline, il reste donc une fonction acide. La molécule de choline est une base très forte, de charge +.

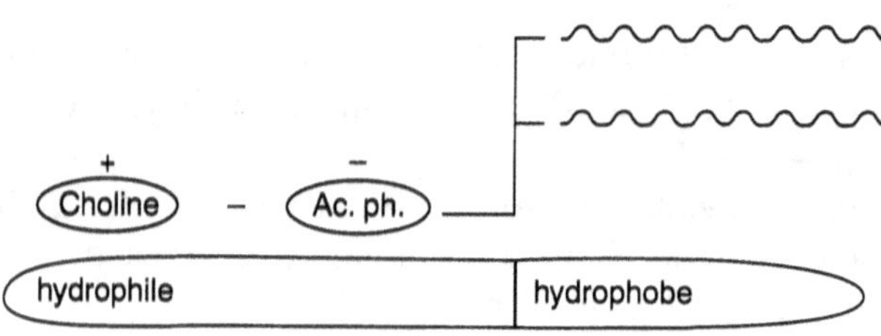

Fig. 8 — La lécithine, représentations symboliques

Au total, il s'agit d'une molécule originale, dont l'affinité pour l'eau est différente aux deux extrémités : une extrémité avec les restes des acides gras constitue la partie hydrophobe, l'autre partie ionisée est hydrophile. Cette molécule double est dite amphotère (un pôle hydrophile, un pôle hydrophobe). Du fait de cette propriété, et par rapport à l'eau, l'organisation moléculaire est en double couche, comme pour les protéines, dont les acides aminés sont, selon le cas (voir plus loin), soit hydrophiles, soit hydrophobes. Cette organisation membranaire fondamentale nous rappelle les expériences de Fox précédemment citées où les protéinoïdes s'agencent en deux couches.

Ainsi, les propriétés particulières de l'eau, aimant en repoussant certains groupements hydrophiles ou hydrophobes, sont déterminantes pour l'organisation du vivant, en particulier de ses membranes. Pour les mêmes raisons, des molécules complexes, comme les chlorophylles et les caroténoïdes, s'associeront aux membranes des chloroplastes, sortes de piles solaires, capables de transformer l'énergie solaire, le gaz carbonique et l'eau en énergie chimique (sucres), phénomène capital dans l'évolution du vivant.

Le carbone ou la chimie du vivant

L'eau mise à part — vu son rôle essentiel —, toutes les molécules du vivant possèdent au moins un atome de carbone. La chimie du vivant, dite aussi chimie organique, est donc la chimie du carbone.

L'atome de carbone a la faculté de former quatre liaisons covalentes (l'oxygène n'en formait que deux) avec quatre atomes d'hydrogène, produisant ainsi le méthane : CH_4. Sa configuration dans l'espace, comme dans le cas de l'eau, est tétraédrique.

Fig. 9 — Le carbone tétraédrique ; ex. du méthane (CH_4)

Mais l'intérêt de l'atome de carbone est qu'il peut établir ses quatre liaisons covalentes avec d'autres atomes de carbone, formant ainsi de longues chaînes carbonées, ossature des molécules du vivant.

Enfin, le carbone est capable de se lier avec des éléments aussi bien électropositifs, comme l'hydrogène, qu'électronégatifs, comme l'oxygène, l'azote, le phosphore, le soufre, le chlore...

Les macromolécules du vivant ainsi formées ont des structures complexes et stables. Les biologistes en distinguent quatre catégories : les glucides, les lipides, les protéines et les acides nucléiques. Nous ne reviendrons pas sur les lipides, étudiés précédemment, et nous intéresserons uniquement aux familles de macromolécules polymérisées : les glucides parce qu'ils sont, pour le vivant, une forme d'énergie indispensable, les protéines parce qu'elles sont la spécificité du vivant, enfin les acides nucléiques, qui constituent le support de l'information génétique.

Nous insisterons sur les caractéristiques de ces macromolécules en liaison avec leur contribution à la structuration (agencement moléculaire) et au fonctionnement chimique du vivant.

Les glucides ou sucres

Comme indiqué précédemment (tableau p. 42), les glucides ou sucres forment, chez les végétaux, l'essentiel de la matière vivante, participant à la structure et constituant des réserves.

Les glucides (de *glukus* : « doux ») sont des composés du carbone, de l'oxygène et de l'hydrogène. Ce sont des oses de formule générale $(CH_2O)n$, dont la classification est fonction du nombre n de carbone. Si n = 3, ce sont des trioses, si n = 4, des tétroses, si n = 5, des pentoses, dont le ribose et le désoxyribose (constituant des acides nucléiques) ; si n = 6, ce sont des hexoses, dont le glucose, le fructose, le galactose, le mannose... pour n'en citer que quelques-uns.

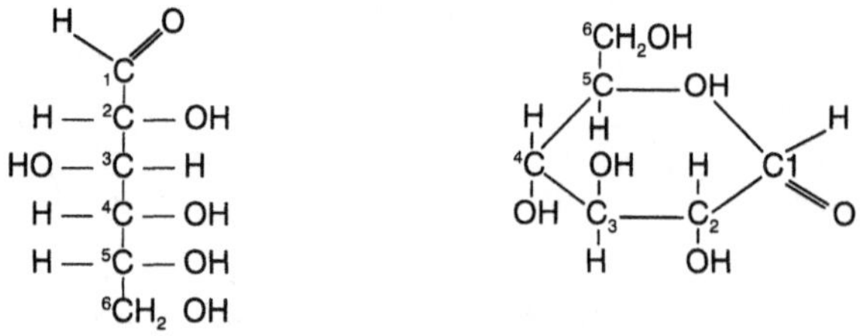

Fig. 10 — Le glucose

Lors de leur formation par la photosynthèse, deux trioses formeront un hexose, par exemple le glucose. Il pourra alors subir une polymérisation plus ou moins complexe. Chaque association entre molécule simple (monomère) s'accompagne de l'élimination d'une molécule d'eau.

On parle à ce stade, selon le degré de polymérisation :

— de monosaccharides à un seul chaînon (élément) ou monomère : le plus fréquent est le glucose ;

— de disaccharides quand deux chaînes sont soudées par élimination d'eau (dimère) : ainsi pour le saccharose (glucose + fructose), le lactose (glucose + galatose) et le maltose (glucose + glucose).

— de polysaccharides, pour les hauts polymères du glucose, l'amidon, le glycogène, la cellulose.

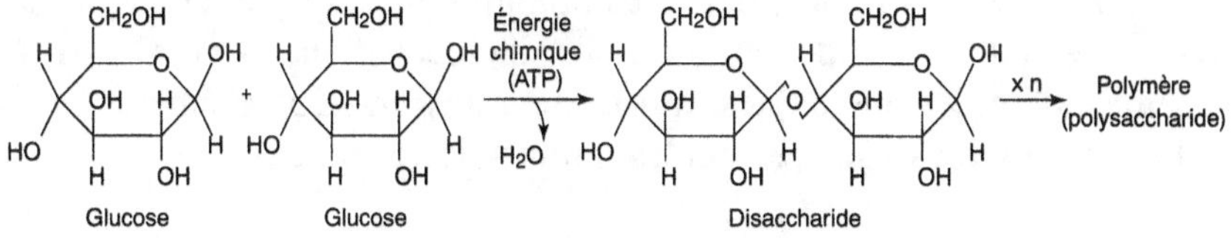

Fig. 11 — La polymérisation du glucose

Amidon et glycogène servent de substances de réserve respectivement aux végétaux et aux animaux. Il s'agit de réserves énergétiques indispensables et facilement utilisables. Ces polysaccharides seront hydrolysés en glucose puis, grâce à l'oxygène et à la respiration, transformés en gaz carbonique et en eau, avec libération d'énergie. Cette dernière est indispensable au fonctionnement du vivant.

La cellulose est un polysaccharide de structure des cellules végétales participant à la formation des membranes (parois rigides). Formée de 1 000 à 10 000 monomères, elle présente une molécule très longue : 10,4 Åx 1 000 ou 10 000 = 1,04 μm ou 10 μm, ce qui est considérable. Elle est observable au microscope électronique.

Dans le monde animal, et en particulier chez les arthropodes, dont les insectes, la chitine est l'équivalent de la cellulose végétale. Elle participe à la constitution de la carapace (la cuticule) rigide des insectes, qui leur a permis de résister à la pesanteur et d'envahir le monde terrestre avec un succès sans égal !

Les protéines, molécules de la spécificité biologique

Le mot protéine a deux étymologies : « premier-né » ou « qui change de forme ».

Les protéines sont caractéristiques de chaque espèce. Ainsi les protéines du blé sont-elles différentes de celles du soja, comme celles de la vache le sont de celles de l'homme. Elles sont donc spécifiques et de plus leur nombre diffère d'une espèce à une autre. Si la bactérie en fabrique cent à deux cents, on en dénombre plus de 100 000 dans une cellule humaine.

Les protéines ont deux fonctions possibles : ce sont soit des constituants du vivant qui participent à la structure de la membrane ou au squelette de la cellule (actine du cytosquelette), soit des acteurs du fonctionnement du vivant : mouvement (actine et myosine), transport de gaz (globine), métabolisme (enzymes variées)...

Les protéines sont de longues chaînes polypeptidiques d'amino-acides, qui soit sont simples, telles les holoprotéines, qui ne donnent par hydrolyse que des acides aminés, soit incluent d'autres constituants, comme les acides nucléiques, qui forment des nucléoprotéines.

Les monomères sont des acides aminés de formule :

Fig. 12 — Un acide aminé et sa configuration dans l'espace

Leur configuration dans l'espace est tétraédrique.

Il y en a vingt dans la matière vivante, qui diffèrent par le radical R ; le plus simple est R = H pour la glycine (voir liste en annexe).

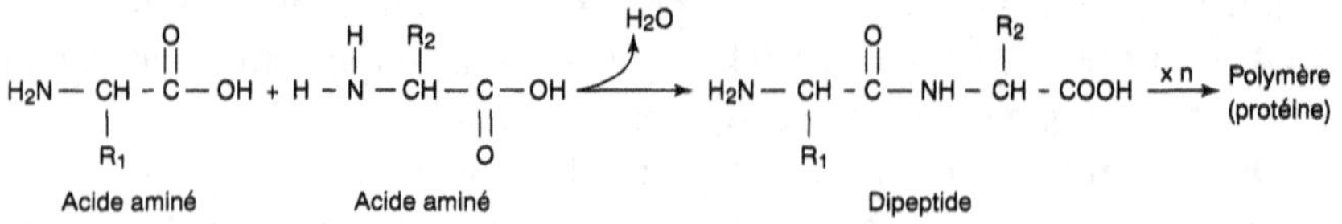

Fig. 13 — La polymérisation des acides aminés

Deux acides aminés qui s'unissent par perte d'eau forment un dipeptide. Les hauts polymères sont des polypeptides de très longues chaînes d'acides aminés dont l'axe est commun et ne diffère que par leurs chaînes latérales, vingt étant possibles radicaux R qui sont soit hydrophiles soit hydrophobes.

Plutôt que de comparer les protéines à un collier de perles composé de vingt perles différentes, collier plus ou moins long selon le nombre de perles constitutives, on préfère les assimiler à des mots de longueur variable. Les lettres de l'alphabet des protéines sont les vingt acides aminés. De même que l'ordre des lettres confère un sens différent au mot formé, l'ordre des acides aminés participe à la spécificité des protéines.

L'hydrolyse d'un polypeptide, en détruisant les liaisons, redonne les acides aminés constitutifs. Ce sont les mêmes dans tous les polypeptides mais dans des proportions et un ordre variables. C'est l'équipe de Fred Sanger qui a mis ces phénomènes en évidence en étudiant l'insuline.

L'étude complète d'une molécule protéique se fait par étapes : on détermine la nature, l'ordre des acides aminés (structure primaire), puis si la chaîne est enroulée en spirale (structure secondaire) ; après quoi l'on précise la configuration totale dans l'espace ou conformation tridimensionnelle (structure tertiaire), la recherche des ponts disulfures (S-S) étant capitale. L'étape ultime est la quête des éléments associés à cette molécule et de nature non protéique (structure quaternaire). Quatre structures sont ainsi définies pour chaque protéine.

Même si les protéines sont susceptibles de changer de forme (d'où leur nom) en fonction des conditions environnementales, il est classique de distinguer, dans la matière vivante, selon leur structure, deux grandes catégories de protéines, les protéines fibreuses et les protéines corpusculaires, qui correspondent aux deux fonctions des protéines évoquées précédemment.

Les protéines fibreuses ont une chaîne polypeptidique non pelotonnée, où les chaînes latérales sont parallèles les unes aux autres. Les plus solides sont celles dotées d'un pont disulfure d'une chaîne polypeptidique à l'autre : deux molécules de cystéines, acides aminés soufrés, sont face à face. Le type même en est la kératine, qui forme la couche cornée de l'épiderme des vertébrés terrestres.

Ces protéines fibreuses sont des protéines constitutives et de soutien des êtres vivants. Elles composent des fibres très variées, ainsi dans les tendons les molécules de collagène, groupées en hélices multiples. Ces fibres moléculaires sont groupées en fibres submicroscopiques, puis en fibres microscopiques, puis en gros tendons.

Les protéines corpusculaires, ou globulaires, ont une structure en peloton ; la molécule est un corpuscule plus ou moins arrondi. Ce sont les plus nombreuses et les plus importantes par les fonctions qu'elles exercent. Ces protéines sont actives chimiquement, car ce sont des enzymes. Elles sont actives car il y a autour de ce corpuscule formé par la ou les chaînes polypeptidiques des chaînes latérales très actives (alcool, acide...). Ce sont elles qui confèrent à la molécule sa configuration dans l'espace et sa stéréospécificité. Entendez par là que la molécule n'agit que sur une autre molécule (substrat) qu'elle reconnaît à sa forme et dont elle est complémentaire. Pour prendre une comparaison simple : l'enzyme est la clé, le substrat la serrure.

Enfin, les protéines sont formées des mêmes vingt acides aminés, et pourtant elles sont différentes. Dès 1945, Sanger posait la vraie question : « Les protéines ont-elles une composition chimique spécifique et définie jusqu'au niveau de la séquence de leur vingt composants fondamentaux ? » Il lui fallut dix ans de recherches sur l'insuline pour apporter la réponse à sa propre interrogation. La séquence, c'est-à-dire l'ordre, des acides aminés est bien spécifique. On sait maintenant qu'il est le résultat d'une synthèse orchestrée par d'autres molécules du vivant : les acides nucléiques.

Les acides nucléiques, support de l'information génétique

Les acides nucléiques ont été isolés pour la première fois du noyau en 1868 par Frédéric Miescher, un jeune physicien suisse de vingt-deux ans, qui les baptisa « nucléine », bien qu'il reconnût qu'il ne s'agissait pas d'une protéine. On donna plus tard le nom d'acides nucléiques aux extraits de Miescher. On sait maintenant que ces acides sont le support de l'information héréditaire des cellules, et de ce fait ils méritent une attention toute particulière. Les acides nucléiques sont des composés à grosses molécules, qui sont des hauts polymères.

Les polymères sont composés de très nombreux monomères, lesquels sont des nucléotides. Un nucléotide est une molécule très complexe, qui combine de l'acide phosphorique et un sucre lié à une base organique. L'acide phosphorique est l'acide orthophosphorique, et le sucre est soit le ribose ($C_5H_{10}O_5$), soit le désoxyribose ($C_5H_{10}O_4$).

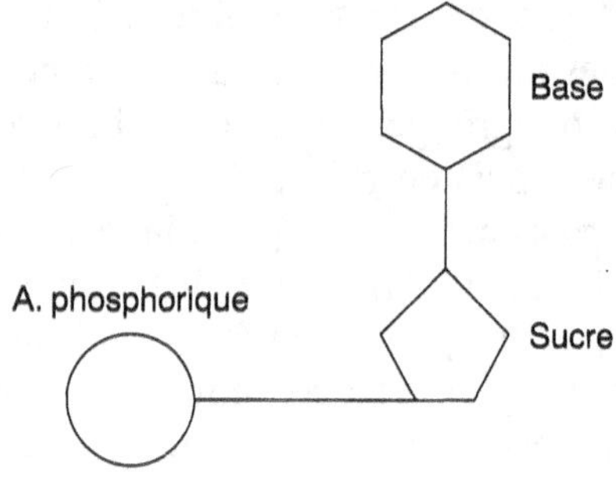

Fig. 14 – Un nucléotide

Les bases sont soit des bases pyrimidiques : la cytosine (C) et la thymine (T), soit des bases puriques : l'adénine (A) et la guanine (G).

Étant donné le nombre limité du sucre et des bases, il y a peu de types de nucléotides : quatre à ribose et quatre à désoxyribose.

Les nucléotides s'uniront entre eux, à condition qu'ils aient le même sucre. S'il s'agit du ribose, ils formeront les acides ribonucléiques, ou ARN ; s'il s'agit du désoxyribose, ils constitueront les acides désoxyribonucléiques, ou ADN.

Dans l'ARN, la thymine (T) est remplacée par une autre base, l'uracile (U).

L'acide nucléique est défini par sa structure primaire : il se compose de quatre nucléotides, unis entre eux de la même façon pour l'ARN et l'ADN.

Il s'agit là d'une longue chaîne formée par une succession d'acides phosphoriques, de sucre, etc., et dont les chaînes latérales sont les bases : mais en l'occurrence il n'y a que quatre possibilités de chaînes latérales, alors que dans les protéines il y en a vingt. Pour reprendre la comparaison des lettres et du mot, les acides nucléiques sont des mots réalisés avec un alphabet de quatre lettres.

La structure secondaire est en forme de double hélice : l'ADN est en effet un acide nucléique dit bicaténaire car constitué de deux brins d'ADN associés par des liaisons hydrogènes (H). Ces liaisons s'établissent entre bases puriques et pyrimidiques : l'adénine (A) est toujours reliée à la thymine (T) par deux liaisons H, alors que trois liaisons H réunissent la guanine (G) et la cytosine (C) (Fig. 15). Ces bases sont complémentaires stéréochimiquement ; leur agencement rappelle celui de la fermeture éclair.

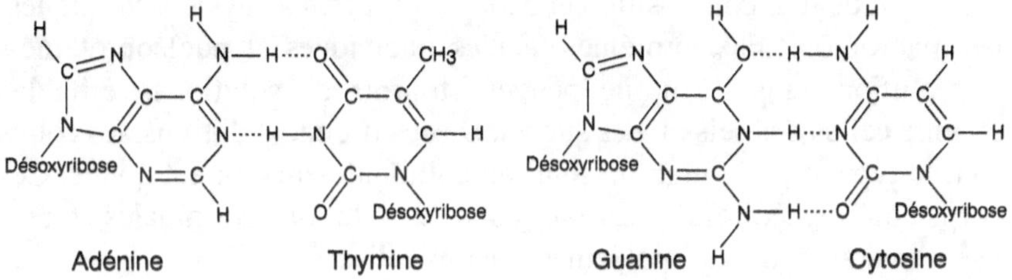

Fig. 15 — Les bases et leurs liaisons

Aussi la séquence des nucléotides d'un brin d'ADN est-elle complémentaire de celle de l'autre brin. De plus, le nombre d'adénine est égal au nombre de thymine (A = T) et celui des guanines égal à celui des cytosines (G = C). Il en résulte que A + G / C + T est égal à 1.

Enfin, l'association entre les deux brins par les liaisons hydrogènes génère une configuration dans l'espace de la molécule d'ADN en double hélice. Cette découverte faite par James D. Watson et Francis Crick en 1953 fut confirmée par Maurice Wilkins grâce à la technique de diffraction des rayons X (structure, distance entre les bases, pas de l'hélice...) et valut à ses trois auteurs le prix Nobel de médecine et de physiologie en 1962.

Elle ouvre la voie à la biologie moléculaire, l'ADN étant le support de l'hérédité. Les gènes sont faits d'ADN. Ils sont des milliers chez l'homme formés à partir des trois milliards de lettres chimiques (A, C, G, T), qui constituent l'ADN de nos chromosomes. En effet, dans le noyau, l'ADN est associé à des protéines, les histones, pour composer la chromatine, qui formera les chromosomes, au rôle fondamental dans la division cellulaire. L'ADN, en double brin, se dédouble : c'est la duplication de l'ADN. Chaque brin sert de modèle pour la reconstitution de l'ADN double brin. Nous tenons là, enfin, la clé du mystère de la reproduction à l'identique du vivant.

L'ADN à deux brins se transforme, grâce à la transcription en ARN, structure à un seul brin, dite monocaténaire. L'information portée par l'ARN messager (ARNm) servira à la formation des protéines : la traduction se fait grâce au code génétique, l'ordre des acides aminés étant indiqué par l'ARNm. Un changement de code a été nécessaire : de quatre à vingt (quatre bases, vingt acides aminés)... Il conduit aux différentes protéines qui constituent la diversité du vivant.

La matière vivante, une colle

Du fait de leur composition et de leurs propriétés physico-chimiques, les macromolécules, protéines, acides nucléiques et nucléoprotéines, en solution dans l'eau, ne peuvent fournir de solutions véritables comme celles des sels ou des sucres. De ces pseudo-solutions, les colles sont le type, d'où le nom de solution colloïdale qui leur est donné. Ces corps sont des colloïdes. En fait, dans les solutions colloïdales se réalisent des agrégats de molécules : les micelles.

Entre la précipitation complète et l'état où les molécules sont indépendantes, nombreux sont les états intermédiaires.

Dans certains cas, les micelles s'unissent en une espèce de gelée, que l'on fait durcir (cas du blanc d'œuf) ; mais cet état ni solide, ni liquide n'est plus un état vrai, ou sol. La matière vivante offre tous les cas de figure : le sang contient des protéines à l'état de sol ; s'il coagule, elles sont alors à l'état de gel. Notre protoplasme est coulant, c'est donc un sol, mais il est parfois gélifié. Si la solution coule, c'est que les molécules sont indépendantes, qu'elles peuvent glisser les unes sur les autres. Les gels, au contraire, ont leurs molécules unies les unes aux autres.

Dans la matière vivante, les molécules de protéines peuvent se trouver soit à l'état de sol, quand leurs éléments sont indépendants, soit devenir des gels si elles contractent des liaisons entre elles. Nous verrons que ce changement d'état est responsable des mouvements indispensables à la vie.

L'auto-organisation des macromolécules

Protéines et acides nucléiques en pseudo-solution dans la matière vivante aqueuse sont des molécules complexes douées d'un pouvoir d'auto-organisation. Jacques Monod parle d'« auto-assemblage ».

Déjà Fox avait constaté que les protéinoïdes, qu'il obtenait expérimentalement à partir d'acides aminés dans l'eau, formaient des microsphères, en double couche, de 1 à 2 μm de diamètre. Ces microsphères étaient même capables de grossir et de se diviser comme des bactéries.

L'auto-organisation est une propriété originale des molécules du vivant. Examinons-en quelques exemples avec les protéines et les acides nucléiques, éléments fondamentaux du jeu de construction du vivant.

Une protéine globulaire est souvent formée de plusieurs sous-unités (polypeptidiques) associées par des liaisons non covalentes (liaisons hydrogène) qui confèrent sa forme à l'ensemble moléculaire ainsi que sa fonction. Comme ces liaisons sont faibles, il est facile de dissocier la protéine en sous-unités ; elle perd alors sa fonction. Si l'on supprime l'agent dissociant, alors les sous-unités recomposent l'édifice de départ, et la protéine retrouve sa fonctionnalité.

L'ADN, formé de deux brins complémentaires, associés en double hélice par des liaisons hydrogène, peut être dissocié artificiellement. Chaque brin retrouvera immanquablement son brin complémentaire pour reformer la structure en double hélice.

L'« assemblage spontané » des protéines et des acides nucléiques laisse présager celui d'organites cellulaires, voire d'organismes plus ou moins complexes constitués de ces mêmes molécules.

Ainsi, les ribosomes (organites cellulaires impliqués dans la synthèse protéique, voir chap. V), formés de trois types distincts d'acides nucléiques et d'une trentaine de protéines différentes peuvent être décomposés en leurs éléments constitutifs. Ceux-ci, *in vitro,* se réorganisent spontanément en ribosomes de poids moléculaire et de fonctionnalité identiques aux ribosomes initiaux.

Plus spectaculaire encore est le cas d'un virus bactériophage formé d'une molécule d'ADN enfermée dans une enveloppe de protéines. Protéines et ADN obtenus séparément et mélangés *in vitro* s'assemblent spontanément en virus tueur de bactéries...

Jacques Monod imaginait — c'était en 1970 — que ces assemblages spontanés pourraient s'appliquer à des organismes plus complexes. Et si on les appliquait, tout simplement, au premier être, né de l'assemblage spontané des molécules du vivant !

Enfin, le premier être

Le premier être n'ayant pas laissé de trace fossile et tous les êtres vivants étant faits de carbone, c'est ce dernier que les paléontologues ont recherché et daté.

Les plus anciennes traces de carbone organique, vieilles de 3,850 milliards d'années, ont été découvertes dans des roches sédimentaires du Groenland. Les plus anciens fossiles décrits par les paléontologues ont plus de 3 milliards d'années. Il s'agit des stromatolithes du Transvaal (Afrique du Sud). Ils ressemblent aux actuels empilements de cyanobactéries d'Australie, qui forment des stromatolithes dits modernes.

Entre le carbone organique et l'ancêtre des cyanobactéries, il manque sûrement plusieurs maillons et, au tout début, le premier être. André Brack et Paul Mathis imaginent, dans la continuité de l'auto-organisation des macromolécules, « l'élaboration spontanée d'un automate moléculaire, à partir de molécules éparses : par le jeu du hasard, un certain nombre de molécules ont pu s'organiser et former un automate chimique capable d'assembler d'autres molécules pour engendrer un deuxième automate à son image, transmettant ainsi le plan de montage ». L'évolution de cet « automate moléculaire » aboutit au premier être, notre ancêtre à tous, formé dans la « soupe chaude diluée » de Haldane, à partir de toutes ces molécules du vivant. Il fut baptisé éobionte par Pirie, protobionte ou progénote par d'autres. Les Anglo-Saxons l'appellent Luca, acronyme de *Last Universal Common Ancestor*.

Tous parlent du même être, le premier, celui qui n'a laissé aucune trace fossile. Aussi nous faut-il faire preuve d'imagination pour le décrire et en expliquer le fonctionnement. Il s'agit d'un être unicellulaire, la première cellule rudimentaire, la protocellule. S'auto-organisant dans l'eau, il doit être limité par une membrane double (*cf.* les expériences de Fox précédemment citées), faite de protéines et de lipides. Les protéines permettent les échanges avec le milieu environnant. En effet, le premier être trouve dans la « soupe chaude diluée » les éléments (nutriments) nécessaires à son alimentation donc à sa survie. Il est de ce fait hétérotrophe, incapable qu'il est de faire la synthèse de substances organiques à partir des substances minérales du milieu.

La membrane, lipoprotéique, a isolé à l'intérieur de l'être un milieu intracellulaire riche en molécules du vivant, protéines et nucléoprotéines, ADN et ARN. La perméabilité sélective de cette membrane assure la différence entre la concentration du milieu extérieur et celle du cytoplasme cellulaire. Du fait de cette différence de concentration, le premier être a déjà des problèmes d'eau... des fuites qu'il doit compenser.

L'ADN est libre dans le cytoplasme, ce qui augmente sa faculté de duplication et donc contribue à la prolifération des premiers êtres.

Ce qui peut paraître un avantage tourne rapidement à la catastrophe. Du fait de cette multiplication, les nutriments vont rapidement devenir insuffisants pour la survie du premier être. Il devra évoluer ou disparaître. C'est depuis lors, le sort de toutes les espèces dont il est l'ancêtre commun et inconnu...

Évoluer passera inéluctablement par un changement de stratégie alimentaire : il devra devenir autotrophe, c'est-à-dire être capable de s'affranchir du milieu nutritif ambiant et réaliser ses propres synthèses de substances organiques à partir du milieu minéral. Il lui faudra inventer la phososynthèse grâce à des pigments assimilateurs (du type des chlorophylles), d'abord dispersés dans le cytoplasme, puis localisés dans des organites spécialisés : les plastes (chloroplastes). Il deviendra le premier grand pollueur par émission d'oxygène, le déchet de la réaction photosynthétique.

Le premier être vivait en l'absence d'oxygène, en anaérobie. L'oxygène qui apparaît va lui permettre d'oxyder les sucres produits par la photosynthèse grâce à un mécanisme qu'il lui reste à inventer sous peine de disparaître : la respiration.

Photosynthèse et respiration seront les deux grandes inventions qui permettront au monde vivant et à la biosphère de devenir ce qu'ils sont.

Une autre évolution structurelle de la cellule — et elle aura des conséquences en terme de fonctionnement — sera la formation du noyau. L'ADN libre s'enfermera dans une membrane nucléaire et formera, avec des protéines, la chromatine, d'où sont issus les chromosomes au sein du noyau. Le noyau, bien que séparé du cytoplasme, en deviendra le chef grâce à l'ADN qu'il contient. Des messages seront envoyés au cytoplasme sous forme d'ARN messager afin qu'il puisse opérer de nombreuses synthèses, dont celle des protéines. Ainsi structurée, la cellule va croître et se multiplier.

Le rêve d'une cellule n'est-il pas d'en donner deux !

L'œuf ou la poule ?

Les molécules complexes, protides, glucides, lipides et acides nucléiques, que nous venons d'étudier, sont l'aboutissement d'une lente et longue évolution chimique. Nous en avons décrit les premières étapes (chap. I) grâce à l'hypothèse d'Oparin et de Haldane.

Dans l'atmosphère primitive, les éléments tels que le carbone (C), l'azote (N), l'hydrogène (H) et l'oxygène (O) s'associent en molécules gazeuses constitutives : l'eau (H_2O), le méthane (CH_4), l'ammoniac (NH_3).

Lorsque l'océan primitif se forme, ces molécules s'associent dans l'eau liquide en hydrocarbures, en formaldéhyde (HCHO), en acide cyanhydrique (HCN), dont dériveront les quatre principales familles moléculaires de la matière vivante, selon la filiation proposée dans le tableau de la page suivante. Si cette filiation est vraisemblable, la question qui reste posée est celle de l'ordre d'apparition de ces composés.

En effet, si l'ADN génère l'ARN messager qui sert à la synthèse des protéines, quelle est la première molécule apparue ? Comme des enzymes sont nécessaires à la transduction (transformation de l'ADN en ARN messager) comme à la traduction (l'ARN messager servant de code pour l'enchaînement des acides aminés) et qu'il s'agit de protéines, le problème semble aussi insoluble que celui du premier arrivé, de l'œuf ou de la poule !

Pendant de nombreuses années, les biochimistes se sont intéressés aux protéines. Elles avaient toutes les vertus, les fonctions, les structures possibles — même changeantes — et occupèrent de nombreux chercheurs qui s'évertuèrent à mettre au point des techniques d'analyse (de séquençage) de plus en plus performantes et automatisées. Il faut dire à leur décharge que ces protéines sont multiples et que le champ de recherches ainsi ouvert semblait infini !

Quand Watson et Crick publièrent en 1953 la formule de l'ADN, en double hélice, un monde chimique nouveau s'ouvrit aux chercheurs, celui de l'ADN ; il semblait alors tout à fait indépendant du monde des protéines. En fait, en découvrant les extraordinaires capacités de duplication de l'ADN, chaque brin servant de modèle à la synthèse d'un brin complémentaire, on s'aperçut que de nombreuses enzymes (des protéines) sont indispensables à cette synthèse. Il en est de même, avec d'autres enzymes, quand l'ADN à deux brins se transforme en ARN messager à un seul brin. Ce dernier va servir à fabriquer les protéines

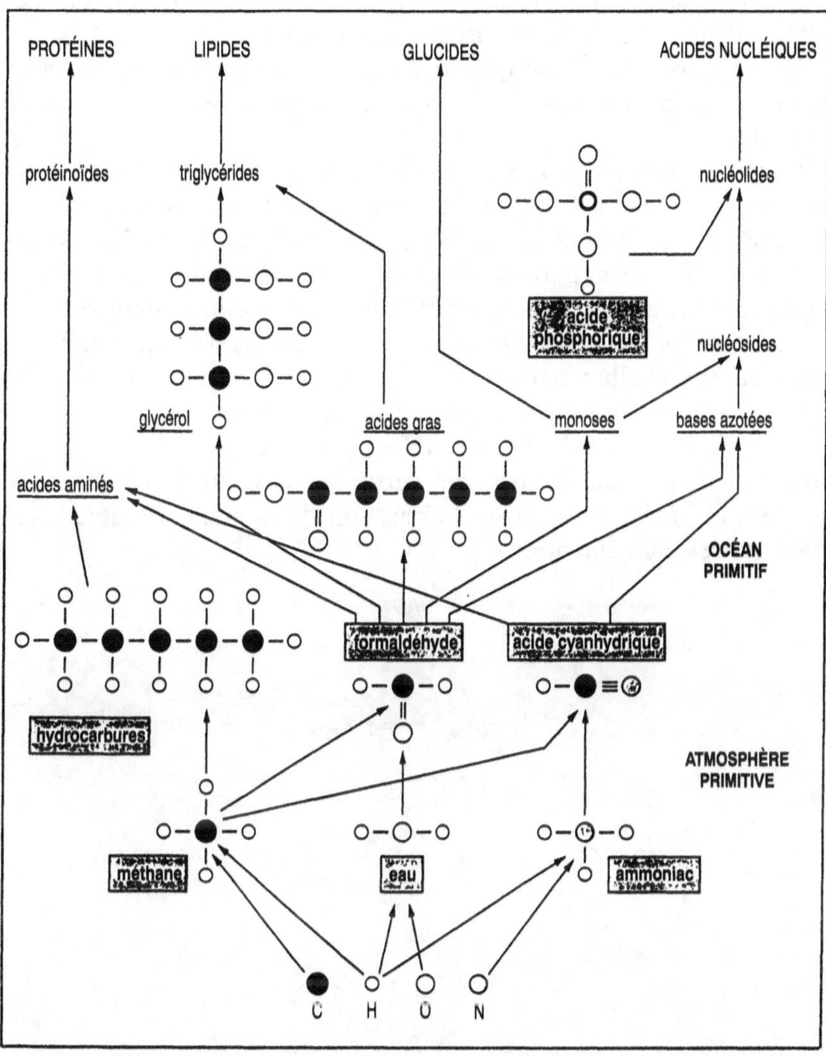

Fig. 16 — Filiation chimique vraisemblable des molécules des êtres vivants.
(Encadrées : les molécules primitives ; soulignées : les premières molécules organiques ;
en capitales : les quatre principales familles moléculaires du vivant)
(d'après P. Van Gansen et H. Alexandre, 1997).

par enchaînement d'acides aminés : il y faut là encore des enzymes et plusieurs catégories d'ARN. Au monde des ADN fait suite un monde des ARN qui va nous révéler bien des surprises.

En effet, dans les années 1980, Thomas Cech et Sidney Altman découvrent, dans ce monde des ARN, des ribozymes, à savoir des acides ribonucléiques doués de propriétés enzymatiques.

Est-ce sous cette forme que sont apparues les premières molécules d'acides nucléiques ? Ont-elles précédé les protéines dans le monde chimique ?

Le débat vient d'être relancé par Stanley Prusiner, prix Nobel 1997 de médecine et de physiologie pour la découverte des prions, protéines infectieuses capables de se multiplier sans aide de l'ADN. Les protéines, premières-nées, portent bien leur nom ! Vont-elles, de nouveau, supplanter les acides nucléiques dans la recherche biochimique ?

Ces conflits de « chapelles » ne doivent pas nous faire oublier la question essentielle : quelle est la relation entre ces molécules du vivant ? À la relation linéaire généralement admise :

$$\text{ADN} \rightarrow \text{ARN} \rightarrow \text{protéine}$$

pourquoi ne pas tout simplement substituer la relation suivante, non linéaire, qui évite de se poser la question de la première molécule... mais qui reste à démontrer !

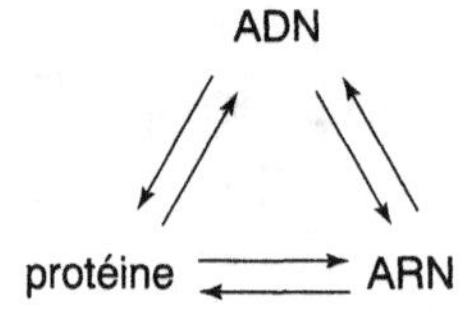

DEUXIÈME PARTIE

LA CELLULE, UNITÉ CONSTITUTIONNELLE DU VIVANT

Les divers composants chimiques de la matière vivante, quelle que soit leur origine, terrestre ou extraterrestre, se sont agencés, combinés, auto-organisés au cours de l'évolution en un premier être formé d'une seule cellule. Cette structure, fondamentalement universelle, la cellule, est l'unité de base du vivant, car tous les êtres vivants sont formés d'une, voire de milliards de cellules. Or, chaque cellule fonctionne comme une usine de production possédant en elle-même tous les processus chimiques, nécessaires à l'assemblage des briques élémentaires.

Cette unité est limitée par des membranes qui assurent les échanges avec le milieu extérieur. La mini-usine ainsi constituée fonctionne grâce à de l'énergie emmagasinée sous forme d'adénosine triphosphate (ATP), le « pétrole de la cellule ». Cette molécule est synthétisée par la photosynthèse réalisée au niveau des chloroplastes, par la respiration au niveau des mitochondries et grâce à la glycolyse qui s'opère dans le cytoplasme de la cellule.

L'énergie servira à la cellule pour procéder à des synthèses : nous étudierons le cas des synthèses protéiques, production caractéristique réalisée par assemblage des briques, que sont les acides aminés et grâce au code génétique porté par les acides nucléiques. L'énergie sert aussi à se déplacer. Le mouvement sera le résultat de la transformation de l'énergie chimique en énergie mécanique.

Les synthèses réalisées conduisent à la croissance cellulaire. Celle-ci ne peut être indéfinie. Arrivée à un certain agrandissement, la cellule, quelle qu'elle soit, se divise par duplication de l'ADN. Les divisions successives conduisent à un être formé de milliards de cellules. L'homme en possède plusieurs (50 à 100 selon les auteurs) billions (10^{13}).

De plus, à la multiplication cellulaire s'ajoute une différenciation cellulaire. Les cellules, tandis qu'elles se divisent activement, se distinguent les unes des autres. Elles s'associent alors en tissus, aux fonctions particulières : chez l'homme, on reconnaît près de deux cents types cellulaires différents.

De l'être unicellulaire où une cellule unique doit assurer toutes les fonctions : nutrition, locomotion, relation, etc., à l'être pluricellulaire formé de milliards de cellules spécialisées dans ces mêmes fonctions, la complexification du nombre ne doit pas masquer l'unité constitutionnelle de base : la cellule.

CHAPITRE IV

La diversité cellulaire

La première cellule s'est formée voilà vraisemblablement trois milliards et demi d'années, après un milliard d'années d'évolution chimique où l'on est passé du minéral à l'organique, de l'inanimé à l'animé et donc au vivant.

De cette cellule individu, le premier être, sont nées les bactéries. Ces êtres unicellulaires primitifs, dont le filament d'ADN baigne librement dans le cytoplasme — ils n'ont pas de noyau individualisé —, sont dénommés procaryotes. Ils possèdent une efficacité métabolique extraordinaire : une bactérie se divise en vingt minutes et ainsi, en douze heures, elle peut produire soixante milliards de nouvelles bactéries.

Parmi ces bactéries certaines, les cyanobactéries, vont « inventer » la photosynthèse grâce à l'apparition dans leur cytoplasme de pigments assimilateurs du type des chlorophylles. Elles vont assurer la biosynthèse de substances organiques, dont les sucres, et la libération d'oxygène.

Pendant près de deux milliards d'années le monde vivant a été dominé par les bactéries et les cyanobactéries. Puis sont apparus des êtres unicellulaires plus perfectionnés, dont l'ADN qui est en entier entouré par une membrane formant le noyau, dite membrane nucléaire. Ces êtres dotés d'un noyau véritable sont appelés des eucaryotes. Notons que l'acquisition capitale de la membrane nucléaire a nécessité deux fois plus de temps (deux milliards d'années) que l'évolution chimique, de l'inanimé à l'animé (un milliard d'années). De nombreux biologistes estiment que ce perfectionnement cellulaire justifie une nouvelle division du monde vivant en deux règnes : les procaryotes et les eucaryotes.

Comment apparaissent ces premiers êtres unicellulaires eucaryotes ?

Lynn Margulis a imaginé que des bactéries devenues mitochondries et des cyanobactéries transformées en chloroplastes se sont associées (par endosymbiose) pour former la première cellule d'eucaryote. Dix à vingt fois plus grands que les bactéries, les premiers eucaryotes sont vraisemblablement des unicellulaires du type de ces protistes contenant de la chlorophylle qui se déplacent avec des flagelles et sont appelés de ce fait des phytoflagellés. L'euglène sera pris ici pour exemple. En perdant ses chloroplastes, il devient animal : il s'agit d'un zooflagellé. On imagine, toujours dans la perspective évolutionniste, que les phytoflagellés, en se multipliant et en s'associant, deviendront pluricellulaires et formeront le règne végétal alors que les zooflagellés formeront le règne animal. Pas étonnant alors si cellule animale et cellule végétale se ressemblent quant à leur organisation et à leur fonctionnement.

L'organisation des cellules n'a pu être précisée, étant donné leur petite taille, qu'avec l'observation au microscope, et en particulier au microscope électronique, qui permet de constater que les cellules n'ont pas une structure homogène mais sont constituées de divers éléments, dont certains sont limités par une membrane : les organites cellulaires.

Malgré leur différence d'origine, de forme et de taille, nous allons voir que les organites constitutifs des cellules sont identiques. Comme si la diversité d'organisation n'était que le résultat de variations sur un même thème, à l'image de ces maisons que construisent les architectes avec les mêmes matériaux. Mais ici, dans l'édifice cellulaire, les matériaux, les organites, ne sont pas figés. Au cours de leur vie, certaines cellules changent de forme, de taille, de structure.

Allons du plus complexe au plus simple, en partant du modèle où tous les organites cellulaires — ou presque — sont présents : il s'agit de la cellule végétale d'une tige de blé, un eucaryote. Nous la comparerons à une cellule animale, une cellule sanguine du rat : le myéloblaste. Puis nous accorderons une attention particulière aux premiers eucaryotes, les protistes, ces unicellulaires, charnière de l'évolution, qui possèdent des organites spécialisés. Enfin, nous étudierons les procaryotes, bactéries et cyanobactéries, sans noyau ni organites cellulaires avec membranes.

À côté de ces structures cellulaires plus ou moins complexes, capables d'un fonctionnement autonome, et que nous allons décrire succinctement, existent des structures atypiques vivant en parasites et que l'on baptise les acellulaires : ce sont les tristement célèbres virus et prions à l'organisation des plus rudimentaires.

La cellule végétale : l'exemple de la tige de blé

Les cellules constitutives des végétaux supérieurs sont de grande taille : 20 à 50 μm (1 μm ou micromètre = 1/1 000 de millimètre). D'ailleurs, à l'époque des premiers microscopes, en 1665, la première cellule décrite par le biologiste anglais Robert Hooke, était végétale. Il découvrit que le liège est composé d'innombrables petites cases qu'il appela *cells* (« cellules »).

Une cellule végétale — telles les cellules de la tige de blé — est de forme géométrique, limitée par une membrane squelettique formée de polysaccharides, dont la cellulose. Cette membrane rigide assure le maintien de l'ensemble cellulaire.

À l'intérieur, on trouve de la matière vivante, baptisée protoplasme ou hyaloplasme ou cytoplasme ; à sa périphérie, au contact avec la membrane squelettique, il se différencie en une mince pellicule, lipo-protéique, la membrane plasmique, épaisse de 75 angströms*.

Le cytoplasme est une solution aqueuse, une pseudo-solution, un sol ; on lui donne parfois de ce fait le nom de cytosol. Il est hétérogène et contient de nombreux organites limités ou non par une membrane, ainsi que des inclusions, c'est-à-dire des produits fabriqués en son sein : protéines, lipides, glucides (grains d'amidon).

Au microscope électronique, on observe dans le cytoplasme des structures fibreuses composées de microfilaments d'actine, de micro-tubules et de filaments intermédiaires formant une armature interne appelée cytosquelette. Par ces études est confirmé l'aspect granulaire : lipides, protides, glucides sont des agglomérats de particules.

Les organites limités par une membrane sont les organites de la photosynthèse, de la respiration et de la synthèse protéique : chloro-plastes, mitochondries, réticulum endoplasmique et appareil de Golgi.

Les chloroplastes sont des organites lenticulaires de 3 à 10 μm de diamètre et de 1 à 2 μm d'épaisseur. Contenant la chlorophylle, ils donnent sa couleur verte au végétal et assurent la photosynthèse, apa-nage des végétaux.

Les mitochondries sont de plus petite taille que les chloroplastes (1 à 2 μm de long, 0,5 μm de large). Ce sont les organites en charge de la respiration.

Le réticulum endoplasmique polymorphe forme un réseau à l'inté-

---

* 1 angström (Å) = 10^{-10} m ; il semble que le nanomètre soit maintenant préféré à l'angström (1 Å = 0,1 nm).

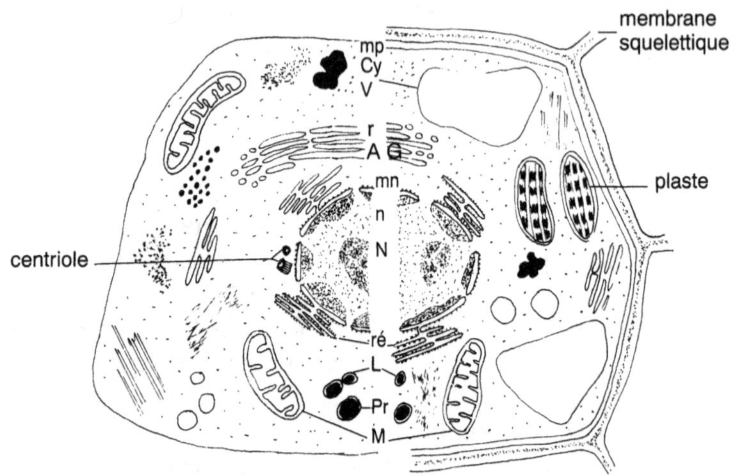

Fig. 17 – Cellule animale et cellule végétale : comparaison.
Les organites et éléments communs, très nombreux, sont légendés au centre et en abrégé. La
cellule animale, à gauche, possède en propre le centriole ; la cellule végétale, à droite, possède
en propre, membrane squelettique et plastes (dont les chloroplastes). La vacuole, chez cette
dernière, prend une place considérable.

AG : appareil de Golgi, Cy : cytoplasme, L : lipides, mn : membrane nucléaire,
mp : membrane plasmique, M : mitochondrie, N : nucléole, n : nucléoplasme, Pr : protéines,
r : ribosomes, ré : réticulum, V : vacuole.

rieur du hyaloplasme. Une partie entoure le noyau et constitue la membrane nucléaire. L'appareil de Golgi, sorte de réticulum, est disposé en saccules aplatis, empilés les uns sur les autres, les dictyosomes. Réticulum et appareil de Golgi participent à l'élaboration, au transport et à l'accumulation des protéines. Ils sont aidés par des organites sans membrane limitative, baignant dans le hyaloplasme, les ribosomes : ces grains d'ARN de 150 Å sont dispersés dans le hyaloplasme ou collés contre les membranes du réticulum endoplasmique qui forme l'ergastoplasme ou plasme de travail ; c'est à leur niveau que se réalise la synthèse des protéines.

Des productions du métabolisme, en solution dans l'eau, peuvent s'accumuler dans des vacuoles susceptibles d'atteindre une très grande taille dans le cas de la cellule végétale.

Enfin, dans le cytoplasme, existe un corps très gros, plus ou moins sphérique, le noyau.

Le noyau renferme des organites, les nucléoles, dans une substance visqueuse, le nucléoplasme. Le nucléole de 3 μm de diamètre a un aspect granulaire du fait qu'il contient de nombreuses particules de ribosomes de 150 Å de diamètre. Il renferme aussi de la chromatine (acides nucléiques + protéines) ; cette masse fibrillaire également accolée à la membrane nucléaire constituera les chromosomes.

La cellule animale : l'exemple du myéloblaste de rat

Les cellules animales constitutives des tissus sont de plus petite taille que les cellules végétales : 10 à 15 μm en moyenne. Mais certaines sont plus grandes, en particulier, dans le tissu liquide qu'est le sang. Rappelons qu'en 1673 un drapier hollandais, Antonie van Leeuwenhoek découvre les cellules sanguines, grâce à un microscope de son invention. Nous prendrons ici comme exemple le myéloblaste de rat. Il s'agit d'un futur globule blanc de 35 μm de diamètre, à l'intérieur duquel un noyau très volumineux, 15 μm de diamètre, est entouré de cytoplasme. L'ensemble est limité par une membrane plasmique (75 Å) qui contrôle les échanges entre cellule et extérieur. Du fait de l'absence de membrane squelettique, différence fondamentale avec la cellule végétale, il existe un cytosquelette plus élaboré, qui assure le maintien de l'organisation cellulaire. Il est constitué de filaments d'actine et de tubules, les microtubules. Ces derniers sont en relation avec deux centrioles, deux organites propres à la cellule animale qui forment le centrosome et participent, avec les microtubules à la division cellulaire.

Exception faite des chloroplastes, absents de la cellule animale, tous les autres organites se trouvent dans le cytoplasme, qui apparaît hétérogène : mitochondries, réticulum, ergastoplasme, appareil de Golgi, ainsi que ribosomes et inclusions (lipides, glucides...) sont présents. Des petites vacuoles accumulent des réserves. Certaines contiennent des enzymes : ce sont des lysosomes, qui, comme leur nom l'indique, lysent les substances que la cellule animale doit nécessairement absorber pour assurer son alimentation, l'animal étant hétérotrophe.

Enfin, le noyau, limité par la membrane nucléaire apparaît, comme celui de la cellule végétale, hétérogène : il contient en effet des nucléoles (ARN) et de la chromatrine (ADN et protéines), c'est-à-dire l'ensemble de l'information génétique.

Retenons finalement que la cellule animale diffère de la cellule végétale par l'absence des chloroplastes et de la membrane squelettique et par la présence des centrioles. Ces différences constitutionnelles vont de pair avec des différences fonctionnelles fondamentales : l'hétérotrophie de l'animal, l'autotrophie du végétal.

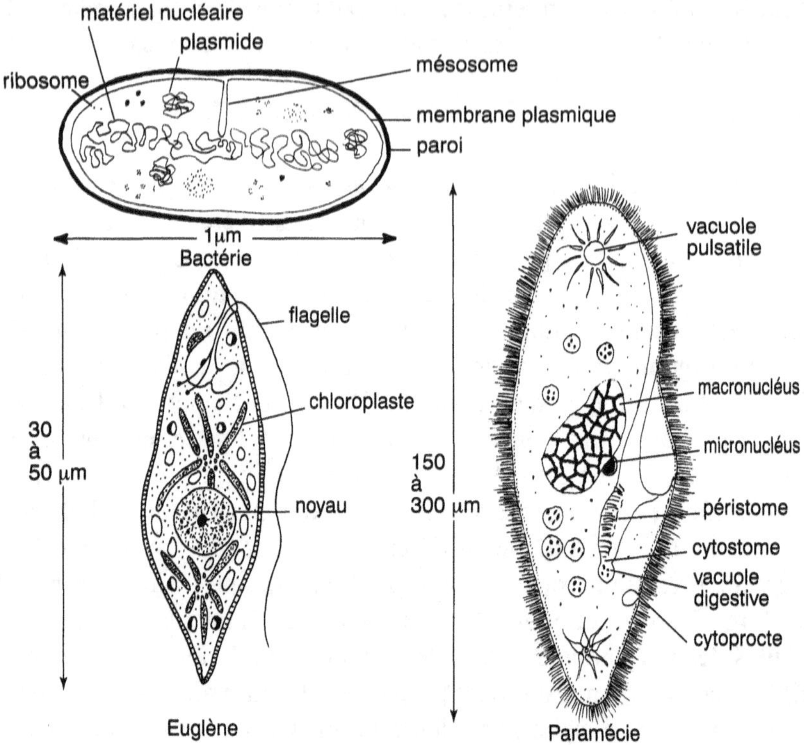

Fig. 18 — Quelques types cellulaires parmi les unicellulaires.
La bactérie est un procaryote, euglène et paramécie sont des eucaryotes à noyau limité par une membrane. Nous indiquons la taille de ces individus microscopiques, les proportions n'étant pas respectées.

Les êtres unicellulaires eucaryotes : l'euglène (protistes, protophytes, phytoflagellés) et la paramécie (protozoaires ciliés)

On imagine que les protistes unicellulaires sont les premiers eucaryotes, apparus voilà 1,5 milliard d'années. Ce monde des unicellulaires est riche d'espèces que se disputent botanistes et zoologistes depuis qu'ils disposent de puissants microscopes pour les décrire. En effet, certains de ces unicellulaires possèdent des chloroplastes, sont donc autotrophes et à affinité végétale, d'où leur nom de protophytes. D'autres, sans chloroplastes, sont hétérotrophes et à affinité animale, les protozoaires. Protophytes et protozoaires constituent le règne des unicellulaires, règne qui est venu rejoindre les deux autres déjà admis, le règne végétal et le règne animal.

Examinons successivement l'exemple de l'euglène, un protophyte, puis de la paramécie, un protozoaire.

L'euglène est un flagellé d'eau douce stagnante et riche en matières organiques. Sa prolifération entraîne la formation d'une couche verte à la surface de l'eau. D'ailleurs, rappelons que c'est en plaçant une goutte d'eau verdâtre sous son microscope que Van Leeuwenhoek découvrit en 1673 le monde des unicellulaires.

Fusiforme, longue de 30 à 50 μm, l'euglène est limitée par une membrane cuticulaire fine et souple. Elle se déplace grâce au mouvement d'un très long flagelle. Au centre de la cellule, le noyau limité par une membrane nucléaire, contient le matériel nucléaire (chromatine) et un gros nucléole central. Le cytoplasme, lui, renferme les organites caractéristiques des eucaryotes : mitochondries, dictyosomes de l'appareil de Golgi, et bien évidemment des chloroplastes contenant de la chlorophylle, qui colore l'euglène en vert. Mais on voit naturellement — et on peut l'obtenir expérimentalement — apparaître des euglènes incolores, dépourvues de chloroplastes. Elles sont alors hétérotrophes, c'est-à-dire incapables de faire la synthèse de substances organiques qu'elles doivent trouver dans leur alimentation. L'hétérotrophie est, rappelons-le, une caractéristique du monde animal.

Les euglènes — elles sont en fait très variées — préfigurent donc à la fois le monde végétal et le monde animal.

De plus, chez ces unicellulaires, on observe une tentative pour devenir pluricellulaires en formant des algues primitives. C'est le cas des *Chlamydomonas* (proches des euglènes), qui s'associent par dizaines de milliers en une colonie (du genre *Volvox*) de 200 à 800 μm de diamètre. On estime que dans l'évolution du vivant la colonie est le passage obligé entre unicellulaires et pluricellulaires.

Enfin, ces unicellulaires présentent une complexification de la structure. Elle est maximale chez les protozoaires ciliés, dont la paramécie est un bon exemple.

Abondantes en eau douce stagnante, les paramécies peuvent atteindre jusqu'à 1 mm de longueur. Là encore, malgré une morphologie externe plus complexe que celle décrite précédemment, on trouve dans une paramécie les mêmes éléments : membrane plasmique, noyau (un macronucléus et un micronucléus), réticulum, appareil de Golgi, ribosomes.

Mais, de surcroît, de nombreuses différenciations sont liées aux grandes fonctions de nutrition, d'excrétion et de locomotion.

Ainsi, la paramécie capture ses proies, des bactéries par exemple, grâce à une sorte d'entonnoir cilié au fond duquel s'ouvre la « bouche » ou cytostome à quoi fait suite un cytopharynx. À son extrémité, la proie est enfermée dans une vacuole digestive où elle sera digérée au cours d'un trajet dans le cytoplasme. Les produits de la digestion seront expulsés au niveau de l'« anus » de la paramécie, le cytoprocte. De la « bouche » à l'« anus », le trajet des vacuoles représente le « tube digestif » potentiel de la paramécie.

De la même façon, deux grandes vacuoles pulsatiles assurent l'expulsion de l'eau et des déchets. Elles équivalent aux reins des animaux.

Enfin, la paramécie se déforme et se déplace grâce à des myonèmes, filaments contractiles qui sont de véritables muscles à l'échelle cellulaire, et à des cils vibratiles, avec à leur base un centriole. Les cils vibratiles sont une caractéristique des protozoaires ciliés. Plus ou moins nombreux selon les espèces, ils sont formés à partir d'un centriole, leur nombre dépendant de la multiplication de celui-ci.

Finalement, on constate que c'est chez un être unicellaire que s'expriment le plus facilement toutes les spécialisations dont une cellule est capable. Chez les pluricellulaires, la vie en communauté inhibe ces inventions et chaque cellule doit se spécialiser pour l'intérêt commun (cellule musculaire du mouvement, cellule digestive, etc.).

Les procaryotes ou bactéries :
l'exemple du colibacille (Escherichia coli)

Les bactéries furent les premiers êtres organisés à coloniser la planète Terre voilà 3,6 milliards d'années. Elles sont toujours présentes, du fond des océans aux plus hauts sommets des montagnes.

L'une d'entre elles a fait l'objet d'innombrables travaux : il s'agit du colibacille, véritable souris de laboratoire.

Bactérie présente dans le côlon de l'homme, le colibacille mesure 2,5 μm de long, sur 1 μm de diamètre. Il possède une paroi cellulaire de 500 Å à base de glucides et d'acides aminés, une membrane plasmique formant un repli compliqué, le mésosome, et un hyaloplasme très riche en ribosomes sans aucun autre organite cellulaire.

Le noyau, non entouré par une membrane nucléaire — les bactéries sont des procaryotes —, est constitué par un filament de chromatine (20 Å de diamètre). Cet unique chromosome est composé d'une molécule d'ADN circulaire : on l'appelle chromosome bactérien ou nucléoïde.

Le colibacille comprend en outre des plasmides, molécules d'ADN refermées, distinctes du chromosome bactérien.

Cette bactérie est donc la cellule la moins complexe, mais elle est capable du plus haut rendement synthétique : doublant sa masse en 20 à 30 minutes pour former deux bactéries filles, et ainsi de suite, elle est rapidement envahissante !

À côté du colibacille, un autre type de bactérie intéresse les biologistes. Il s'agit des cyanobactéries, appelées aussi algues bleues. Ces bactéries primitives contiennent, dans leur cytoplasme, de la chlorophylle. Ce sont des procaryotes à affinité végétale. Grâce à la chlorophylle, elles réalisent la photosynthèse, c'est-à-dire la conversion de l'énergie solaire en énergie chimique (sous forme de sucres) en libérant de l'oxygène. Ce furent les premières cellules photosynthétiques à apparaître parmi les bactéries primitives et elles sont toujours présentes, en particulier dans le milieu marin, où elles participent à la vie du plancton (genre *Nostoc*, 0,5 à 3 μm).

D'autres bactéries enfin, grâce à l'oxygène, oxydent les sucres dont elles tirent leur énergie : en un mot, elles respirent !

Que ce soit par la photosynthèse ou la respiration, les bactéries préfigurent le monde végétal et animal.

Aspect dynamique

Il ne faut pas croire que les éléments précédemment décrits soient figés.

À tout instant, on peut constater dans une cellule végétale, par exemple, ou dans une paramécie, des mouvements du cytoplasme, que l'on nomme cyclose. Ils se traduisent par le déplacement des plastes ou le mouvement des vacuoles digestives.

À plus long terme, des changements morphologiques profonds se réalisent. Par exemple, dans une cellule de parenchyme chlorophyllien de blé, les vacuoles deviennent plus nombreuses et fusionnent en une vacuole unique avec refoulement à la périphérie du cytoplasme et du noyau. Il en est de même dans une cellule adipeuse (adypocyte) animale où les multiples vacuoles confluent en une immense vacuole lipidique.

Les acellulaires : les virus et les prions

À côté des cellules véritables précédemment étudiées existent des organismes atypiques, inclassables, baptisés de ce fait acellulaires : ce sont les virus, rejoints récemment par les prions.

À la fin du XIXe siècle, Pasteur et des contemporains (Koch, Roux, etc.) décrivent de nombreuses bactéries pathogènes pour l'homme et les animaux, et créent la microbiologie.

Étudiant la rage, Pasteur s'aperçoit que l'agent responsable est plus petit qu'une bactérie et ne peut se reproduire en l'absence de cellules vivantes. Il appelle cet agent un « virus filtrant » et présume qu'il s'agit d'une très petite bactérie.

Pour la maladie de la mosaïque du tabac, d'autres auteurs pensent à un « virus filtrant » très différent de la bactérie.

La virologie va dès lors se développer rapidement.

On est à même de définir la particule virale ou virion : c'est une particule comportant un seul acide nucléique (ARN ou ADN) et dépourvue des enzymes du métabolisme intermédiaire. De plus, cet acide nucléique est souvent protégé par une enveloppe protéique, la « capside ». L'ensemble a la taille d'un ribosome, soit quelques dizaines d'Å.

La capside est à symétrie cubique pour les virions icosaédriques du virus de l'herpès, ou à symétrie hélicoïdale pour les virions en bâtonnet (300 Å de long, 150 Å de diamètre) du virus de la mosaïque du tabac. Dans ce dernier cas a été mis en évidence un auto-assemblage entre l'ARN et les protéines de la capside.

Des virions à structure plus complexe ont été décrits. C'est le cas du bactériophage — le virus des bactéries — dont la capside protéique icosaédrique enferme un filament d'ADN long de 50 μm et se prolonge par une queue et des filaments.

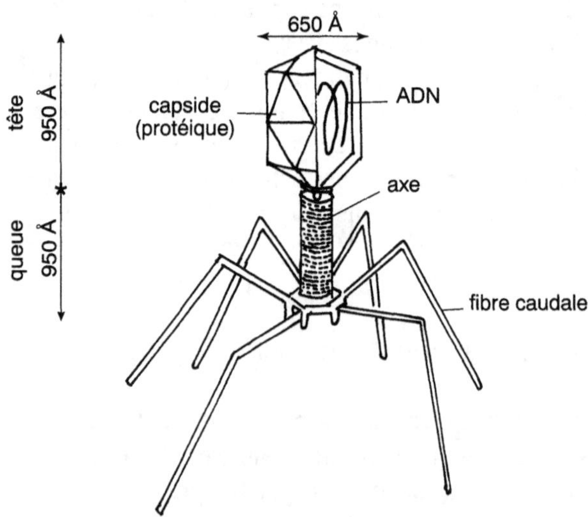

Fig. 19 — Le virus bactériophage, un acellulaire.

D'autres virions sont entourés d'une enveloppe de structure complexe. Ainsi le virus du sida est-il composé de deux filaments d'ARN entourés par une capside protéique formée de deux capsules emboîtées, l'ensemble étant recouvert par une enveloppe faite de deux couches de lipides associées à des glycoprotéines.

Le virus est donc une association, acide nucléique + protéines, sans organites cellulaires permettant d'assurer son métabolisme. Il doit être obligatoirement parasite, pour réaliser métabolisme et reproduction. Il est baptisé « tueur » de cellules par Joël de Rosnay.

On connaît aussi des virus nus, dépourvus de capside. Uniquement constitués d'ARN (monocaténaire), ils ont une structure en bâtonnet ; on les appelle des viroïdes. Ils sont pathogènes des végétaux supérieurs (pomme de terre, concombre, agrumes...), dont on pense qu'ils modifient, par leur simple présence, le métabolisme.

Enfin, les prions sont des protéines particulières, repliées sur elles-mêmes, indestructibles et contagieuses. Elles furent décrites par Stanley Prusiner et baptisées par lui « prions » (en anglais : *proteinous infection particule*) dans les années 1980. À la grande surprise de leur découvreur, les prions ne contiennent pas d'acide nucléique capable de coder la protéine.

Les prions sont responsables de deux encéphalites animales, la « tremblante » du mouton et la « maladie de la vache folle » ou encéphalopathie spongiforme bovine (ESB).

Ce sont des protéines anormales provenant de protéines normales produites par les cellules du système nerveux. La structure tertiaire de la molécule protéique est modifiée, vraisemblablement à la suite d'une mutation (d'où le caractère héréditaire de la maladie) ; le prion devient alors infectieux, se multiplie et s'accumule en plaques protéiques responsables de la dégénérescence du tissu nerveux.

L'OMS juge « plausible » la contamination humaine par ce même prion des bovins, d'où la maladie de Creutzfeldt-Jakob qui aurait pour vecteurs l'alimentation, la greffe d'organes, l'injection d'hormones ou la transfusion. Cette maladie rare, un cas par million d'habitants, va-t-elle devenir une nouvelle et terrifiante épidémie par la faute des hommes ? Car c'est en faisant manger aux vaches des farines à base de mouton contaminé qu'ils leur ont communiqué ce mal.

C'est aussi par l'alimentation, en pratiquant le cannibalisme, que des femmes et des enfants indigènes de Nouvelle-Guinée, contractaient le « kuru », l'ancêtre de la maladie de Creutzfeldt-Jakob. En mangeant pour lui rendre hommage le cerveau d'un parent décédé de cette maladie, ils se contaminaient sans le savoir !

Quand commence la vie ?

Avec les acellulaires, virus et prions, qui échappent au concept cellulaire commun à tous les êtres vivants, est posée la question fondamentale : quand commence la vie ?

Nous avons vu précédemment combien il était difficile de définir la vie. Or, tout est affaire de définition. Le virus est-il vivant ? Si l'être vivant doit être capable d'assurer son métabolisme pour croître et se multiplier, le virus n'est pas vivant... Mais il est parasite, c'est-à-dire qu'il va emprunter à son hôte, la cellule qu'il colonise, toute la machinerie cellulaire afin d'assurer sa reproduction : il dispose en propre de l'ADN (ou l'ARN) qui porte l'information indispensable à cette reproduction à l'identique. Par comparaison, le ténia, ver parasite du tube digestif de l'homme, emprunte les produits digérés contenus dans l'intestin : n'ayant pas de tube digestif, il n'en assure pas la digestion. Dit-on pour autant qu'il n'est pas vivant ?

Ainsi admettons-nous qu'un virus est vivant parce qu'il contient de l'ADN (ou de l'ARN) et des protéines — nous avons indiqué comment ces molécules s'auto-organisaient dans le cas du bactériophage — et parce qu'il est parasite. Lesdits acides nucléiques sont indispensables à l'identité de l'organisme et donc à la vie.

Si ces acides sont « le plus petit dénominateur commun » des organismes vivants, comment expliquer alors que des protéines seules soient capables de se reproduire ? C'est le cas des prions. On vient même de démontrer qu'ils sont capables de contaminer d'autres protéines, qui deviennent alors infectieuses. Ce qui semble « une exception au principe central de la biologie » et peut paraître une « hypothèse hérétique » selon Stanley Prusiner (l'homme qui a identifié les prions) valut le prix Nobel en octobre 1997 à ce professeur de neurologie à l'École de médecine de l'université de Californie à Berkeley.

La découverte des prions induit deux questions : « quand commence la vie ? » et même « qu'est-ce que la vie ? » De l'inanimé à l'animé, à quel moment une structure organisée peut-elle être considérée comme vivante ? Force est d'avouer que nous n'en savons pas encore assez sur les prions pour répondre à ces interrogations.

CHAPITRE V

Le fonctionnement de la cellule

La cellule, qu'elle soit de structure simple ou compliquée, dispose des attributs nécessaires pour lui permettre de fonctionner, c'est-à-dire de transformer les produits de l'environnement — minéraux ou organiques — en sa propre substance. Cette faculté de synthèse — on parle de biosynthèse — assure sa croissance. Celle-ci n'étant pas indéfinie, elle aboutit à la division de la cellule.

Le fonctionnement cellulaire a donc pour finalité la multiplication de la cellule. Pour prendre une comparaison simple, disons qu'il s'agit là d'une usine de petite taille capable d'assembler des matériaux, lesquels doivent franchir les clôtures que constituent les membranes limitant la cellule. Pour effectuer cet assemblage, il est nécessaire que la cellule dispose d'énergie, énergie qui lui permet d'associer entre elles les briques que sont, par exemple, les acides aminés en vue de la production de protéines. C'est le noyau qui assure la direction de cette usine grâce à son ADN. Enfin, l'énergie chimique peut être convertie en énergie mécanique, c'est-à-dire en mouvements qui permettent aux éléments de circuler dans la cellule mais aussi à la cellule de se déplacer dans son environnement. Une usine itinérante, en quelque sorte !

Les membranes cellulaires, des clôtures franchissables

En observant les parois qui limitent les cellules, Robert Hooke découvrit la notion même de cellule.

Comme indiqué précédemment, la plupart des cellules animales et certaines cellules végétales mobiles sont dites nues : elles présentent uniquement une différenciation de la surface du cytoplasme qui constitue la membrane plasmique (ou pellicule ectoplasmique ou plasmalemme).

Au contraire, la plupart des cellules végétales et les bactéries, sécrètent autour de la membrane plasmique une paroi plus ou moins rigide : la paroi paraplasmique ou membrane squelettique.

La membrane squelettique est essentiellement constituée de cellulose. C'est un haut polymère du glucose formant des molécules fibreuses qui s'associent sur une partie de leur longueur en micelles de cellulose. Les micelles et des molécules se combinent pour former des microfibrilles de 30 à 150 Å de diamètre visibles au microscope électronique.

La cellulose est toujours associée à des composés pectiques et, de ce fait, la paroi pecto-cellulosique des cellules végétales se présente comme une différenciation à rôle mécanique, assurant la rigidité des organes végétaux, une sorte de squelette extra- ou intracellulaire qui détermine la texture des plantes.

Cette paroi est le support des substances trophiques (nourricières) ou humorales qui circulent dans les organes des végétaux, et donc celui du milieu intérieur de la plante.

Enfin, l'importance de ces membranes squelettiques des cellules végétales est grande pour l'homme, car elles fournissent des fibres textiles (coton, lin, chanvre, jute...) et constituent le bois, source de matériaux, de papier et d'énergie.

La membrane plasmique, à la surface de la cellule, constitue une couche cytoplasmique de très faible épaisseur (75 Å) formant une enveloppe continue.

Par une de ses faces, cette membrane est en contact avec le milieu extra-cellulaire, par l'autre avec le cytoplasme (intracellulaire) de la cellule.

Milieux extra- et intracellulaires ayant des compositions différentes, la membrane plasmique assure une perméabilité sélective qui est sa première fonction ; la membrane squelettique, quand elle existe, est, elle, perméable à toutes les molécules.

L'irritabilité cellulaire (et la conduction de l'influx nerveux) qui est une propriété générale et très spécifique de la matière vivante est une conséquence de cette perméabilité de la membrane.

Enfin, la membrane plasmique joue un rôle dans la communication entre cellules.

Pour l'aider dans ses différentes fonctions, cette membrane présente des différenciations. Afin d'augmenter sa surface de contact avec le milieu extra-cellulaire et de faciliter les échanges se forment des microvillosités, tels le plateau strié (microvillosités basses) et la bordure en brosse (microvillosités hautes) des cellules intestinales.

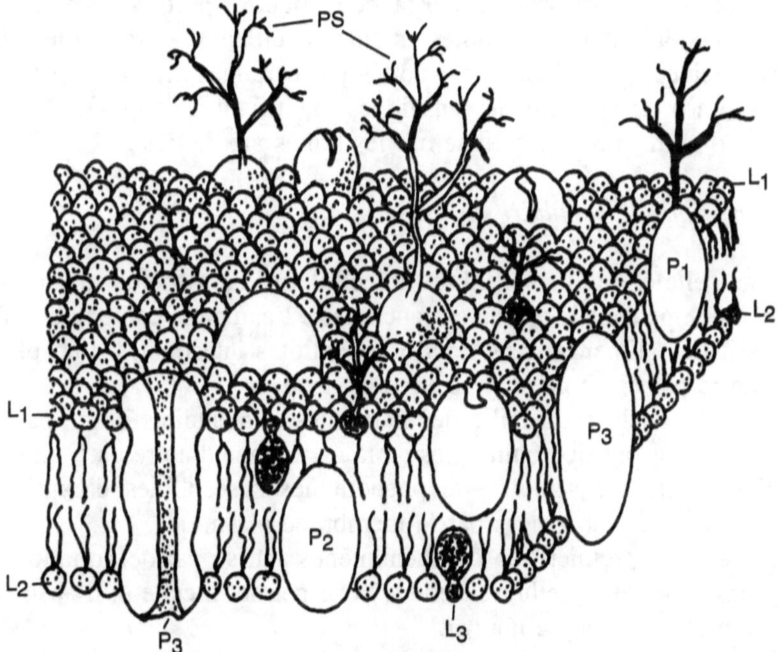

Fig. 20 — La membrane plasmique : structure moléculaire (d'après les données de la littérature). L₁, L₂ : bicouche lipidique (phospholipides), L₃ : cholestérol ; P₁, P₂ et P₃ : protéine externe, protéine interne et protéine intramembranaire (avec pore) ; Pₛ : polysaccharides.

De façon à assurer la solidarité des cellules au sein des tissus et d'établir des relations plus ou moins étroites avec les membranes plasmiques des cellules voisines se creusent des sinuosités (invaginations), des desmosomes...

Enfin, la membrane plasmique peut se déformer quand apparaissent des pseudopodes : cellules libres (leucocytes), amibes (unicellulaires) ou lors de la formation de cils ou de flagelles.

Pour comprendre son fonctionnement, il faut en connaître la structure et la composition.

Peu visible au microscope ordinaire du fait de son épaisseur (75 Å), la membrane plasmique doit s'observer au microscope électronique. Elle apparaît formée de deux couches sombres de protéines séparées par une couche claire, elle-même composée de deux couches de lipides associés à du phosphore (d'où leur nom de phospholipides ou lécithines).

Si des lipides sont associés en deux couches continues formant un mur étanche, les protéines discontinues forment des portes et fenêtres. D'aucunes, comme nous le verrons ultérieurement, serviront même de transporteurs pour certaines substances. D'autres protéines seront des récepteurs, à la manière d'hôtesses qui accueillent d'autres molécules. Des glucides (polysaccharides) portés par certaines protéines, les glycoprotéines, constituent des enseignes identifiant à coup sûr l'usine. Enfin, d'autres protéines en seront les boîtes aux lettres...

La perméabilité cellulaire et l'absorption

Une cellule, qu'elle soit libre (unicellulaire) ou associée au sein des tissus, pompe dans le milieu extracellulaire l'eau ou le contenu du tube digestif des aliments, dans le cas des cellules intestinales d'un pluricellulaire par exemple, et y rejette des déchets.

Si l'on considère la taille des particules alimentaires d'une part et les propriétés physico-chimiques de la membrane d'autre part, on peut distinguer trois ensembles de phénomènes susceptibles d'expliquer l'absorption de substances par la membrane plasmique.

Il s'agit en premier lieu de phénomènes actifs : par déformation de la membrane de la cellule ; l'endocytose permet à celle-ci d'absorber des substances pour se nourrir.

La phagocytose (du grec *phagein* : « manger »), réalisée pour capturer des particules, assure la nutrition chez une amibe, ou chez une paramécie. La pinocytose (du grec *pinein* : « boire »), processus d'absorption des gouttelettes de liquide et des grosses molécules, permet, dans un ovaire d'insecte ou d'oiseau, de capter des protéines (vitellogénine) pour former son vitellus, le jaune de l'œuf (stockage de réserve).

Le phénomène inverse de l'endocytose, l'exocytose, a pour but l'expulsion des déchets. Ainsi, chez les paramécies, comme indiqué précédemment, les vacuoles digestives expulsent le contenu de leur digestion toujours au même endroit, le cytoprocte, l'« anus » de la paramécie, par exocytose.

Ensuite sont mis en jeu des phénomènes passifs liés aux propriétés physico-chimiques de la membrane :

— Une membrane est essentiellement un film lipidique hydrophobe assurant une « frontière », une séparation entre deux milieux hydriques. Un corps traversera donc d'autant plus facilement les membranes qu'il sera plus soluble dans les graisses, tels les lipides et vitamines liposolubles.

— La membrane a des pores par où pénètrent ou circulent les substances insolubles dans les graisses. La taille des pores limitera le passage de molécules à un certain diamètre. De plus, la polarité électrique des parois des pores et leur taille permettent de sélectionner les ions.

— La membrane plasmique est considérée comme hémi-perméable. Osmose et diffusion sont deux mécanismes très importants dans les phénomènes d'entrée et de sortie de l'eau et des éléments hydrosolubles dans la cellule.

Par osmose, l'eau va toujours du milieu le moins concentré en sels vers celui qui est le plus concentré. Ainsi la paramécie, qui vit en eau douce, est-elle continuellement envahie par l'eau ; elle évite l'éclatement en expulsant de l'eau par ses vacuoles pulsatiles, les « reins » de cet organisme. En contrepartie, les sels fuient la paramécie par diffusion.

Ces phénomènes d'osmose et de diffusion permettent d'expliquer la plasmolyse (sortie d'eau) et la turgescence (entrée d'eau) des cellules végétales (expériences de Hugo De Vries, 1890) et des cellules anima-les, dont les hématies (expériences de Hamburger, 1900). Pour ces dernières, la turgescence, du fait de l'absence de membrane squeletti-que, entraîne l'éclatement, en solution hypotonique. Il faut une solution isotonique (9 grammes de NaCl pour 1 000) pour les conserver en l'état. Découverte fondamentale quand on sait le rôle joué par le sang dans l'histoire de l'humanité.

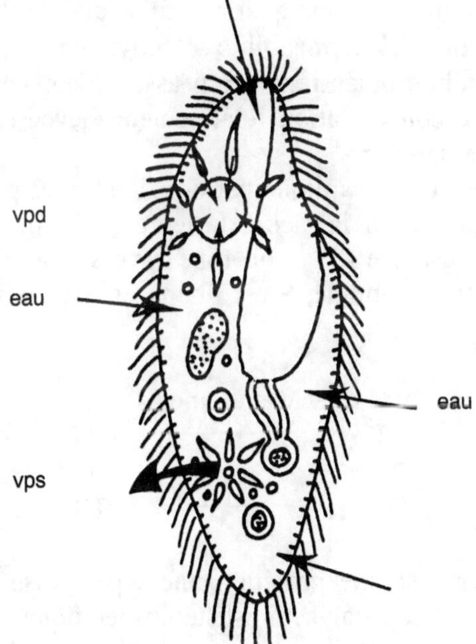

Fig. 21 — Osmose et diffusion dans la paramécie. Protiste cilié d'eau douce, la paramécie est envahie par l'eau. Celle-ci est pompée par le vacuole pulsatile en diastole (vpd), puis rejetée par la vacuole pulsatile en systole (vps) ; les deux vacuoles fonctionnent alternativement. Les sels fuient par diffusion.

Si la membrane cellulaire est hémi-perméable, cela signifie aussi que seules passent les molécules dont la taille reste inférieure au diamètre des pores, d'où l'établissement d'une pression osmotique interne de la cellule différente de celle du milieu extérieur à la cellule.

Le mouvement de l'eau ainsi expliqué amène par simple « entraînement » le mouvement des éléments hydrosolubles, dont les ions, les sucres, certaines vitamines, etc.

La taille des pores est de l'ordre de 0,35 à 0,42 nanomètre (nm = 1 millième de micromètre) de diamètre.

Cependant les ions Cl^- de diamètre (0,4 nm) égal à celui du K^+ traversent 10 000 fois plus vite. Les nombreuses exceptions ne peuvent s'expliquer par les phénomènes passifs.

Il a donc fallu faire appel à un troisième phénomène actif, celui de la pompe à Na/K. De quoi s'agit-il ?

Par exemple, une algue marine unicellulaire genre *Valonia* étudiée par le Pr Pierre Dangeard (1895-1970) — spécialiste des algues —, possède une grande vacuole. Dans celle-ci, il constate que la concentration en Na^+ est dix fois moins élevée que celle de l'eau de mer alors que la concentration en K^+ est quarante fois celle de l'eau de mer. Il y a donc une sélection : la perméabilité sélective met en jeu un dispositif, la « pompe à sodium-potassium », qui assure dans le milieu intérieur de la cellule une concentration relativement élevée en K^+ et proportionnellement basse en Na^+.

Ce mécanisme actif s'explique par des substances particulières : des transporteurs (T) qui sur la face extérieure de la membrane prennent en charge une substance (S) et lui font traverser la membrane. Sur la face interne de la membrane, S est libéré, et le transporteur est réutilisable.

Milieu extérieur		Membrane		Milieu intérieur
S	T	⟵———	T	S
	↓		↑	
	TS	———⟶	TS	

Le transporteur est une protéine, une « perméase » ou catalyseur (Monod et Cohen). Ce catalyseur est stéréospécifique, c'est-à-dire qu'il a une configuration dans l'espace complémentaire de la substance à transporter.

En conclusion, les phénomènes impliqués dans les échanges cellulaires (perméabilité) sont nombreux et interviennent en même temps, qu'ils soient passifs, comme l'osmose et la diffusion, ou actifs, tels le pompage et l'endocytose. Ils nous conduisent d'ailleurs à une autre propriété de la matière vivante, l'irritabilité cellulaire.

L'irritabilité cellulaire : tous irritables !

L'irritabilité est la propriété que possèdent les cellules de « réagir » à certains facteurs du milieu extérieur.

Chez l'homme, par exemple, le réflexe du retrait de la main au contact d'un objet brûlant illustre l'une des manifestations les plus remarquables de l'irritabilité cellulaire. Elle assure chez tous les organismes complexes la transmission rapide de « sensations » détectées par des « organes des sens ». Cette transmission, chez les êtres pluricellulaires, est assurée par les cellules nerveuses, les neurones.

Le neurone comprend un corps cellulaire, des prolongements courts, les dendrites, et un long prolongement, l'axone, qui peut atteindre un mètre (il va de la moelle épinière à l'extrémité du pied chez l'homme).

L'axone peut être entouré de myéline ; il s'agit de l'enroulement de la cellule de Schwann (la myéline est donc membranaire, c'est-à-dire lipoprotéique). En l'absence de myéline, on dit que la fibre nerveuse est amyélinique. La zone sans myéline comprise entre deux cellules de Schwann est appelée nœud de Ranvier.

L'axone qui va servir à démontrer l'irritabilité cellulaire est un très long prolongement cellulaire cytoplasmique (axoplasme) recouvert de la membrane plasmique (l'axolemme) et typique du point de vue physico-chimique (lipoprotéines et pores). Pour cela, les biologistes utilisent les axones géants du calmar qui ont de 0,5 à 1 millimètre de diamètre. Du fait de ce gros diamètre, il est facile d'y implanter des électrodes et d'y apposer des stimulateurs. Ainsi des études électrophysiologiques ont-elles permis de définir le potentiel de repos et le potentiel d'action et de constater que le potentiel d'action, se propage de proche en proche le long des fibres non myélinisées ou par bond (conduction saltatoire) d'un nœud de Ranvier à l'autre dans les fibres myélinisées.

Le potentiel de repos est la différence de potentiel de − 70 millivolts enregistrée entre l'intérieur (axoplasme), riche en gros anions (−), et l'extérieur très positif par de petits cations (+).

Une stimulation (électrique, ou chimique...) en un point A de l'axone provoque une inversion du potentiel membranaire. Le potentiel d'action enregistré est de + 50 millivolts, la pompe Na/K faisant entrer en grosse quantité des ions Na^+ dans la fibre.

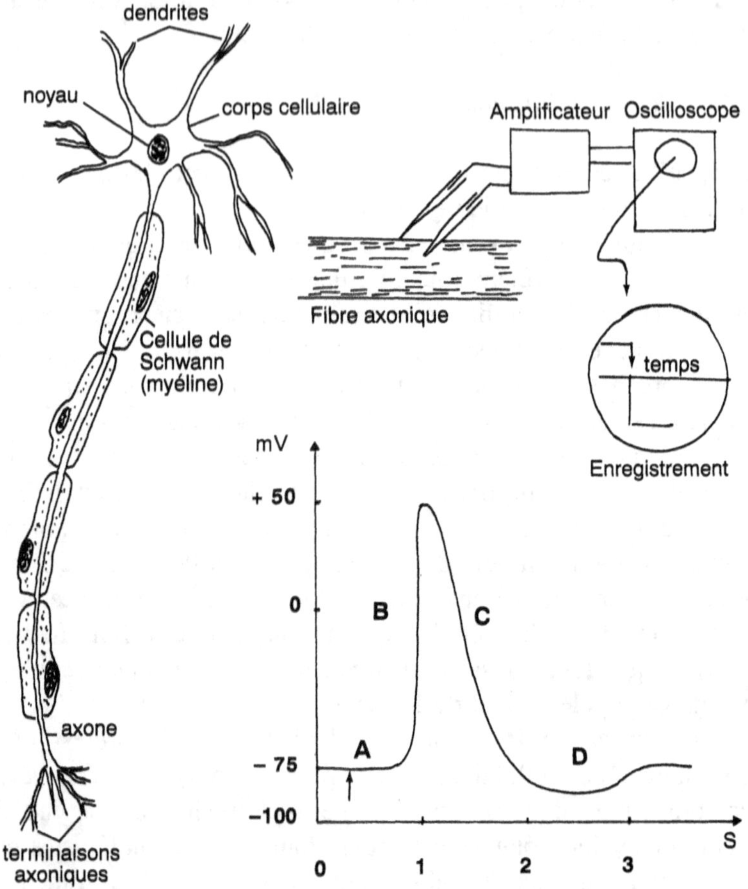

Fig. 22 — Le neurone et l'irritabilité cellulaire (d'après A. Berkaloff *et al.*, 1969, et les données de la littérature.
— À gauche, schéma d'un neurone dont l'axone est entouré de cellules de Schwann (myéline) ;
— en haut à droite, dispositif utilisé pour mesurer le potentiel transmembranaire ;
— en bas, enregistrement du potentiel d'action en quatre phases : A de latence, B de dépolarisation, C de repolarisation, D d'hyperpolarisation terminale.
mV = millivolt, S = seconde

Enfin, la conduction s'explique par le fait que l'inversion de potentiel à l'endroit de la stimulation en A alors qu'à côté, en B, rien n'est changé crée un courant électrique local de A vers B. Quand il s'agit d'une fibre myélinique, la myéline sert d'isolant, et entre deux nœuds de Ranvier se fait un saut ou « conduction saltatoire ».

L'irritabilité, démontrée grâce aux cellules nerveuses, se retrouve dans toutes les cellules, même sexuelles (voir chap. VI) et se manifeste par une décharge électrique aux conséquences multiples.

L'énergétique cellulaire

La cellule a besoin d'énergie pour son fonctionnement. Elle dispose pour cela, dans le cytoplasme, d'une substance énergétique fondamentale, le pétrole de la cellule, un nucléotide simplifié ou nucléoside associé à trois phosphates, à savoir l'adénosine triphosphate ou ATP, de formule schématique :

Adénine — Ribose — P — P — P
    adénosine   trois phosphates

la rupture d'une liaison phosphore (P) libère 7 000 calories.

$$\text{ATP} \underset{\longleftarrow}{\overset{\longrightarrow}{\quad}} \text{ADP} + \text{P} + 7\,000 \text{ cal.}$$

Autrement dit, chaque fois qu'une cellule fonctionne, elle utilise de l'ATP, et de l'ADP s'accumule dans son cytoplasme. Il faut donc le régénérer et la cellule possède trois voies métaboliques différentes s'effectuant à partir de sources d'énergie primaire et mettant en jeu des organites spécialisés : la photosynthèse est réalisée dans les chloroplastes à partir de l'énergie lumineuse ; la glycolyse et la fermentation s'opèrent dans le cytoplasme aux dépens du glucose ; enfin, la respiration se fait dans les mitochondries.

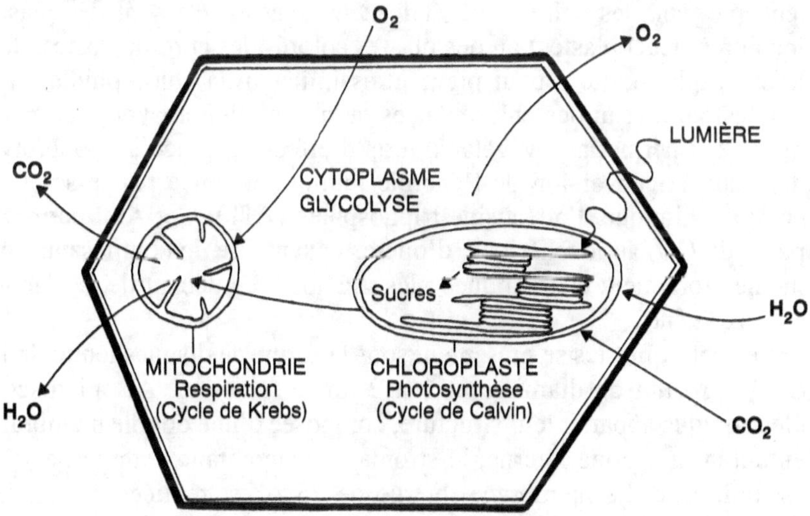

Fig. 23 — L'énergie dans la cellule végétale (schéma simplifié).
L'énergie lumineuse est convertie, dans le chloroplaste, par la photosynthèse, en sucres.
Ceux-ci, dans le cytoplaste, sont dégradés par la glycolyse, puis dans la mitochondrie par la respiration, et transformés en ATP.

En prenant l'exemple d'une cellule végétale, il est facile de montrer comment ces trois processus se complètent efficacement. D'abord, dans le chloroplaste, l'énergie solaire est transformée en énergie chimique sous forme de sucre : le glucose. Celui-ci subit dans le cytoplasme la glycolyse, et les déchets de cette réaction sont transformés par la respiration dans la mitochondrie. Ce sont ces trois étapes que nous allons décrire, en gardant présent à l'esprit que, dans une cellule animale, seules les deux dernières étapes existent, la photosynthèse faisant la différence essentielle entre le monde des autotrophes et celui des hétérotrophes.

Chloroplastes et photosynthèse : le soleil transformé en sucres

Les végétaux autotrophes se développent à partir de molécules simples : de l'eau (H_2O), du gaz carbonique (CO_2), du nitrate (NO_3-) et divers sels minéraux. Ils n'ont pas besoin de sucres, de protéines, mais de lumière, leur source d'énergie obligée.

La photosynthèse (du grec *phôtos* : « lumière » et *sunthêsis* : « réunion ») est un processus biologique fondamental qui s'effectue dans les organes verts de la plante, en particulier dans les feuilles. Celles-ci possèdent en effet un parenchyme très riche en chloroplastes.

Les chloroplastes appartiennent à une famille d'organites qui n'existent que dans les cellules végétales : les plastes. Ce sont des plastes incolores (leucoplastes) ou des plastes colorés, les chromoplastes, dont le chloroplaste, qui a pour pigment assimilateur la chlorophylle.

C'est au niveau des chloroplastes qu'a lieu la photosynthèse, mécanisme qui permet aux végétaux verts d'effectuer, grâce à la photolyse de l'eau, la conversion de l'énergie lumineuse émise par le soleil en énergie chimique, l'adénosine triphosphate (ATP). Cet ATP permet, à partir du CO_2 atmosphérique, d'opérer la synthèse de composants eux-mêmes fortement énergétiques : les glucides. Le déchet de la réaction est l'oxygène...

Les chloroplastes se présentent sous la forme de disques lenticulaires de 3 à 10 μm de diamètre et 1 à 2 μm d'épaisseur. Au microscope électronique apparaît leur structure, composée d'une double membrane, entourant une zone interne, le stroma. La membrane externe de 75 Å est uniforme. La membrane interne de 75 Å est repliée en lamelles. Sur ces lamelles, des empilements de lamelles constituent les granums, où se trouve la chlorophylle, associée à d'autres pigments, les caroténoïdes, compris entre les couches de protéines et qui alternent avec les phospholipides.

Véritables piles solaires, les lamelles captent la lumière (d'une longueur d'onde comprise, entre 6 500 et 7 000 Å) et provoquent la photolyse de l'eau ($2H_2O \rightarrow O_2 + 4H^+$), laquelle conduit à la libération d'O_2 et à la constitution d'ATP, énergie chimique qui provient donc de l'énergie lumineuse.

Cette exposition à la lumière est suivie d'une phase obscure dans le stroma du chloroplaste : le CO_2 est réduit et donne, grâce à l'énergie de l'ATP, des trioses (sucres en C_3), puis du glucose stocké sous forme d'amidon qui passe dans le cytoplasme cellulaire où il pourra subir la glycolyse, la fermentation et la respiration.

L'assimilation du gaz carbonique par les plantes a été démontrée grâce au C_{14} par Melvin Calvin (prix Nobel de chimie, en 1961) : on donne depuis le nom de « cycle de Calvin » aux transformations du carbone dans le stroma du chloroplaste.

On peut exprimer le résultat global de la photosynthèse cellulaire de la façon suivante :

$$6CO_2 + 6H_2O + nADP + nP \rightarrow C_6H_{12}O_6 + 6O_2 + nATP.$$
$$\text{glucose}$$

Cytoplasme, glycolyse et fermentation

Le végétal, grâce à la photosynthèse, fabrique des sucres. Ceux-ci s'accumulent dans la journée sous forme de grains d'amidon observables dans le stroma des chloroplastes. L'amidon est un polymère du glucose de formule $(C_6H_{12}O_6)n$ (où $n \simeq 100$).

La nuit, l'amidon est hydrolysé, grâce à une enzyme, l'amylose, en molécules de glucose qui s'échappent du chloroplaste, passent dans le cytoplasme et sont ainsi mises à la disposition du métabolisme cellulaire.

Le glucose va alors subir une dégradation partielle en composés moins énergétiques, baptisée glycolyse, grâce à un équipement enzymatique présent dans le cytoplasme. Selon cet équipement, la glycolyse, qui conduit à la transformation du glucose en acide pyruvique (et en pyruvates), peut se poursuivre en fermentation conduisant entre autres à l'éthanol (fermentation éthylique), à l'acide lactique (fermentation lactique).

La glycolyse et la fermentation se produisant dans le cytoplasme sans oxygène, ce sont donc des réactions anaérobies, de faible rendement énergétique.

En fait, du point de vue calorifique, une molécule de glucose représente 688 000 calories et il en reste 628 000 dans une molécule de lactate (après la fermentation lactique) ; sur les 60 000 formant la différence, 21 000 seulement sont stockées en trois molécules d'ATP, le reste étant perdu en chaleur.

La levure opère la fermentation du glucose en éthanol selon la réaction globale suivante :

$$C_6H_{12}O_6 + 2ADP + 2P \rightarrow 2C_2H_6O + 2CO_2 + 2ATP.$$

À titre de comparaison, rappelons que l'animal, hétérotrophe, incapable de synthétiser les substances organiques énergétiques, doit trouver celles-ci dans son alimentation. Il tirera son énergie primaire des glucides de réserves : amidon des végétaux et glycogène des animaux. Ces polymères sont scindés en molécules plus petites grâce aux lysosomes, vacuoles remplies d'enzymes hydrolytiques que l'on compare aux vacuoles digestives des unicellulaires (de la paramécie, par exemple). Découverts par Christian De Duve en 1955 (prix Nobel de physiologie et de médecine en 1974), les lysosomes sont considérés comme l'appareil digestif de la cellule. Grâce aux enzymes, les sucres y sont ainsi hydrolysés en glucose. Celui-ci subira, comme dans la cellule végétale, glycolyse et fermentation dans le cytoplasme, puis respiration dans la mitochondrie.

Mitochondries et respiration cellulaire

Si glycolyse et fermentation (lactique, alcoolique, etc) se font en anaérobiose avec un faible rendement énergétique, la respiration utilise l'oxygène et a donc, comme nous allons le voir, un bien meilleur rendement.

La respiration a lieu au sein des mitochondries. Celles-ci se présentent soit sous forme de filaments aux extrémités arrondies, longs de 1 à 4 μm, soit sous forme granulaire sphérique, d'un diamètre de 0,3 à 0,7 μm, d'où leur nom (du grec *mitos* : « filament », et *khondrion* : « grain »).

Au microscope électronique apparaît une structure classique, en double membrane, qui rappelle celle des chloroplastes. La membrane externe, de 75 Å (lipoprotéique), et la membrane interne, de 75 Å (entre les deux, 100 Å). Cette dernière s'invagine en crêtes.

Après éclatement des mitochondries et coloration négative, on constate que la surface de ces crêtes n'est pas lisse mais hérissée de particules au bout d'un pédoncule : ce sont les particules élémentaires (PE) ou oxysomes, sites où sont fixées les diverses enzymes intervenant dans la respiration cellulaire.

Certains métabolites (glucose et produits de dégradation) sont oxydés en eau et CO_2 au cours d'un ensemble cyclique de réactions, appelé cycle de Krebs du nom du biochimiste, Hans Adolf Krebs (prix Nobel de physiologie et de médecine en 1953).

L'énergie dégagée par l'oxydation sert en partie à régénérer de l'ATP par phosphorylation de l'ADP. L'ensemble des réactions d'oxydation et de phosphorylation constitue la « phosphorylation oxydative », qui résume le processus complexe de la respiration et se formule ainsi :

$$C_6H_{12}O_6 + 6O_2 + 38ADP + 38P \rightarrow 6CO_2 + 6H_2O + 38ATP$$

Le rendement énergétique est donc bien meilleur en présence d'oxygène qu'en anaérobiose. On a calculé qu'une cellule de levure (fermentation alcoolique) doit utiliser dix-neuf fois plus de glucose qu'une cellule en respiration active pour engendrer la même quantité d'ATP.

Photosynthèse et respiration : un bel équilibre

Alors que la photosynthèse, grâce à l'énergie solaire, utilise le gaz carbonique et l'eau pour produire des sucres (molécules énergétiques) et de l'oxygène, la respiration à son tour utilise cet oxygène et les sucres pour produire de l'énergie, avec comme déchets du gaz carbonique et de l'eau.

On est bien là en présence de deux processus fondamentaux du vivant en équilibre :

$$6\ CO_2 + 6\ H_2O \underset{\xleftarrow{\text{respiration}}}{\xrightarrow{\text{photosynthèse}}} C_6H_{12}O_6 + 6O_2$$

La photosynthèse, dont nous avons vu qu'elle est apparue très tôt (voilà trois milliards d'années) chez certaines bactéries — les cyanobactéries ou algues bleues —, est productrice d'oxygène et de matière organique.

L'oxygène n'existait pas dans l'atmosphère primitive. Sa production, par la photosynthèse, fait de ce gaz atmosphérique un gaz d'origine biologique (ou biogène). L'O_2 de l'air actuel dérive essentiellement de la photosynthèse du phytoplancton des océans (80 %) et des végétaux terrestres (20 %) et permet la vie des êtres aérobies, les plus nombreux sur terre actuellement.

De plus, l'oxygène s'est transformé en ozone (O_3), gaz qui constitue, en haute atmosphère, une couche protectrice de la Terre ; elle arrête les ultraviolets les plus nocifs. C'est elle qui a permis aux êtres vivants du milieu marin de gagner le milieu terrestre, il y a six à sept cent millions d'années.

Or l'oxygène n'est que le déchet de la photosynthèse — déchet bénéfique comme nous venons de le voir —, dont la conversion du gaz carbonique en sucres, c'est-à-dire en biomasse végétale, est la finalité essentielle. Cette conversion est considérable, puisqu'on estime le stockage annuel de carbone à environ 2×10^{11} tonnes.

Au cours des temps géologiques, ce stockage a produit des carbones fossiles. L'utilisation du gaz carbonique atmosphérique a eu comme conséquence la diminution de son taux dans l'atmosphère. Or il s'agit d'un gaz à effet de serre. Cette diminution a abouti à l'effet de serre actuel qui maintient une température de 15 º C, dont nous avons dit qu'elle était capitale pour la vie — l'eau, à cette température, étant liquide.

Par contre, grâce à la respiration, les substances organiques s'oxydent en $CO_2 + H_2O$, oxydation qui serait complète en dix à vingt ans si la photosynthèse s'interrompait. L'équilibre précaire est menacé par l'activité humaine. En effet, l'homme remet en circulation les carbones fossiles (charbon, pétrole...) dont la combustion dégage du gaz carbonique et de l'eau. L'augmentation de l'effet de serre qui en résulte interpelle les scientifiques et les hommes politiques (voir chapitre XIII).

Enfin, il faut insister sur le fait que photosynthèse et respiration sont réalisées par des organites cellulaires de petite taille (quelques microns), chloroplastes et mitochondries, dont nous avons dit qu'ils étaient très semblables quant à leur structure, étant tous limités par une double membrane. De plus, ils contiennent un ADN qui leur est propre, aussi se pose-t-on la question de savoir s'ils sont autonomes ou semi-autonomes : ils semblent être capables de se reproduire indépendamment de la cellule à partir de mitochondries ou de chloroplastes d'origine maternelle.

L'existence d'une double membrane et la présence dans ces organismes d'un ADN propre, consolident l'hypothèse déjà évoquée de Lynn Margulis selon laquelle mitochondries et chloroplastes seraient des descendants modifiés de bactéries et d'algues bleues ancestrales qui un jour rencontrèrent la cellule primitive d'eucaryote et entrèrent en symbiose avec elle par endocytose.

Finalement, pour la cellule, chloroplastes et mitochondries sont des centrales énergétiques qui en assurent le fonctionnement. L'énergie chimique emmagasinée lui servira à procéder à des synthèses, par exemple de protéines, ou sera convertie en énergie mécanique permettant les mouvements.

L'usine au travail : la synthèse protéique

Nous avons indiqué précédemment (chap. III) que les protéines sont des polymères d'acides aminés — la synthèse d'une protéine équivaut donc à un enchaînement d'acides aminés — et qu'il existe des protéines propres à chaque espèce et de plus propres à chaque type cellulaire. Par conséquent, l'enchaînement doit se faire dans un ordre précis, suivant un code stable, c'est-à-dire grâce à une information venue du noyau sous forme de code génétique fourni par l'ADN et transmis grâce à l'ARN messager.

Nous prendrons ici l'exemple d'une cellule eucaryote qui dispose de tous les organites cellulaires nécessaires : des ribosomes et des polysomes réalisent l'enchaînement des acides aminés, le réticulum et l'appareil de Golgi assurent la finition de la molécule (structures tertiaire et quaternaire).

Par comparaison, la bactérie (un procaryote) ne dispose que des ribosomes et des polysomes et n'est pas capable d'une telle finition, d'où une limite pour les biotechnologies.

Les ouvriers spécialisés dans la synthèse protéique sont les ribosomes ou grains de Palade. Découverts grâce au microscope électronique par George Palade en 1953, (prix Nobel de physiologie et de médecine en 1974, avec Albert Claude et Christian De Duve), ce sont des particules sphériques denses aux électrons, dont le diamètre est d'environ 150 Å. Ils sont constitués d'ARN, l'ARN ribosomal (ARNr).

Les ribosomes sont souvent associés dans la cellule en un chapelet, les polysomes. Les polysomes sont libres dans le hyaloplasme ou, accolés sur le réticulum formant l'ergastoplasme, ils sont liés entre eux par un filament de 15 Å de diamètre, l'ARN messager (ARNm).

Le ribosome se comporte comme une tête de lecture. Il lit le message porté par l'ARN messager, message codé sous forme de trois lettres (il s'agit de trois bases puriques et/ou pyrimidiques) qui forment un triplet appelé codon.

L'ARN ribosomal est aidé par d'autres ouvriers transporteurs d'acides aminés, les ARNt (t = transporteur ou de transfert), qui portent un triplet complémentaire ou anticodon.

Quand le ribosome lit un triplet (codon) de l'ARNm correspondant à un certain acide aminé, l'ARNt possédant l'anticodon correspondant vient s'accrocher à lui et fixe un acide aminé.

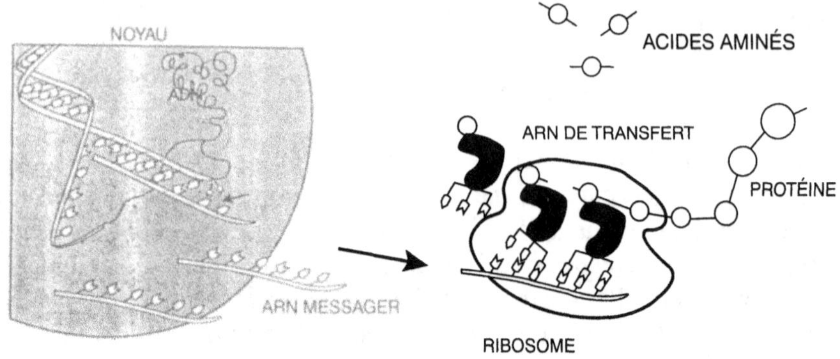

Fig. 24 — La synthèse protéique (d'après B. Jordan, 1996).
« À l'intérieur du noyau (à gauche), un gène est recopié (transcrit) en une chaîne d'ARN messager, qui passe dans le cytoplasme. Les ARN de transfert apportent aux ribosomes les acides aminés, qui sont assemblés dans l'ordre indiqué par le messager, assurant ainsi la synthèse de la protéine codée par le gène. »

De proche en proche, lisant les triplets successivement, les acides aminés s'enchaînent, comme les wagons d'un train, pour former la protéine. L'ordre des acides aminés est fixé par la lecture de l'ARN messager par le ribosome.

La finition de la protéine sera réalisée dans le réticulum et l'appareil de Golgi. En effet, les protéines synthétisées le long du réticulum (granulaire) passent à l'intérieur, y « cheminent », sont véhiculées ou stockées. Elles peuvent être concentrées et emballées par l'appareil de Golgi avant d'être expulsées à l'extérieur : ainsi d'une cellule du pancréas fabriquant les enzymes pancréatiques.

On s'est longtemps demandé comment les protéines synthétisées franchissaient les barrières membranaires du réticulum ou de l'appareil de Golgi. De plus on ne savait pas davantage comment les innombrables protéines formées étaient dirigées vers le site qu'elles doivent occuper dans la cellule pour y remplir leurs fonctions.

Dans le laboratoire de George Palade à l'Institut Rockefeller de New York, Günter Blobel formula, en 1971, l'« hypothèse du signal » : les protéines possèdent un signal propre qui les guide dans leur acheminement vers la membrane afin de la traverser au niveau d'un canal. Le signal est formé par quelques acides aminés constituant l'adresse. Il ne reste plus à la protéine qu'à trouver la bonne boîte aux lettres : le site à traverser... et sans l'aide d'un facteur !

Ce processus prend toute sa valeur si l'on se souvient que l'on estime à un million le nombre des protéines d'une cellule et que l'homme adulte compte quelque 100 000 milliards de cellules. Il est donc indispensable que les protéines arrivent à bonne destination, sous peine d'un dysfonctionnement, tel que celui constaté dans le cas de la mucoviscidose.

Günter Blobel a démontré l'universalité de l'« hypothèse du signal », ce qui lui a valu le prix Nobel de médecine en 1999.

Le noyau, centre de direction

Si l'on garde cette analogie de la cellule usine, il faut alors admettre que le noyau en constitue le centre de direction.

Nous venons de voir comment sont réalisées les protéines grâce à l'ADN du noyau transformé en ARN messager, porteur du code génétique qui apporte l'ordre d'assemblage des acides aminés.

Mais la cellule n'élabore des protéines que lorsqu'elle en a besoin : il lui faut donc un système régulateur, qui est bien connu pour les protéines enzymatiques.

Il s'agit soit d'une répression enzymatique par un gène régulateur dans le noyau, soit d'une rétro-inhibition, dans le hyaloplasme lui-même.

Ces mécanismes, sur lesquels nous aurons l'occasion de revenir, permettent d'arrêter la synthèse ou de régler le métabolisme à un taux approprié.

De plus, certaines cellules se spécialisent (on parle de différenciation, voir chap. VI) et ne sont alors capables que de synthétiser certaines protéines. L'ADN de la double hélice du noyau est activé au niveau du gène (morceau d'ADN), l'ARN messager est produit et passe dans le cytoplasme pour la fabrication de la protéine spécialisée.

Le stade ultime souvent cité est celui de nos globules rouges : ils sont remplis d'hémoglobine (une protéine respiratoire) et n'ont plus de noyau. Un cytosquelette réduit maintient la forme de la cellule. Ces globules n'ont il est vrai qu'une durée de vie d'environ trois mois.

Enfin, et nous y reviendrons, lorsque les synthèses ont fait croître le cytoplasme, le noyau synthétise de l'ADN afin de réaliser un second centre de direction. La cellule pourra alors se diviser (voir chap. VI).

Les mouvements cellulaires, ou le mouvement, c'est la vie

De l'inanimé à l'animé, le mouvement fait la différence. Les mouvements cellulaires sont, là encore, exemplaires.

L'énergie chimique sert aussi à la cellule pour se mouvoir (mouvement par rapport au milieu extérieur) ou permet des déplacements d'organites à l'intérieur de la cellule (mouvements intracellulaires). Il s'agit donc d'un phénomène de conversion de l'énergie chimique en énergie mécanique, réussi par le vivant.

Ces divers types de mouvement sont liés soit au hyaloplasme lui-même (mouvement de cyclose et mouvement amiboïde), ou à des différenciations très poussées de celui-ci (myofibrilles du muscle contractile par exemple), soit à des organites particuliers : cils et flagelles se différenciant à partir d'un organite spécifique de la cellule, le centriole, qui joue d'ailleurs un rôle dans la division cellulaire.

Les mouvements intracellulaires ou cycloses sont visibles grâce à l'entraînement des organites qu'ils provoquent. C'est un phénomène connu depuis le XVIIIᵉ siècle, alors observé dans les cellules végétales possédant une grande vacuole. On a retrouvé ce phénomène dans de nombreuses cellules et on lui donne le nom de cyclose.

L'étude des courants cytoplasmiques se fait facilement à partir des matériels suivants : cellules foliaires d'élodée (plante d'eau douce), amibes, paramécies, plasmodes de myxomycètes...

Le mouvement s'explique par la transformation du hyaloplasme interne le plus fluide (sol) en un gel cortical plus extérieur et moins fluide. Gel et sol sont deux états physiques d'une même solution cytoplasmique. Gelation et solation alternent continuellement, créant ainsi les mouvements, et dépendent directement de l'ATP comme source d'énergie. L'injection intracellulaire d'ATP provoque une augmentation des mouvements intracellulaires. L'énergie chimique de l'ATP est transformée directement en énergie mécanique et cela sans l'intermédiaire habituel, la chaleur ou l'électricité. Les ingénieurs n'ont jamais pu reproduire un tel phénomène !

Ces mouvements intracellulaires jouent un rôle important dans la vie cellulaire. Ils assurent la pénétration et le transport des substances absorbées (par pinocytose, par exemple). Ils entraînent les mitochondries — d'où une meilleure distribution de l'énergie, — les ribosomes — d'où une meilleure efficacité de la synthèse protéique — et les chromosomes, lors des divisions cellulaires... Ils peuvent aussi servir

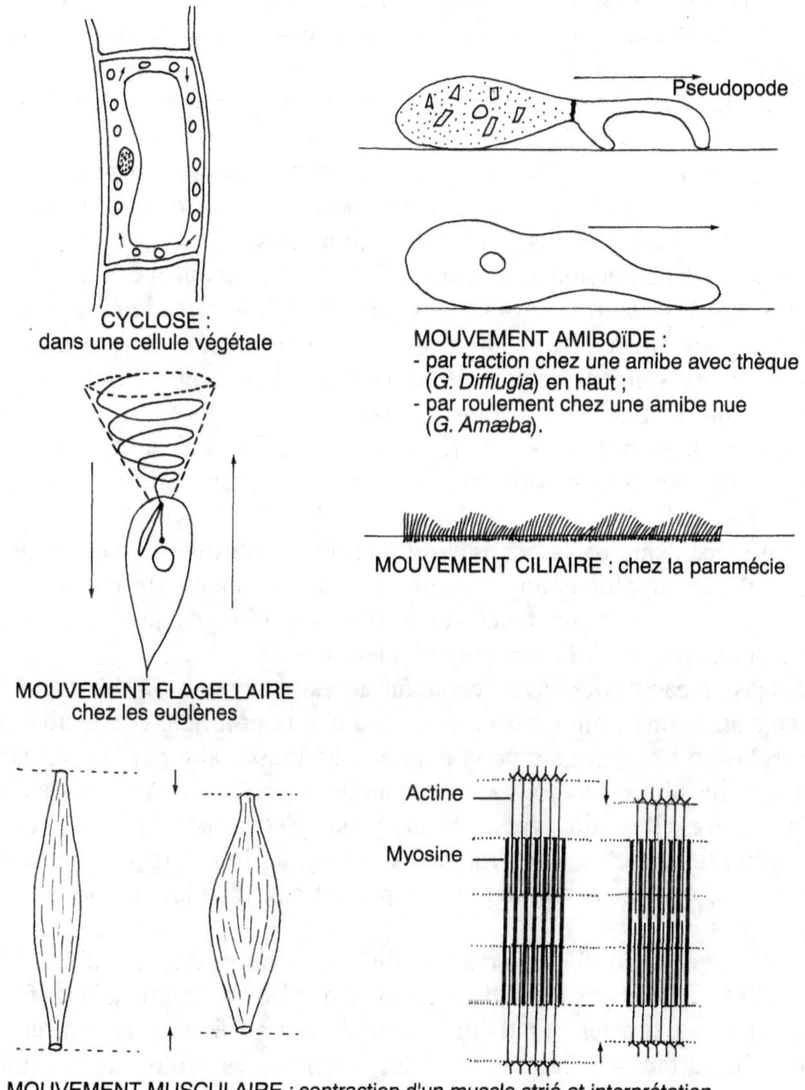

Fig. 25 — Les mouvements cellulaires.

aux déplacements de la cellule : mouvement amiboïde ou mouvement type de l'amibe.

Le mouvement de l'amibe a été bien étudié. Il se fait par l'émission de pseudopodes, un pseudopode étant une expansion d'un endoplasme fluide (sol) dans le gel périphérique. Les globules blancs ou leucocytes se déplacent de la sorte. Ils utilisent aussi les pseudopodes pour capturer des éléments étrangers, par phagocytose : ce sont les éboueurs de notre organisme.

Ces deux mécanismes identiques (gel $\rightleftarrows$ sol) nécessitent de l'ATP, comme dans le cas précédent, et présentent des analogies avec les mouvements des cellules musculaires douées de contractibilité. Aussi a-t-on cherché s'il existait des points communs.

Très schématiquement, disons qu'il existe des cellules différenciées telles que les cellules musculaires. Le hyaloplasme, entièrement spécialisé pour effectuer des mouvements de contraction qui provoquent un raccourcissement de la cellule, comprend de nombreuses myofibrilles, qui s'étendent sur toute la longueur de la fibre et sont constituées de deux protéines synthétisées à cet effet. Ces protéines sont organisées en fins myofilaments d'actine et gros myofilaments de myosine.

Le mécanisme de la contraction musculaire s'explique par un glissement des myofilaments d'actine entre les filaments de myosine et cela grâce à des ponts situés sur le filament de myosine qui forment l'actomyosine, d'où le raccourcissement observé.

Dans le cas des cellules recourant à des cycloses ou à des mouvements amiboïdes, on a mis en évidence que la propriété contractile du cytoplasme se rapproche de la contractilité musculaire par la présence de protéines fibreuses contractiles analogues à celles du muscle, s'associant entre elles, du type acto-myosine. Ces protéines contractiles s'inséreraient sur des microtubules du hyaloplasme (cytosquelette), orientées, disposées régulièrement, permettant ainsi la contraction du hyaloplasme.

Enfin, cette propriété, la contractilité, se retrouve dans les cils et les flagelles. Ce sont des formations mobiles que l'on rencontre à la surface de cellules fixes, tel l'épithélium cilié de la trachée des mammifères, ou à la surface de cellules mobiles, comme les protozoaires ciliés (paramécie), les protophytes flagellés (euglène) ou les spermatozoïdes (flagellés ou ciliés). Les zoospores d'algues ou de champignons sont également flagellés. Cils et flagelles permettent donc, soit à des cellules fixes de faire se mouvoir le milieu extérieur qui les baigne, soit à des cellules de se déplacer.

Ils dérivent, comme indiqué précédemment (chap. IV), du centriole et sont constitués comme lui de tubules (neuf paires), dont certains contiennent des protéines contractiles (voisines de l'acto-myosine). Le mouvement ciliaire — par abattement rapide du cil — et le mouvement flagellaire — de nature hélicoïdale — ont pour origine la contraction de ces tubules, qui nécessite de l'ATP.

Conclusion

Les mouvements cellulaires s'expliquent finalement tous par le phénomène fondamental caractéristique de la matière vivante : la contractilité. Celle-ci est la conséquence de l'existence de protéines particulières voisines de l'acto-myosine du muscle strié de certains mammifères.

Excitabilité et contractilité sont des propriétés fondamentales de la matière vivante, liées d'une part aux membranes cellulaires et à leurs propriétés physico-chimiques, d'autre part aux protéines constitutives du cytoplasme et à leur capacité de s'associer pour se contracter.

Excitabilité et contractilité permettent au vivant de réagir par le mouvement : le mouvement c'est la vie ! Rappelons l'expérience malencontreuse précédemment citée du contact avec un objet brûlant. La chaleur provoque l'excitation des récepteurs sensoriels de la peau et la réaction réflexe qui s'ensuit conduit à la contraction musculaire, d'où le retrait immédiat de la main.

Le crabe qui se coince maladroitement une pince sous un rocher (excitation) se libère en cassant la pince au niveau articulaire par une simple contraction (autotomie) !

Ce qui est vrai pour la matière vivante l'est donc pour l'organisme tout entier, si complexe soit-il.

Seule exception dans le monde vivant : les bactéries. Elles ont tout « inventé » avant les autres, sauf l'actine et la myosine. Et pourtant elles possèdent des flagelles qui fonctionnent on ne sait pas comment, mais qui leur permettent également de réagir par le mouvement, comme tous les organismes vivants.

La question du soi et du non-soi

Les membranes constituent des barrières dont on a vu qu'elles n'étaient pas infranchissables. Elles ont cependant la particularité de compartimenter la cellule, de former un intérieur par rapport à l'extérieur.

De plus, dans un être pluricellulaire, les membranes permettent aux cellules de se reconnaître entre cellules de même catégorie, ou au contraire de s'exclure quand elles sont différentes ou étrangères.

Le soi et le non-soi s'expliquent par les particularités physico-chimiques des membranes. La compréhension de ces phénomènes a permis d'éviter, chez l'homme, bien des accidents lors de transfusions sanguines ou de greffes d'organes.

En effet, la structure (biochimique) moléculaire de la membrane a une importante conséquence immunologique qui a trait aux quatre groupes sanguins (A, B, AB et O). Les globules rouges contiennent dans leur membrane un agglutinogène (antigène), alors que le sérum dans lequel ils baignent renferme un anticorps, l'agglutinine (cellules + sérum = tissus).

Les études les plus fines au microscope électronique n'ont pas permis de distinguer les hématies suivant le groupe sanguin, car il s'agit de trop subtiles différences d'ordre biochimique, comme la place d'un glucide associé à la protéine membranaire (glycoprotéine).

Cette notion découverte chez les hématies a été retrouvée chez de nombreuses cellules ou dans plusieurs liquides biologiques riches en glycoprotéines.

Toutes les cellules, dans les tissus, portent sur leurs membranes des molécules d'histocompatibilité, les peptides du « soi » et du « nonsoi ». Elles ont été découvertes dans les leucocytes humains par Jean Dausset (prix Nobel de médecine et de physiologie, en 1980) et nommées HLA (pour Human Leucocyte Antigens). Elles sont extrêmement variées et constituent notre identité. À l'exception des vrais jumeaux, nous sommes uniques et rejetterons toutes greffes d'organes dont les molécules HLA seront différentes des nôtres, pour cause d'histo-incompatibilité !

CHAPITRE VI

Multiplication et différenciation cellulaires
De la cellule à l'organisme

Comme pour nous rappeler l'histoire de la vie, tous les êtres vivants sont formés à l'origine d'une seule cellule. Certains resteront toute leur existence dans cet état d'unicellulaire : c'est le cas des premiers êtres apparus sur terre, bactéries, cyanobactéries (algues bleues) et protistes. D'autres, la grande majorité, que ce soient les métaphytes, constitués de cellules végétales, ou les métazoaires, faits de cellules animales, sont constitués d'une multitude de cellules. Ces êtres pluricellulaires sont le produit de la multiplication cellulaire, dont nous avons indiqué qu'elle était, elle-même, le résultat du fonctionnement cellulaire.

Les synthèses multiples qui s'effectuent au sein du cytoplasme conduisent à un accroissement cytoplasmique. Lorsque celui-ci atteint le doublement, alors la division cellulaire est inéluctable : une cellule en donne deux, puis quatre, puis huit... Cette division ayant pour résultante la multiplication cellulaire.

Mais l'accroissement cytoplasmique va de pair avec le doublement du matériel nucléaire (ADN). Ainsi « le rêve de toute cellule : devenir deux cellules » (François Jacob) est-il devenu réalité dès lors que l'ADN a été incorporé au sein du premier organisme vivant.

Cette molécule a en effet la capacité de se reproduire, par duplication. La double hélice se sépare en ces deux éléments constitutifs qui servent de moule à la synthèse de deux molécules d'ADN.

Ces doublements, nucléaire et cytoplasmique, aboutissent à la formation de deux cellules.

Seront-elles identiques ou différentes ?

Le monde vivant a successivement mis en œuvre deux modes de division : l'un conduisant à des cellules identiques, l'autre aboutissant à des cellules différentes. La reproduction à l'identique est apparue la première, chez les procaryotes, les bactéries. À partir d'une bactérie se forme un clone ; on parle de reproduction asexuée ou de multiplication clonale. Elle est également pratiquée chez les protistes unicellulaires quand les conditions environnementales sont favorables et a alors nom mitose. Quand les conditions se dégradent (manque d'eau, de nourriture...) alors apparaît une reproduction sexuée avec fécondation entre deux cellules ; elle est précédée d'une division spéciale, non à l'identique : la méiose, formatrice des cellules sexuelles ou gamètes.

Chez les eucaryotes pluricellulaires, végétaux et animaux, existent à la fois la reproduction sexuée, avec la formation des cellules sexuelles grâce à la méiose, et la reproduction à l'identique des autres cellules constitutives de l'organisme, dites cellules somatiques, grâce à la mitose.

De la cellule œuf, fruit de la fécondation, à l'individu formé de milliers ou milliards de cellules, provenant de nombreuses divisions cellulaires, le résultat final manifeste une différenciation très poussée des cellules, organisées en tissus spécialisés capables d'assurer diverses fonctions. Les cellules épithéliales de recouvrement du corps forment la peau ; les cellules musculaires permettent le mouvement grâce à la contraction des muscles ; les cellules nerveuses assurent des échanges d'informations entre les différents tissus et cellules...

De la division simple de la bactérie à la différenciation des cellules, le vivant a vraiment tout réalisé, à partir de son génial ADN.

Les divisions à l'identique

Elles sont d'une complexité croissante, des procaryotes sans noyau (division clonale de la bactérie) aux encaryotes avec noyau (mitose de la cellule végétale ou animale).

La division clonale des bactéries est la plus simple que l'on connaisse, mais aussi la plus efficace, du fait de l'absence de noyau. Le filament d'ADN se duplique et les deux filaments ainsi formés se séparent — ils sont attachés à la membrane plasmique par le mésosome —, alors que la bactérie s'agrandit dans sa partie centrale. Lorsque la bactérie a doublé de volume, elle s'étrangle en son milieu, formant deux bactéries filles identiques à la bactérie mère de départ.

Cette division binaire de la bactérie s'effectue, pour le colibacille, à 37 ºC, en vingt minutes environ. À ce rythme, en douze heures, soixante milliards de colibacilles peuvent être produits !

L'existence d'un noyau, avec membrane nucléaire, complique beaucoup la division par mitose d'une cellule d'eucaryote. Ce noyau

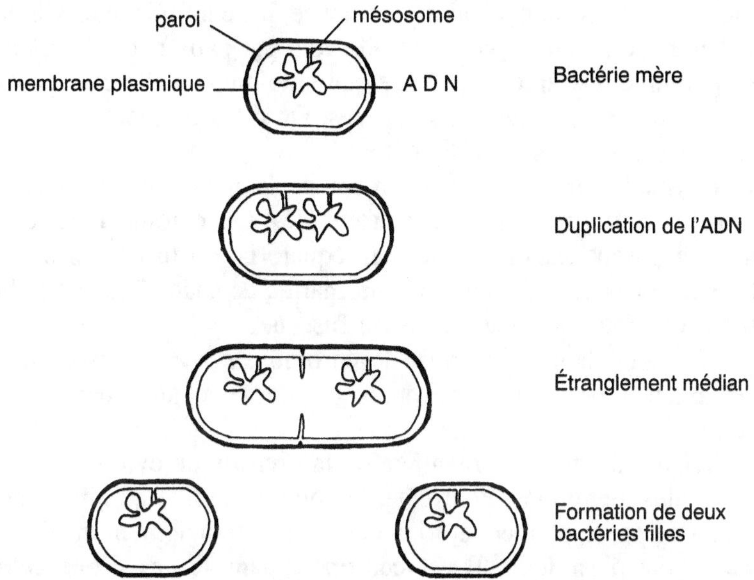

Fig. 26 — La division de la bactérie

contient en effet le matériel nucléaire, dont les acides nucléiques (ADN) et les protéines forment la chromatine.

Le noyau a coordonné, comme nous l'avons indiqué précédemment, les synthèses au sein du cytoplasme, qui croît. Mais cette croissance n'est pas indéfinie. Il existe en effet un rapport entre la masse cytoplasmique et la masse nucléaire totale.

Oscar Hertvig a déterminé en 1880 un rapport nucléoplasmatique :

$$K = \frac{\text{volume noyau}}{\text{volume cellule} - \text{volume noyau}}$$

Ce rapport diminue quand la cellule croît et, quand il atteint une certaine valeur minimale, la cellule se divise.

En fait, pendant la période qui s'écoule entre deux divisions du noyau, et que l'on appelle l'interphase, le noyau duplique son ADN, comme la bactérie, mais de manière plus complexe et non visible.

Lors de la division nucléaire, la chromatine se transforme en un chromosome formé de deux chromatides, deux filaments d'ADN. Le nom de mitose donné à cette division vient d'ailleurs du grec *mitos* (« filament »).

Lorsque la division nucléaire commence, les chromosomes s'individualisent et l'on peut les compter : ils vont par paire chez l'homme et l'on en compte quarante-six, contre quarante-huit chez le chimpanzé... leur nombre variant suivant les espèces. On dit des espèces ayant 2 n chromosomes qu'elles sont diploïdes.

On constate alors le démantèlement de la membrane nucléaire et l'apparition d'un fuseau fait de microtubules. Les chromosomes dupliqués se disposent ensuite sur le plan équatorial du fuseau. Les fibres du fuseau se cassent et tirent une chromatide de chaque paire de chromosome vers l'un des deux pôles du fuseau.

Une fois ces deux ensembles de chromosomes entourés de membranes nucléaires, sont reconstitués les deux noyaux, parfaitement identiques.

La division du noyau sera suivie de la division du cytoplasme d'où deux cellules identiques. Pour cela, la coupure se fera au niveau de la trace laissée par le plan équatorial, celle d'un étranglement médian par la membrane plasmique. Il est centripète dans le cas d'une cellule animale et centrifuge dans le cas de la cellule végétale, du fait de l'existence d'une paroi squelettique.

Ainsi, la mitose va permettre la multiplication à l'identique des cellules somatiques qui constituent les tissus de l'organisme. De plus, comme ces cellules ont une existence beaucoup plus courte que celle de leur hôte, la mitose permet de compenser cette perte régulière et surtout de produire des cellules filles possédant la même structure et la même fonction que la cellule mère.

La méiose, une division réductionnelle

L'apparition de la sexualité, survenue chez les protistes voilà 1,5 milliard d'années, a rendu nécessaire un nouveau type de division cellulaire, la méiose, qui réduit de moitié le nombre des chromosomes des cellules reproductrices, appelées gamètes ; celles-ci possèdent alors n chromosomes et sont dites haploïdes.

La méiose consiste en deux divisions successives analogues à des mitoses. Cependant ces deux divisions des noyaux ne sont accompagnées que d'une seule division des chromosomes. Lors de la première division on assiste à un regroupement des chromosomes par paires homologues : chacun étant double (deux chromatides), ils forment des tétrades (quatre chromatides). C'est un moment privilégié de la méiose où des échanges entre chromosomes (*crossing-over*) peuvent se produire. Nous en verrons l'importance ultérieurement.

Les tétrades s'installent sur le fuseau achromatique dans le plan équatorial. Les centromères ne se divisant pas, différence fondamentale par rapport à la mitose, chaque chromosome reste double.

Puis les paires de chromosomes se dissocient, chacun migrant vers un des pôles opposés du fuseau.

Les deux noyaux identiques qui se sont formés contiennent chacun un seul jeu de chromosomes, soit n chromosomes : vingt-trois dans le cas de l'homme. Ils subissent alors une seconde division qui se déroule comme une mitose normale car elle est équationnelle et aboutit à la formation de quatre noyaux à n chromosomes (une chromatide par chromosome).

Mais ce résultat peut varier, en particulier dans la gamétogenèse femelle des vertébrés supérieurs.

Si chez l'homme la gamétogenèse, dite aussi spermatogenèse, débouche bien, à l'issue de chaque méiose, à partir d'une spermatogonie (à 2 n chromosomes), sur la formation de quatre spermatozoïdes à n chromosomes (n = 23), en revanche, chez la femme, l'ovogenèse aboutit, à partir de l'ovogonie (2 n chromosomes), à un ovule à n chromosomes. Lors de la première division méiotique, la moitié des chromosomes (n) est expulsée sous forme d'un globule polaire (GP1) ; il en sera de même lors de la seconde division, qui verra l'expulsion d'un GP2.

De plus, dans l'espèce humaine, la chronologie des différentes phases varie en fonction du sexe.

Chez l'homme, à la naissance, la gonade (testicule) contient des spermatogonies (2 n chromosomes) qui se muent jusqu'à la puberté en spermatocytes I (2 n chromosomes). À la puberté, la méiose transforme un spermatocyte I en deux spermatocytes II (première division méiotique) à n chromosomes, puis en quatre spermatides qui deviendront quatre spermatozoïdes (on appelle cette différenciation la spermiogenèse). La méiose se poursuit la vie durant. Ainsi l'homme produira-t-il des spermatozoïdes jusqu'à sa mort, mais en quantité de moins en moins importante, une fois survenue l'andropause.

Chez la femme, l'ovaire contient à la naissance un nombre fixe d'ovogonies, qui grossiront, pour former à la puberté le stock d'ovocytes I. La méiose n'affectera alors qu'un seul ovocyte I et ce tous les mois jusqu'à la ménopause, qui entraînera la cessation définitive de la méiose. Si l'on prend l'exemple d'une femme pubère à quinze ans et ménopausée à cinquante, durant ces trente-cinq ans d'activité gonadique, 420 ovocytes I auront subi la méiose.

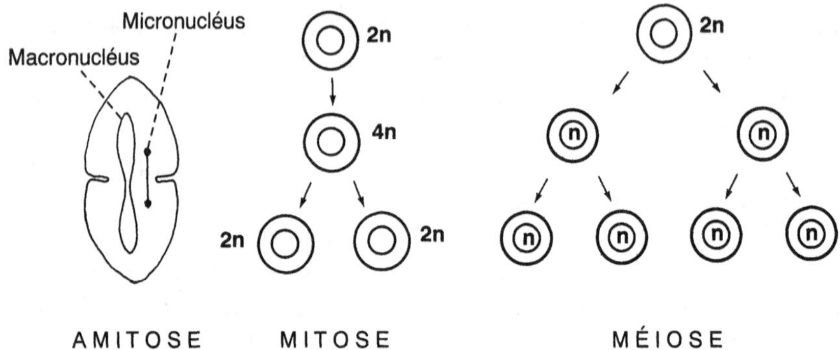

Fig. 27 — Amitose de la paramécie, mitose et méiose. Pour mitose et méiose, il s'agit de diagrammes simplifiés où l'on n'a pas figuré les chromosomes.

En fait, à chaque ovulation ainsi que l'on nomme cette première étape de la méiose —, l'ovocyte I subit la première division méiotique et donne un ovocyte II (à n chromosomes) qui expulse son globule polaire (GP1 à n chromosomes). S'il est fécondé, alors il poursuit sa méiose en expulsant son second globule polaire (GP2) et se mue en œuf. En s'implantant dans l'utérus, cet œuf deviendra embryon, puis fœtus, grâce à de nombreuses mitoses, mais c'est une autre histoire, que nous allons retracer en commençant par la fécondation.

La fécondation et sa signification

La sexualité apparaît donc il y a près de 1,5 milliard d'années sous une forme rudimentaire : une cellule mâle est attirée par une cellule femelle. Quand les êtres deviendront pluricellulaires, la sexualité se fera plus compliquée, comprenant recherche du partenaire, accouplement et fécondation. Cette dernière, en fusionnant spermatozoïde et ovule, aboutira à un nouvel être, différent de ses géniteurs. Ce sera la source de l'évolution du vivant et de la grande diversité des espèces.

La fécondation, ou union d'un gamète mâle et d'un gamète femelle pour former un zygote (œuf fécondé) à noyau diploïde, relève de deux grands types chez les métazoaires.

Une fécondation externe dans le milieu aquatique nécessite une grande quantité de produits sexuels, ceux-ci se retrouvant livrés au hasard dans l'immensité liquide : une huître pond ainsi 100 millions d'œufs par an.

Une fécondation interne avec accouplement ou coït est devenue nécessaire en milieu terrestre, pour éviter que les gamètes ne se déshydratent ; elle est économe en produits sexuels : la femme, par exemple, ne pond qu'un ovule par mois.

Les étapes de la fécondation sont facilement observables chez l'oursin en laboratoire. Le spermatozoïde pénètre dans le cône d'entrée de l'ovule qui l'a attiré. Il subit une rotation à l'intérieur de celui-ci et développe un aster. Le rapprochement des deux noyaux du spermatozoïde et de l'ovule aboutit à leur fusion ou amphimixie. Elle est suivie du dédoublement de l'aster : la première division, la mitose, va pouvoir se produire.

Le but de la fécondation est bien évidemment le retour à la diploïdie, par union des deux gamètes haploïdes, mais surtout et aussi à l'activation de l'œuf.

La diploïdie est réalisée par la pénétration de l'ovule par un seul spermatozoïde, alors même que chez l'homme, par exemple, 350 millions de spermatozoïdes sont contenus dans une éjaculation : aussi parle-t-on de monospermie. On l'explique par deux mécanismes mis successivement en jeu. D'abord, quand le premier spermatozoïde, l'heureux élu, touche la membrane de l'ovule, celle-ci réagit en produisant une décharge électrique (le potentiel d'action) qui chasse les autres spermatozoïdes. Si, malgré cette barrière électrique, des spermatozoïdes réussissent à s'introduire à la suite du premier, ils seront détruits par des enzymes en une réaction corticale plus tardive.

L'œuf non fécondé est au repos ; fécondé, il reprend ses activités avec des modifications de forme et de physiologie : achèvement de la méiose (chez les mammifères), augmentation de la perméabilité (à l'eau et aux substances dissoutes) et du métabolisme respiratoire, et surtout reprise des synthèses protéiques.

Ainsi, alors que la première mitose est enclenchée grâce à la fécondation, la reprise d'activité métabolique assure la poursuite des divisions cellulaires.

La fécondation artificielle

Le XXᵉ siècle a été celui où la connaissance de la reproduction des mammifères et de l'homme a fait le plus de progrès. L'application de la fécondation artificielle au bétail et à l'homme est toujours d'actualité.

Il a d'abord fallu maîtriser la conservation des spermatozoïdes et des ovules, puis les faire féconder *in vitro*, et enfin transplanter l'embryon formé dans le ventre maternel.

On sait conserver les spermatozoïdes par le froid, grâce à l'azote liquide, depuis les travaux de Parkes (1940). La conservation est indéfinie, ce qui pose des problèmes d'éthique relatifs à l'utilisation des spermatozoïdes d'un homme mort. En France, une vingtaine de banques de sperme humain existent. Aux États-Unis, on a même imaginé de créer une banque de sperme des prix Nobel !

Pour ce qui est du bétail, l'insémination artificielle à partir de spermatozoïdes conservés au froid se pratique dans 70 à 95 % des cas.

Les ovules, très riches en eau, sont impossibles à congeler. On doit donc les obtenir en les prélevant sur l'ovaire, à l'occasion d'une ovulation provoquée par injection d'hormones les gonadotrophines. Les ovules ainsi obtenus sont placés dans du liquide physiologique où ils se conservent un à deux jours à 37 $^\circ$ C en conditions stériles.

La première fécondation *in vitro* ou (FIV) a été réussie en 1950 par Shettles selon le protocole suivant : dans une boîte de Petri l'ovule est mis en contact avec des spermatozoïdes. La fécondation aboutit à un zygote qui commence aussitôt à se diviser en deux, puis quatre, puis huit cellules... À ce tout début du développement, la congélation est possible, ce qui ne va pas sans poser de nouveaux problèmes d'éthique... que faire de ces jeunes embryons congelés et non utilisés ? Le Conseil d'État s'est montré favorable à leur utilisation, à des fins de recherches (arrêt du 29 novembre 1999).

Le but est de faire suivre la FIV par la transplantation de l'embryon dans un utérus humain préparé pour le recevoir, d'où la FIVETE (ete = et transplantation d'embryon). Car, l'utérus artificiel n'existe pas et la formule du « bébé éprouvette » est un abus de langage médiatique...

Louise Brown est le premier bébé FIVETE né en Angleterre le 25 juillet 1978. Amandine naquit en France par le même procédé le 25 février 1982 : ses pères non biologiques sont René Frydman, un médecin, et Jacques Testart, un biologiste.

Nombreux sont les enfants nés par ce procédé, mais le taux d'échec reste encore élevé (75 %), échec enregistré lors de la transplantation, car la FIV, elle, marche bien. On féconde même l'ovule en injectant à la pipette le noyau d'un seul spermatide (stade antérieur à la différenciation en spermatozoïde)...

Si la FIVETE permet à des sujets stériles d'avoir des enfants, beaucoup de couples utilisent à l'inverse des méthodes destinées à empêcher la fécondation. Cette stérilisation de l'un ou l'autre des partenaires peut être soit définitive, soit temporaire.

Définitive est la stérilisation lorsqu'il y a castration — par ablation des ovaires ou des testicules — ou ligature des trompes chez la femme ou des canaux déférents chez l'homme.

Depuis les travaux de Gregory Pincus et John Rock (de 1951 à 1960), on sait bloquer l'ovulation par des hormones, ou empêcher la fixation de l'ovule fécondé par la mise en place dans l'utérus d'un stérilet. En dernier ressort, si ces méthodes contraceptives n'ont pas été mises en œuvre ou se sont révélées inefficaces, la pilule contragestive mise au point par le Pr Étienne-Émile Beaulieu RU 486, dite pilule du lendemain, permet d'éliminer cet embryon non désiré.

En France, depuis la loi de 1975 sur l'interruption volontaire de grossesse, il est possible d'interrompre légalement une grossesse non désirée à condition que l'embryon n'ait pas plus de douze semaines. Ces IGV sont plus nombreuses que l'on ne croit chez les jeunes filles de seize à dix-huit ans : le chiffre avancé pour la France est en effet de 10 000 par an !

La contraception, scientifiquement établie, n'est pas encore entrée dans les mœurs françaises. Il faut dire que beaucoup d'hôpitaux — contrairement à ce qui est prévu par la loi — ne sont pas équipés pour pratiquer l'IVG. Celle-ci sera effectuée dans des cliniques privées, voire à l'étranger... Certains États, toutefois, sont hostiles à l'IVG, dont les États-Unis, où des meurtres et des incendies ont été commis au nom du « droit à la vie ».

Les religions n'ont pas toutes la même attitude face à ce problème de société tout à fait fondamental : les catholiques et le pape sont quant à eux opposés à l'IVG.

La parthénogenèse

Dans la nature, la fécondation n'est pas toujours obligatoire. Pour activer l'œuf, des femelles pratiquent la reproduction sans mâle, ou parthénogenèse (du grec *parthenos* : « vierge » et *gênêsis* : « génération »).

Il y a alors développement d'un ovule vierge, sans intervention du gamète mâle. Ce phénomène existe spontanément, avec la parthénogenèse naturelle, mais peut être aussi réalisé artificiellement.

Suivant que le développement de l'œuf non fécondé s'arrête plus ou moins rapidement ou bien conduit à un individu entier, on parle de parthénogenèse rudimentaire ou de parthénogenèse régulière, ou normale.

La parthénogenèse rudimentaire, qui se rencontre dans tous les groupes zoologiques, est un processus qui ne va pas à son terme. Même chez les mammifères et l'homme, un début de développement se produit, puis le massif cellulaire qui s'est formé dégénère.

La parthénogenèse régulière, ou normale, existe par exemple chez l'abeille et les pucerons.

La reine des abeilles est fécondée par plusieurs mâles lors du vol nuptial. Les spermatozoïdes stockés serviront ou non à féconder les œufs. Les œufs qui le seront produiront reine et ouvrières, les autres donneront les faux-bourdons (mâles) parthénogénétiques. En fécondant ou non les œufs, la reine des abeilles engendre les différentes castes de la ruche et en en détermine le nombre.

Dans le cas des pucerons, il s'agit d'une parthénogenèse cyclique, c'est-à-dire qui alterne avec une reproduction sexuée. À la belle saison, les pucerons qui abondent dans les rosiers, les fèves... sont tous des femelles parthénogénétiques, vivipares, accouchant de femelles elles-mêmes parthénogénétiques. Ce n'est que lorsque la mauvaise saison arrive que naissent des pucerons sexués mâles et femelles qui s'accouplent et pondent des œufs de durée, c'est-à-dire des œufs qui passeront l'hiver et desquels naîtront des femelles parthénogénétiques.

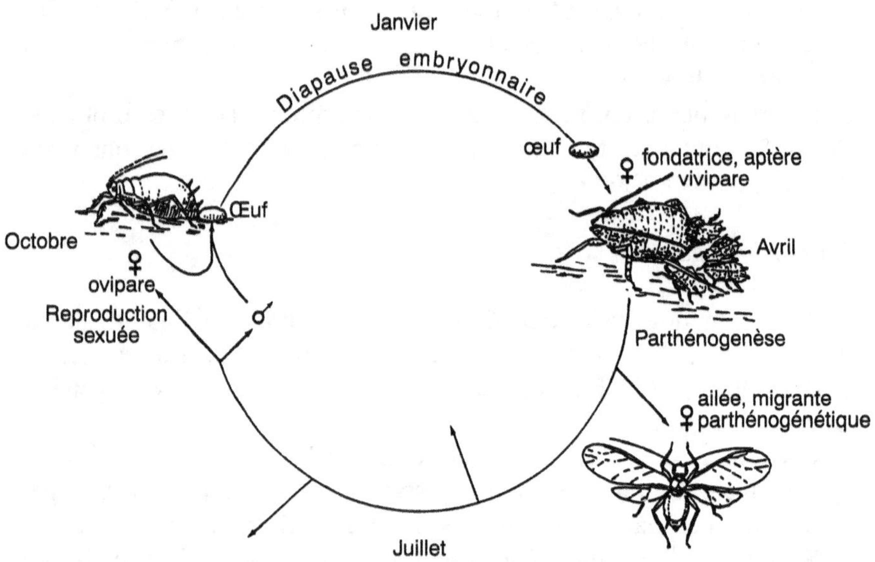

Fig. 28 — Schéma du cycle de développement d'un puceron sur une plante hôte : alternance entre reproduction sexuée et pathénogenèse, entre formes ovipares et vivipares, entre formes aptères et formes ailées ; ces dernières assurent la colonisation d'autres plantes de la même espèce (M. LAMY, *L'Insecte et l'homme*, Albin Michel, 1997).

Le problème est de savoir si l'individu né d'un ovule non fécondé est haploïde ou diploïde. En cas de parthénogenèse rudimentaire, il est haploïde. Dans les autres cas, il est diploïde. Comme il y a eu régulation, la diploïdie est due soit à une méiose anormale (non réductionnelle), soit à la fusion du pronucléus femelle et du GP2 ou à la fusion des deux noyaux de la première segmentation.

Au début du XXᵉ siècle, la parthénogenèse artificielle a connu un très vif succès. On a ainsi, par des traitements chimiques ou physiques, provoqué expérimentalement le développement d'œufs non fécondés d'oursin (Jacques Loeb, 1915) et de grenouille (Eugène Bataillon, 1909-1915).

Il a été observé que des œufs d'oursins non fécondés placés dans de l'eau de mer additionnée d'acide butyrique (1 à 2 minutes), ou dans de l'eau de mer hypertonique (30 secondes), se développent.

Quant aux œufs non fécondés de batraciens dont on pique la surface avec un stylet souillé de sang, ils produisent des têtards.

Enfin, les œufs de mammifères non fécondés subissant un choc thermique amorcent un développement parthénogénétique (Pincus, 1935).

Grâce à la parthénogenèse expérimentale, on a mieux compris l'activation de l'œuf. On pense actuellement que le rôle du spermatozoïde (ou de l'agent chimique ou physique) est, consécutivement à l'excitation de la membrane, d'activer des enzymes corticales et de démasquer une substance (vraisemblablement une protéine fixée sur les chromosomes), ce qui « remet en marche la machinerie cellulaire » : duplication de l'ADN, synthèse des ARN puis des protéines, sans oublier la reprise du métabolisme énergétique.

De l'œuf à la larve, les étapes de l'embryogenèse

Début du cycle vital, le développement embryonnaire a échappé à l'investigation tant que l'homme n'a pas disposé du microscope. De son invention est née l'embryologie, science qui étudie le développement de l'œuf et ses différentes phases, communes à tous les métazoaires, pris ici comme exemple, à savoir la fécondation, la segmentation, la gastrulation et l'organogenèse.

La segmentation, ou division de la cellule œuf fécondée, est une conséquence de l'amphimixie, la fusion du noyau mâle et du noyau femelle lors de la fécondation. Elle débute par une division, qui aboutit à la formation de deux cellules appelées blastomères. L'œuf se clive ainsi en un certain nombre de blastomères, mais à volume constant il y a multiplication cellulaire sans différenciation. Les cellules, toutes identiques, ayant toutes les potentialités, sont dites totipotentes : elles peuvent donner n'importe quel type cellulaire.

Ce premier massif cellulaire a l'aspect d'une petite mûre, d'où son nom de morula. Il se creusera alors d'une cavité, le blastocèle, formant la blastula.

Lors de la segmentation, la taille des blastomères est fonction de la quantité de réserves (le vitellus) emmagasinées dans l'œuf.

Ainsi, la segmentation est totale et égale en des rares cas et produit des blastomères tous de même taille dans les œufs pauvres en vitellus comme ceux de l'oursin. Elle est inégale et donne des micromères et des macromères dans les œufs d'amphibiens riches en vitellus. Enfin, elle est partielle et n'intéresse qu'une partie de l'œuf très riche en vitellus chez les oiseaux et les insectes.

Dans le cas des mammifères placentaires, l'œuf est petit, dépourvu de vitellus (œuf alécithe). Dès la segmentation achevée, la blastula est très vite prise en charge par l'organisme maternel, son implantation dans l'utérus se faisant environ deux semaines après la fécondation.

La gastrulation est l'ensemble des processus morphogénétiques mettant en place les feuillets embryonnaires fondamentaux des métazoaires. L'activité mitotique se ralentit (par rapport à la segmentation) sans jamais s'arrêter complétement et les cellules s'engagent irréversiblement dans un processus de différenciation.

Les blastomères entreprennent des migrations très importantes dont dérivera la ségrégation entre deux catégories cellulaires : un feuillet externe, l'ectoblaste ou ectoderme, et un feuillet interne, l'endoblaste ou endoderme.

Les métazoaires à deux feuillets sont dits diblastiques : ce sont les spongiaires (éponges) et les cnidaires (méduses).

Les métazoaires triblastiques possèdent un troisième feuillet moyen, s'intercalant entre ectoderme et endoderme, le mésoblaste (ou mésoderme).

Il existe plusieurs modalités différentes pour la réalisation de la gastrulation, selon les groupes zoologiques considérés.

L'organogenèse est la mise en place des organes et des appareils qui aboutissent à la larve.

Après la gastrulation, les mouvements cellulaires ne sont pas terminés. Les territoires cellulaires sont définitivement engagés quant à leur devenir. Une fois mis en place, ces territoires s'organisent en tissus qui s'associeront pour former des organes et des appareils.

L'ectoderme, en surface, deviendra la peau, tandis qu'il s'invaginera en profondeur pour former le système nerveux et ses dérivés, organes des sens et de communication. L'endoderme, en profondeur, composera le tube digestif et ses annexes, les glandes digestives. Enfin, le mésoderme formera les muscles, le squelette, l'appareil circulatoire et le sang.

Ainsi l'embryon devient-il fonctionnel et capable de vivre de façon autonome : il s'est mué en larve. Les cellules sont alors toutes différenciées. Cependant, dans certains de ces organes il peut rester des cellules souches, c'est-à-dire des cellules capables de se multiplier et de se distinguer les unes des autres mais dans un seul sens : dans la moelle par exemple, les cellules souches hématopoïétiques se multiplient mais ne peuvent se différencier qu'en cellules sanguines, globules rouges et globules blancs. Les cellules sont dite pluripotentes.

La durée du développement embryonnaire varie selon les espèces — neuf mois chez l'homme — et peut être allongée par un arrêt de développement, parfois très long, de plusieurs mois. Cet arrêt qui se produit toujours au même stade (la blastula), est une diapause embryonnaire. Chez les mammifères, c'est le stade où l'œuf est libre dans l'utérus avant son implantation. Cette phase libre devient alors plus longue que la phase fixée : on dit que l'ovo-implantation est différée.

Ce phénomène est courant chez de nombreux animaux sauvages tels que les marsupiaux, les édentés (tatous), certains mammifères comme les blaireaux, les hermines, les visons, les ours, les chevreuils, les otaries, les phoques... Il est à double commande, l'une hormonale interne et l'autre externe, environnementale. Il a pour finalité, en retardant l'implantation de l'embryon, de faire naître le jeune à la belle saison.

Le développement post-embryonnaire

À l'éclosion, c'est-à-dire à la sortie de l'œuf, chez les espèces ovipares, où à la naissance chez les espèces vivipares (car l'embryogenèse peut se faire dans le milieu extérieur, ou bien dans l'appareil génital de la femelle), le jeune individu peut soit ressembler à l'adulte, soit en différer peu ou totalement.

Pour qu'il puisse atteindre le stade adulte au cours du développement post-embryonnaire, trois phénomènes sont mis en jeu, selon le cas : la croissance, les mues et la métamorphose.

Chez les invertébrés et les vertébrés, la croissance peut se faire :

— sans mue ni métamorphose : chez les mammifères et l'homme par exemple ;

— avec métamorphose et sans mue : chez les amphibiens, dont la grenouille ;

— avec mue et sans métamorphose : chez l'ascaris (un ver rond) et chez les insectes primitifs, dits de ce fait amétaboles, comme le collembole ;

— avec mues et métamorphose : chez les crustacés, et les insectes dits métaboles, le ver à soie par exemple.

Grandir pour être un homme : la croissance

Quand le jeune ressemble à l'adulte, ce qui est le cas du petit de l'homme, il va grandir, c'est-à-dire subir une croissance. Celle-ci se réalise par multiplication cellulaire (mitose) et ou par augmentation des dimensions cellulaires de certains tissus.

L'œuf de l'être humain mesure 1 à 2/10 de millimètre et pèse 1/1000 de milligramme.

À sa naissance, le petit de l'homme mesure 50 centimètres de long (soit 500 fois plus) et pèse 3 kilos environ (soit 3 milliards de fois plus).

À l'âge adulte, l'homme mesure en moyenne 1,70 mètre de haut (soit 3,5 fois plus) et pèse 75 kilos (soit 25 fois plus).

De toute façon la croissance ne se fait pas de manière uniforme pour toutes les parties du corps depuis la naissance jusqu'à l'âge adulte. Ainsi, la longueur de la tête est multipliée par deux, celle du tronc par trois, celle des membres supérieurs par quatre.

La vitesse de croissance chez les mammifères est très variable. Pour doubler son poids de naissance, il faut : 6 jours au lapin, 9 jours au chien, 14 jours au porc, 15 jours au mouton, 17 jours au veau, 60 jours au cheval, 180 jours à l'homme. L'homme « témoigne donc d'une lenteur de croissance par rapport à ses voisins de classe ».

De plus, la croissance n'est pas uniformément continue : il y a chez l'homme des « poussées de croissance » à cinq-six ans et à la puberté.

Enfin, signalons que, chez beaucoup d'animaux (crapauds, serpents), la croissance s'accompagne de changements périodiques de peau, les mues.

Deux questions méritent une attention particulière.

Pourquoi la croissance s'arrête-t-elle à une taille limite ?

Il n'y a pas de réponse définitive à cette question, bien que l'on sache maintenant que le nombre de mitoses, par catégorie cellulaire, est limité et non illimité comme on le pensa longtemps. Mais cela ne suffit pas à expliquer la taille maximale atteinte, car on sait aussi que, même quand l'animal a achevé sa croissance, il continue de subir des modifications. Certains tissus se renouvellent constamment : la peau, l'épithélium glandulaire, le sang, etc., grâce aux cellules souches dont ils disposent. Ce sont des tissus temporaires, par opposition aux tissus permanents, comme les muscles et le tissu nerveux. D'autres tissus se mettent à proliférer, sous l'influence de conditions mal définies, et ce, de manière désordonnée, créant des tumeurs bénignes et malignes ou cancéreuses. Enfin, l'individu peut reconstituer tout ou partie de sa peau par cicatrisation, ou d'un organe (foie) traumatisé à la suite d'un accident par régénération.

Quels sont les facteurs qui contrôlent la croissance ?

La croissance d'un individu n'est possible qu'à la faveur de certaines conditions externes de température et d'alimentation, et internes c'est-à-dire hormonales.

La température, chez les animaux à température variable (les poïkilothermes), est un facteur limitant du point de vue écologique et qui a une grande influence sur la vitesse de développement. Des têtards élevés dans une eau à 22 °C se développent deux fois plus vite que ceux placés dans une eau à 12 °C .

De plus, l'alimentation doit apporter des vitamines : A, B, C, D, H, PP, etc., et des acides aminés indispensables, comme la lysine. Si elle est par exemple absente de l'alimentation des souris, celles-ci arrêtent de grandir. Si on l'y ajoute, la croissance reprend. Pour l'homme, pendant sa période de croissance, l'arginine et l'histidine sont essentielles.

Enfin, la croissance est chez les mammifères sous contrôle hormonal. Ce sont les hormones de la thyroïde, du thymus et surtout de l'hypophyse qui interviennent. L'ablation de l'hypophyse chez un jeune mammifère l'empêche de grandir. On fait redémarrer sa croissance en lui injectant sous la peau des extraits d'hypophyse. On a démontré que l'hypophyse sécrète une hormone « somatotrope ». Grâce à l'injection de cette hormone à des rats normaux, on obtient des rats géants expérimentaux. D'ailleurs, le gigantisme harmonique (des géants) est dû à une sécrétion trop abondante, pendant la période de croissance, de l'hormone somatotrope.

Du têtard à la grenouille, la métamorphose des amphibiens

Quand le jeune diffère de l'adulte, le passage d'un stade larvaire au stade définitif, l'image de l'adulte ou imago, s'accompagne d'une série de transformations importantes, la métamorphose. Celle des amphibiens et celle des insectes seront prises ici comme exemple.

De l'œuf de la grenouille sort un petit animal frétillant, le têtard. Il porte des branchies externes grâce auxquelles il peut respirer l'oxygène dissous dans l'eau douce où il vit. Sa longue queue lui permet de nager. Il est dépourvu de membres.

Un certain nombre de transformations marquent le développement larvaire :

— les branchies externes sont remplacées par des branchies internes ;

— les bourgeons des membres postérieurs apparaissent, se développent et deviennent des pattes digitées ;

— quand les pattes postérieures sont bien développées, se forment l'un après l'autre les membres antérieurs,

— enfin la queue s'atrophie et disparaît.

Ces transformations externes visibles s'accompagnent de modifications internes tout aussi fondamentales qui sont l'apparition des poumons et la réduction de la longueur de l'intestin.

Le têtard s'est métamorphosé en grenouille. L'animal aquatique qui respirait par des branchies s'est mué en animal terrestre qui respire par des poumons. L'herbivore à appareil digestif long est devenu un carnivore (qui se nourrit d'insectes, de vers...) à appareil digestif court.

Toutes ces transformations constituent la métamorphose. Elle est, comme la croissance, tributaire de facteurs externes et internes.

Les facteurs externes sont de nature climatique, telles la température et la lumière. Dans la nature, la métamorphose des têtards du crapaud accoucheur (*Alytes*) peut ne pas avoir lieu du fait du climat, une température trop basse par exemple.

Les facteurs internes tiennent au rôle des hormones, et en particulier de l'hormone thyroïdienne.

Ainsi, des têtards élevés dans un bac d'eau où l'on a introduit des morceaux de thyroïde subissent une métamorphose anticipée et se transforment en grenouilles naines (expériences de Gudernatsch en 1912, d'Allen en 1929, etc.). Les résultats seront identiques si l'on ajoute de la thyroxine dans les bacs d'élevage (Etkin, 1935).

À l'inverse, si l'on procède à l'ablation de la thyroïde ou si l'on ajoute un antithyroïdien (le thio-uracile à l'eau du bac), dans les deux cas on obtient des têtards géants, la métamorphose étant empêchée.

La thyroïde étant placée sous le contrôle de l'hypophyse, si l'on enlève l'hypophyse à un jeune têtard, il ne se métamorphose pas, car sa thyroïde reste de petite taille. Mais si l'on verse de la thyroxine, une hormone iodée, dans l'eau du bac où il vit, la métamorphose se produit. L'absence d'iode entraîne également le non-fonctionnement de la thyroïde par non-synthèse de la thyroxine.

À la suite de ces diverses expériences, on peut se demander s'il existe naturellement des cas où la métamorphose ne se produit pas. Il apparaît, comme nous allons le voir, qu'elle est retardée chez des larves géantes, voire absente dans le cas de la néoténie des amphibiens.

Larves géantes et néoténie des amphibiens

Chez certains amphibiens, il y a persistance plus ou moins prolongée de l'état larvaire : c'est la néoténie (de *néos* : « jeune », et *teneia* : « fait de prolonger » en grec), qui est soit partielle, soit totale.

Lorsque les larves sont issues d'une ponte tardive et passent l'hiver à l'état larvaire (diapause), elles deviennent géantes. Des larves de grenouille verte de 12 centimètres ont ainsi été trouvées en Charente, alors qu'elles font normalement 4 centimètres de long.

La néoténie est totale lorsque l'état larvaire se maintient ; comme les organes génitaux se développent, l'animal peut se reproduire malgré tout. Tel est le cas chez les amphibiens urodèles. La néoténie est facultative chez l'axolotl et obligatoire chez le protée.

L'axolotl est le nom donné à la larve de la salamandre américaine appelée amblystome. Cette larve semblable à celle des tritons dispose de branchies externes et peut se multiplier sous cette forme. Dans ce cas, elle ne se métamorphose pas, car la glande génitale active inhibe la thyroïde. Dans certaines conditions, la larve peut se métamorphoser en amblystome qui pond des œufs dans l'eau.

On a montré que des facteurs externes et internes agissent sur ce mécanisme :

— L'augmentation de la température de l'eau amène la métamorphose, alors qu'une eau froide maintient l'état larvaire ;

— L'injection de thyroxine à des axolotls âgés de six à dix ans (Huxley, 1920) entraîne la métamorphose en quelques jours.

Le protée est un urodèle qui n'arrive jamais à la métamorphose et se multiplie toujours à l'état larvaire. C'est également le cas des necturus, des sirens... Les glandes endocrines de ces animaux sont fonctionnelles ; expérimentalement, elles entraînent la métamorphose chez d'autres amphibiens, mais pas chez l'urodèle en question. Dans ce cas, ce seraient les tissus qui ne seraient pas sensibles à l'action des hormones. On le démontre de la façon suivante : on greffe sur un protée un fragment de peau d'axolotl, on le nourrit de thyroïde, et on constate alors que ce fragment de peau se métamorphose alors que le protée, lui, ne se métamorphose pas...

Il faut donc bien concevoir dans tous les mécanismes où interviennent des hormones qu'il n'y a action de l'hormone que si celle-ci est perçue par un tissu récepteur, sensible. Ce qui pose aussi le problème du mode d'action cellulaire de l'hormone.

Mues et métamorphose des insectes

Chez les insectes, qui représentent près d'un million d'espèces, on trouve tous les cas de figure possibles, depuis l'absence de différence jusqu'à toute une panoplie de différences entre larve et imago.

Lorsque la larve à l'éclosion ressemble à l'adulte, mais n'est pas sexuellement mûre, on dit que l'insecte est amétabole, c'est-à-dire qu'il ne se métamorphose pas.

Il va devoir grandir pour acquérir la maturité sexuelle. Comme tous les insectes (et autres arthropodes) sont couverts d'une carapace appelée la cuticule, cette croissance doit se faire entre deux mues, pendant l'intermue. C'est une croissance discontinue, selon une courbe de croissance en escalier.

Chez un insecte, la mue est l'abandon de la vieille cuticule pour une cuticule plus grande que la précédente. Véritable carapace, la cuticule ne permet pas à l'animal de croître au-delà d'une certaine limite. Il est donc obligé de l'abandonner pour une nouvelle, plus grande.

La dernière mue, celle où s'acquiert la maturité sexuelle, est la mue imaginale.

Les insectes amétaboles sont des insectes des plus primitifs ; dépourvus d'ailes, ils sont dits aptérygotes. Le type en est le collembole.

Lorsque l'éclosion donne naissance à une larve qui diffère peu de l'adulte, si ce n'est par l'absence d'ailes et d'appareil génital, alors ces insectes à métamorphose incomplète sont dits hétérométaboles. Ce sont soit des paurométaboles, s'ils vivent dans le même milieu, telle la sauterelle (et les autres orthoptères), soit des hémimétaboles, s'ils changent de milieu, comme la libellule, dont la larve est aquatique et l'adulte terrestre.

Enfin, il existe des insectes à métamorphose complète, les holométaboles : de la chenille, après transformation, naîtra un papillon ; l'asticot sera un jour mouche...

La larve diffère de l'adulte tant par son organisation que par son mode de vie, ses mœurs, etc. Il s'intercale entre la larve et l'adulte un « stade de repos », le stade de la nymphe (ou pupe), au cours duquel les transformations profondes qui caractérisent la métamorphose se réalisent.

Exemple du ver à soie :

4 mues larvaires

Éclosion Mue 1 Mue 2 Mue 3 Mue 4 Mue nymphale Mue imaginale

0   0   0   0   0   0   0

Œuf Chenille ....Nymphe .... Papillon

La métamorphose de ces insectes holométaboles est une transformation encore plus considérable que celle du têtard en grenouille. Il faut indiquer que mue et métamorphose se produisent également chez les crustacés (arthropodes aquatiques), mais aussi que des mues sans métamorphose affectent le développement des vers némathelminthes, tel l'ascaris, au corps recouvert d'une cuticule.

Enfin, des arrêts de développement (diapause) peuvent se produire dans le développement post-embryonnaire des amphibiens, par exemple chez le têtard d'alyte (le crapaud accoucheur), mais aussi des insectes, telles la diapause larvaire (chenille) de la pyrale du maïs, la diapause nymphale (nymphe) de la piéride du chou, la diapause imaginale (papillon) de la vanesse, la diapause embryonnaire (à différents stades) de l'œuf du ver à soie...

Le ver à soie, autre cobaye de laboratoire, a fait l'objet d'innombrables recherches afin d'expliquer comment il réalise mues et métamorphose.

Chez cette chenille, le contrôle de la mue dépend de glandes situées dans le prothorax (d'où leur nom de glandes prothoraciques) et des corps allates (CA), petites glandes localisées dans la tête, à l'arrière du cerveau

Les expériences de ligature et d'ablation des corps allates réalisées par J.-J. Bounhiol en 1937 ont permis de mettre en évidence le rôle respectif de ces glandes et des hormones sécrétées.

La glande prothoracique sécrète une hormone de mue, l'ecdysone (d'*ekdusis* : « dépouillement » en grec). Si celle-ci est émise seule, la mue imaginale se réalise.

Les corps allates sécrètent une hormone dite juvénile qui maintient l'état jeune. Si ecdysone et hormone juvénile agissent conjointement, la mue larvaire se produit.

Dans la vie normale du ver à soie, lorsqu'il arrive à la fin du dernier âge larvaire, les corps allates cessent de fonctionner. En l'absence d'hormone juvénile, la mue qui va alors se réaliser, grâce à l'ecdysone, sera de type nymphal, puis imaginal.

L'ablation des corps allates avant le dernier âge larvaire permet d'anticiper la métamorphose et d'obtenir des papillons nains. À contrario, la greffe de CA fonctionnels à des chenilles du dernier stade larvaire les conduit à faire une mue larvaire surnuméraire et la métamorphose aboutira à un papillon géant.

Si la mue se retrouve chez d'autres invertébrés, la métamorphose, c'est-à-dire une suite de transformations plus ou moins marquées au cours du développement, existe chez les éponges, les vers, les bryozoaires, les échinodermes, les ascidies, les mollusques, les crustacés, les poissons. Ainsi le têtard d'ascidie, de larve, deviendra-t-il une ascidie adulte. L'ammocète, qui est la larve de la lamproie et vit en eau douce, deviendra une lamproie adulte (poisson marin). La civelle, qui est la larve de l'anguille et croît en mer, deviendra l'anguille, poisson d'eau douce.

Différenciation et spécialisation cellulaires

Développements embryonnaire et post-embryonnaire aboutissent à un adulte capable de se reproduire et donc de perpétuer son espèce, mais mortel à plus ou moins longue échéance, cent vingt ans chez l'homme étant la longévité maximale.

Mais l'être humain est fait d'au moins deux cents types de cellules différents, résultat de la multiplication et de la différenciation cellulaires. Au total, environ cinquante mille milliards de cellules le constituent. En simplifiant, on estime que pour dix divisions cellulaires, sept s'effectuent pendant le développement embryonnaire, et trois pendant le développement post-embryonnaire.

L'embryogenèse est donc la phase capitale où se produisent le plus grand nombre de mitoses et où apparaît la diversité des types cellulaires. Cette différenciation des cellules aboutit à une spécialisation extraordinaire, correspondant à des fonctions distinctes : respiration, circulation, digestion, excrétion, relation/communication... La manière dont se réalise la différenciation cellulaire reste une question controversée. Du point de vue de l'embryologie, deux types d'interprétation permettent d'expliquer les différences.

Tout d'abord, quand la cellule-œuf se divise, en deux, quatre, huit cellules, très rapidement des cellules se retrouvent à l'extérieur du massif cellulaire pour en former l'enveloppe externe, l'ectoderme, qui deviendra la peau ; celles de l'intérieur vont constituer l'endoderme, qui se transformera en tube digestif.

Mais la position n'explique pas tout. La division cellulaire, selon la richesse en réserves nutritives (vitellus) de l'œuf, devient souvent inégale ; les gros macromères bien dotés en vitellus cohabitent avec de petits micromères pauvres en vitellus. Or les noyaux identiques quant à leur composition — résultat de la mitose — se trouvent alors dans un environnement cytoplasmique différent, plus ou moins riche en vitellus. Ils en reçoivent des informations diverses et de ce fait fonctionnent différemment.

Cette différence de fonctionnement se traduit en terme de produits finis : il s'agit de protéines différentes. L'usine à synthétiser des protéines oriente sa production vers l'actine et la myosine dans la cellule musculaire, vers la chondrine dans le cartilage, vers l'osséine dans l'os, etc.

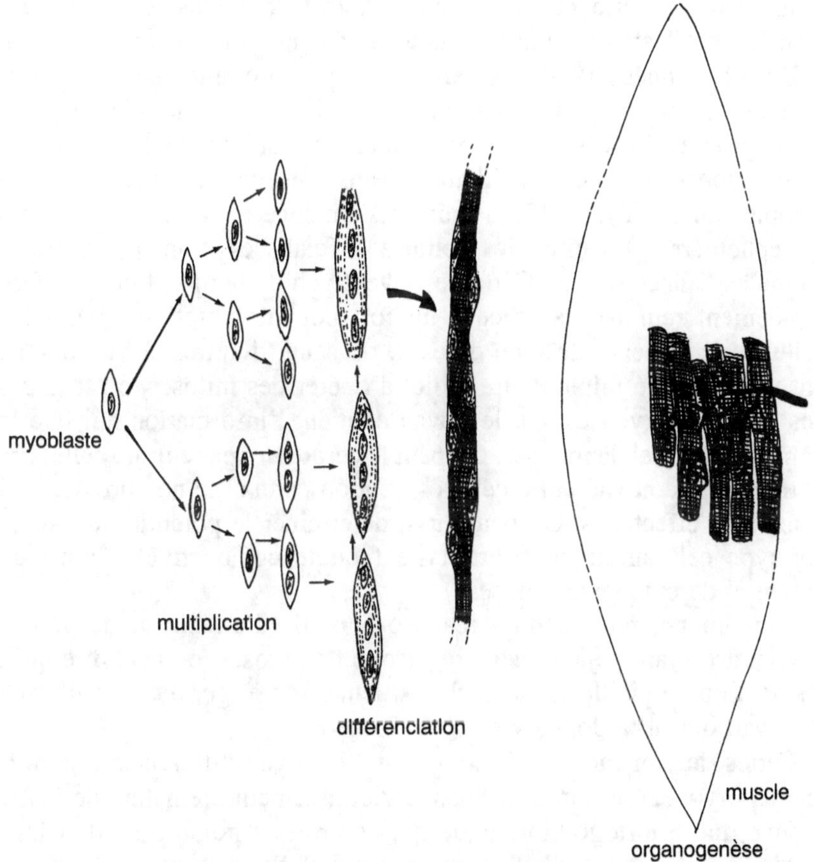

Fig. 29 — Multiplication et différenciation de la cellule musculaire (voir aussi détails Fig. 25).

La différenciation biochimique précède en fait la différenciation morphologique. En effet, on a montré, dans le cas de la cellule musculaire, que l'actine et la myosine apparaissent dans la cellule musculaire avant que celle-ci ne soit organisée morphologiquement en muscle strié.

Reste à savoir si le noyau de la cellule musculaire ou de tout autre type cellulaire est lui-même différencié et ne sait plus donner des ordres que pour la ou les protéines spécialisées. De nombreuses expériences ont été réalisées chez les amphibiens. On enlève le noyau d'un œuf (à n chromosomes) et on le remplace par le noyau (à 2 n chromosomes) d'un œuf fécondé en cours de développement (stade morula, blastula, gastrula), voire par le noyau d'une cellule devenue très différenciée (peau, tube digestif, foie...). Dans ce dernier cas, John Gurdon a, dès 1966, obtenu chez l'amphibien xénope un développement complet. Si l'on répète l'expérience n fois, on fait naître n individus génétiquement identiques. C'est la première réussite du clonage par transfert de noyau.

Dans les années 1980, l'expérience a été reproduite chez des mammifères, souris et rats de laboratoire. Il a fallu attendre le 5 juillet 1996 pour qu'elle réussisse chez un animal domestique, Dolly, première brebis clonée. Le succès médiatique sans précédent qu'elle a connu à compter du 23 février 1997, jour de l'annonce de sa naissance, aura été éphémère... En effet, les cellules spécialisées n'ont pas toute la même espérance de vie. Certaines vivent peu de temps et doivent être rapidement remplacées grâce à un fort pouvoir mitotique, telles les cellules de la peau, du tube digestif, du sang, d'autres, à vie longue, ont une capacité faible, voire nulle, d'opérer des mitoses, c'est le cas des cellules nerveuses. Or, le noyau contient l'information qui fixe le nombre potentiel de mitoses. On peut le démontrer par culture cellulaire et transfert de noyau entre cellules dont on connaît le nombre de divisions déjà effectuées. On peut aussi déterminer le potentiel mitotique par type cellulaire : un fribroblaste (cellule conjonctive) a ainsi un potentiel de cinquante mitoses.

Pour en revenir à Dolly, réalisée à partir d'un noyau de glande mammaire ayant déjà effectué beaucoup de mitoses, on peut dire qu'il s'agit d'une « vieille jeune brebis », jeune par l'âge, mais vieille par le noyau qui lui a donné vie.

Certes, le clonage réussi indique que le noyau différencié a permis une embryogenèse normale, mais le vieillissement prématuré de Dolly prouve que l'horloge biologique qui contrôle le nombre de divisions cellulaires et donc le vieillissement des cellules est restée à la même heure...

Les cellules spécialisées ont, *in fine,* une durée de vie plus courte que l'organisme qui les abrite. Pour prendre un exemple extrême, les globules rouges de notre sang, les hématies spécialisées dans le transport des gaz (oxygène, gaz carbonique) grâce à l'hémoglobine, ne vivent qu'une trentaine de jours. Leur remplacement plus ou moins rapide — à partir de cellules souches situées dans la moelle osseuse pour le sang —, plus ou moins complet, mais jamais indéfini, aboutit au vieillissement et à la mort de l'individu. Vue sous cet angle, la mort est inéluctable. Elle est le prix à payer pour la spécialisation des cellules qui constituent l'individu. Si l'on connaissait avec précision l'espérance de vie des différents types cellulaires, on devrait pouvoir déterminer la date de décès de l'individu. Encore faudrait-il que l'individu (ou l'organisme) soit la somme des parties (cellules spécialisées regroupées en tissus, organes, appareils) qui le composent. Ce n'est heureusement pas le cas, car de multiples interactions relient entre elles les différentes parties d'un organisme aussi complexe que celui d'un être pluricellulaire, et en assurent le fonctionnement harmonieux : le sang et la lymphe véhiculent hormones, nutriments et éléments du système immunitaire, le système nerveux est spécialisé par le biais des neurones dans l'échange d'informations entre les cellules et leur environnement proche ou lointain, enfin les cellules communiquent entre elles par des signaux (protéines) portés par leurs membranes.

Ce fonctionnement, en termes de multiplication et de différenciation cellulaires, est remis en cause au cours du développement dans deux processus biologiques importants, l'un vital, l'autre mortel : la régénération et le cancer.

La régénération

La nature a tout prévu et en particulier de remplacer toute une partie du corps, un organe entier, un article d'un membre, un morceau de peau, grâce à la régénération.

Si un crabe se coince une patte sous un rocher, celle-ci va se casser au niveau d'une articulation (autotomie) afin de libérer l'animal de cette fâcheuse situation. Les quelques articles manquants de la patte se régénéreront à partir du moignon restant. D'une manière générale, les arthropodes (ce qui veut dire étymologiquement « pattes articulées »), que ce soit les crustacés, les insectes, les araignées... sont capables de reconstituer tout ou partie de leurs appendices articulés, dont les pattes.

Les étoiles de mer à cinq bras présentent souvent un bras plus petit que les autres, car il est en cours de régénération.

Chez les éponges, l'homme pratique le bouturage. Il exploite en fait leur extraordinaire capacité de régénération, chaque fragment d'une éponge découpée en morceaux finissant par produire une éponge entière. Et il en va de même pour de nombreuses espèces végétales.

Dans le monde des vertébrés, le pouvoir de régénération est souvent limité. Des poissons sont capables de reconstituer une partie de leur gueule arrachée, de leur queue. Des amphibiens du type des salamandres régénèrent leurs pattes et, chez les reptiles, le lézard peut renouveler sa queue. Quant aux oiseaux et aux mammifères (dont l'homme), leur capacité de régénération est limitée à la peau : on parle de cicatrisation.

Or la cicatrisation est le phénomène commun à tous les cas que nous venons d'évoquer. Il s'agit de l'affrontement des anciens tissus et de la réalisation d'un bouchon cicatriciel (formé de cellules sanguines). Sous la cicatrice naît alors un massif cellulaire, à partir duquel se fera la régénération : c'est le blastème de régénération. Il se forme différemment selon les espèces considérées.

Chez les espèces primitives peu évoluées, comme les éponges, les hydres d'eau douce, les vers, on constate qu'au cours de leur développement toutes les cellules ne se différencient pas. Il en reste d'indifférenciées. Ce sont les archéocytes (cellules archaïques) des éponges, les cellules interstitielles des hydres, les néoblastes des vers. Ces cellules bonnes à tout faire sont dites totipotentes. Elles migrent vers la cicatrice et se multiplient activement pour former le blastème de régénération.

Chez les espèces plus évoluées — arthropodes (insectes, crustacés...) et vertébrés (jusqu'à l'homme) —, au cours du développement toutes les cellules se différencient. Il ne reste aucune cellule indifférenciée. Aussi, sous la cicatrice et grâce à son contact, les cellules différenciées (musculaires, osseuses, conjonctives,...) se dédifférencient. Alors qu'elles avaient un pouvoir mitotique limité, elles se remettent à se diviser activement et forment le blastème de régénération.

Après une phase importante de divisions (mitoses), les cellules du blastème vont se différencier afin de reconstituer les tissus de l'éponge, du ver, de la queue du lézard, etc. De nouveau différenciées, ces cellules vont réduire leur division afin d'assurer la croissance de l'ensemble, ou morphogenèse, et son entretien.

Ainsi, la reprise de la multiplication puis la différenciation cellulaire permettent d'expliquer la régénération à un moment où le développement semblait achevé. Il est important de noter que des cellules différenciées peuvent se dédifférencier et réacquérir leur pouvoir de multiplication, lequel se réduira ensuite, alors qu'elles se différencient de nouveau.

Le cancer et la cellule cancéreuse

Le cancer présente de nombreuses formes et causes. Nous aurons donc l'occasion d'en reparler (chap. VII), mais dans tous les cas la cellule cancéreuse manifeste le même comportement : elle se divise indéfiniment.

Alors, comme nous l'avons vu, qu'au cours du développement et de la régénération la multiplication des cellules est suivie de leur différenciation et s'arrête progressivement, mais pas totalement, l'apparition d'un cancer engendre un phénomène nouveau : la multiplication sans différenciation cellulaire.

On a d'abord imaginé qu'un cancer pouvait être lié à des cellules restées à l'état embryonnaire et qui brusquement se mettaient à proliférer. C'est le cas d'un carcinome embryonnaire de la souris, le tératocarcinome, où des cellules embryonnaires se multiplient activement.

Puis on a imaginé, comme dans le cas de la régénération, que des cellules différenciées se dédifférenciaient puis se multipliaient indéfiniment. Pourquoi ne savent-elles plus se différencier ? Pourquoi sont-elles devenues potentiellement immortelles, alors que les autres types cellulaires sont mortels, exception faite de la lignée germinale productrice des ovules et des spermatozoïdes qui assurent, par la fécondation, la survie de l'espèce. L'être réalisé ne serait qu'un moyen pour la cellule germinale de fabriquer d'autres cellules germinales immortelles et transmissibles de génération en génération.

Léo Sachs a apporté des éléments de réponse dans son étude (1986) de la lignée sanguine normale et des cellules cancéreuses, leucémiques.

Rappelons que les cellules du sang dérivent toutes de cellules souches pluripotentes issues de la moelle osseuse. Celles-ci se multiplient abondamment puis se différencient en une variété de cellules sanguines : macrophages, granulocytes, globules rouges (hématies), mastocytes, plaquettes, etc.

En culture cellulaire, Sachs constate que les cellules souches ne se multiplient qu'en présence de fibroblastes, cellules du tissu conjonctif (le sang étant lui-même considéré comme un tissu conjonctif liquide). Ces cellules fabriquent des facteurs stimulants de nature protéique indispensables à la multiplication des cellules souches.

En cours de multiplication, les cellules souches génèrent alors des facteurs de différenciation — il y en aurait autant que de types cellulaires produits — de nature protéique et glycoprotéique. Enfin, quand la cellule est différenciée, elle sécréterait des substances inhibant sa croissance et sa multiplication.

Sachs cultive de la même façon des cellules sanguines cancéreuses (globules blancs) et constate qu'elles se multiplient en l'absence de fibrobastes, c'est-à-dire en l'absence des facteurs protéiques habituels de multiplication. De plus, si l'on ajoute au milieu de culture des facteurs de différenciation, ces cellules se transforment en granulocytes et en macrophages. Mieux encore, Sachs constate qu'elles ont les caractéristiques des cellules normales de fin de lignée et qu'ainsi différenciées elles cessent de se multiplier.

Ainsi Léo Sachs a-t-il démontré, au moins *in vitro*, que la malignité d'une cellule cancéreuse est réversible, qu'elle peut retrouver sa normalité. Jusqu'à ces travaux, on considérait le phénomène comme irréversible, d'où la mise au point de méthodes de lutte cherchant à détruire (chimiothérapie, radiothérapie, chirurgie), ou/et à empêcher la multiplication (utilisation d'antimitotiques). Une nouvelle voie thérapeutique s'ouvre alors avec la possibilité, *in vivo*, de faire se différencier les cellules cancéreuses afin qu'elles cessent de proliférer.

Pour l'instant, gardons en mémoire que les facteurs de multiplication et de différenciation cellulaire sont de nature protéique et glycoprotéique.

De la mort cellulaire à celle de l'être

Les cellules d'un organisme pluricellulaire sont mortelles, comme l'organisme qui les abrite.

Comme l'organisme, chaque cellule naît, se multiplie, se différencie, vieillit et finalement meurt. Le vieillissement cellulaire se manifeste au niveau des mitochondries, qui s'altèrent et ne jouent plus leur rôle de centrale énergétique, dans le noyau, où la chromatine se fragmente, à l'échelon du cytoplasme, où les synthèses protéiques aboutissent à des molécules anormales, enfin, les éboueurs que sont les lysosomes laissent s'accumuler des déchets fatals pour la cellule.

Ce veillissement des cellules qui s'étend aux tissus et aux organes conduit à des atrophies fatales : atrophie du foie, des reins, des glandes endocrines, etc. Il entraîne aussi des déficiences des systèmes immunitaire et nerveux, systèmes de défense et d'intégration entre les divers tissus, indispensables à l'intégrité de l'individu.

Une autre cause de mort cellulaire, connue depuis longtemps, est la nécrose, due à divers agents pathogènes (virus, bactéries...) responsables de maladies. La cellule est attaquée par des agents infectieux qui altèrent sa membrane. À la suite de ces lésions sont libérés des enzymes toxiques qui vont tuer des cellules voisines. De proche en proche, la nécrose s'étale, détruisant en partie ou en totalité l'organe atteint, pour le remplacer par du tissu fibreux anormal.

Enfin, depuis une trentaine d'années, les biologistes ont mis l'accent sur une « mort cellulaire programmée », connue également sous le nom de « suicide cellulaire » ou « apoptose » (du mot grec désignant la chute des feuilles à l'automne).

Ce phénomène apparaît lors du développement embryonnaire et post-embryonnaire. Chez l'embryon, par exemple, une prolifération cellulaire extraordinaire aboutit à la réalisation d'organes qui n'auront plus de raison d'être chez l'adulte : c'est le cas chez l'homme de la formation d'un appendice caudal et de branchies. Ces éléments vont disparaître par apoptose. Cette mort cellulaire programmée va aussi, tel un sculpteur, modeler les doigts de la main et des pieds à partir d'un massif cellulaire entier. Si ce phénomène est incomplètement réalisé, alors la main ou le pied peuvent être palmés. C'est ce qui se passe d'ailleurs naturellement chez les divers palmipèdes.

Lors de la métamorphose des amphibiens et des insectes, des organes et appareils larvaires sont détruits par apoptose et l'on a démontré que ce phénomène était sous contrôle hormonal, comme la métamorphose elle-même.

La mort cellulaire programmée — car il s'agit bien là d'un phénomène établi d'avance au cours du développement embryonnaire ou post-embryonnaire — est très différente de la nécrose dans sa réalisation. Il s'agit en fait d'une autodestruction de la cellule qui se sépare des autres. La membrane devient « bouillonnante » mais ne se rompt pas, ne libère pas à l'extérieur de substances toxiques. Le noyau se condense puis se fragmente. Le cytoplasme forme des vésicules absorbées par les cellules voisines.

L'apoptose est en fait un suicide des cellules déclenché par un signal venant de leur environnement. Leur survie, plus ou moins longue, est liée à des signaux échangés entre cellules de type différent. On a découvert et compris ce phénomène dans le cas des cellule nerveuses — elles ne se multiplient plus après la naissance — qui établissent entre elles et d'autres cellules (musculaires) des contacts indispensables à leur survie. Si un neurone n'établit pas de contact, il est détruit par apoptose. Les contacts sont autant de signaux de survie.

Ce qui est vrai pour les cellules nerveuses doit l'être pour les autres cellules de l'organisme, susceptibles elles aussi d'échanger des signaux de survie empêchant la mise en route du suicide cellulaire.

On comprend mieux alors la cohérence entre les nombreuses cellules composant notre corps et l'on peut de ce fait trouver une nouvelle interprétation aux maladies, au sida et même au cancer. Lors d'une infection microbienne, l'organisme réagit par une prolifération des lymphocytes, cellules sanguines productrices d'anticorps, les immunoglobulines qui assurent la défense immunitaire de l'organisme. Ceux-ci jugulent l'infection. Alors, seul un suicide collectif des lymphocytes ramènera leur nombre à un taux normal dans le sang.

À l'opposé, le virus du sida provoque une baisse du taux des lymphocytes T ce qui conduit à une chute des défenses immunitaires. Le virus de l'hépatite détruit les cellules du foie. D'autres agents pathogènes font mourir des cellules cardiaques ou nerveuses (maladies d'Alzheimer, de Parkinson...). Il est permis de penser que la disparition cellulaire excessive constatée dans beaucoup de ces affections est due à un suicide cellulaire, aussi en recherche-t-on le mécanisme, afin d'y remédier.

Même la cellule cancéreuse, dont on a dit qu'elle se multipliait indéfiniment ne sachant plus se différencier, est maintenant considérée comme une cellule dont le programme de suicide cellulaire est bloqué. Ainsi peut s'expliquer sa prolifération, sa dissémination et le phénomène de métastase si dangereux dans le cancer.

Une cellule normale qui migre accidentellement d'un tissu dans un autre « se suicide » car elle ne trouve pas dans ce tissu les signaux de survie bloquant son programme d'autodestruction. Par contre, la cellule cancéreuse, au programme de suicide bloqué, se multiplie activement et pourra même essaimer vers d'autres organes.

Ainsi, toutes nos cellules sont programmées pour s'autodétruire. Leur survie dépend de la répression de ce programme par des signaux de l'environnement, signaux venus d'autres cellules. On parle alors de « sociétés cellulaires » et ces découvertes récentes modifient notre conception du corps et de la mort de l'être humain.

Que des signaux viennent à manquer et c'est, en particulier, la survie des cellules nerveuses, des neurones qui est compromise. S'ils viennent à disparaître — et leur disparition est définitive —, alors le grand chef d'orchestre des relations entre tous les organes et appareils devient déficient et c'est la mort. Or on est là en présence des cellules les plus hautement spécialisées et de ce fait incapables de se remplacer. Le système nerveux est-il finalement l'ordonnateur de nos pompes funèbres ?

Le clonage humain est-il pour demain ?

Le clonage n'est pas une invention diabolique de l'homme. Il est naturellement pratiqué chez des végétaux lors d'une reproduction non sexuée, reproduction végétative à partir de différents organes : stolon du fraisier, rhizome du muguet, tubercule de la pomme de terre...

L'agriculteur pratique le bouturage de certaines plantes supérieures : géranium, vigne, framboisier... Des fragments d'organes détachés de l'organisme d'origine sont plantés et peuvent ainsi former un individu complet identique à celui-ci. L'ensemble des pieds de géranium obtenus par bouture représente donc un clone.

La cellule végétale est, à la différence de la cellule animale, douée d'un extraordinaire pouvoir de dédifférenciation qui lui permet de redonner, comme une cellule embryonnaire, une plante entière.

Chez les animaux dont la reproduction est sexuée, des clones naissent quand l'œuf se fragmente au tout début de sa division. Ainsi se forment les vrais jumeaux chez l'homme. Chez le tatou, mammifère d'Amérique tropicale, huit embryons identiques se constituent à partir des huit premiers blastomères séparés naturellement.

Les biologistes ont bien évidemment reproduit ce phénomène chez les mammifères domestiques (bovin, ovin, chèvre...) et de laboratoire (rat, souris) depuis les années 1980, grâce à un clonage par scission d'embryon. Les embryons sont obtenus par fécondation *in vitro*, puis les blastomères sont séparés et implantés dans l'utérus maternel.

Des chercheurs américains viennent, par ce procédé, de produire le clone d'un singe rhésus. En fait, un seul embryon s'est développé, sur les quatre implantés dans quatre femelles différentes. Un demi-échec donc !

Dolly est la première brebis à avoir été obtenue par clonage (1997) selon le procédé que nous avons décrit précédemment et réalisé par transfert de noyau (de la glande mammaire). L'expérience a été reproduite avec succès sur des mammifères domestiques et de laboratoire.

Si l'on n'a pas encore produit — à notre connaissance — de clone humain, les techniques dont disposent les biologistes et les médecins, et en particulier celle de la FIVETE, permettent de penser que c'est du domaine du possible. Certains y voient le moyen d'assurer la reproduction de couples ou d'individus qui ne peuvent pas avoir d'enfant grâce aux autres techniques mises à leur disposition : c'est le clonage reproductif. D'autres imaginent cloner l'homme pour disposer d'organes de rechange, à la façon de pièces détachées : c'est le clonage thérapeutique.

Mais de là à reproduire par clonage les individus parce qu'ils sont beaux, grands, forts, intelligents... il n'y a qu'un pas, aussi le législateur se doit-il de légiférer rapidement. L'Unesco, pour sa part, a fait adopter le 11 novembre 1997 par les 186 pays qui en sont membres une « Déclaration universelle sur le génome humain et les droits de l'homme » qui stipule dans son article 11 : « Des pratiques contraires à la dignité humaine, telles que le clonage à des fins de reproduction d'êtres humains, ne doivent pas être permises. » On ne saurait être plus clair !

Les quarante membres du Conseil de l'Europe ont légiféré. La Convention européenne sur la biomédecine a été complétée, le 12 janvier 1998, par un protocole « interdisant le clonage d'êtres humains, vivants ou morts, quelle que soit la technique, et en excluant toute dérogation ».

Aux États-Unis, un chercheur Richard Seed, a mis en œuvre une procédure de création d'un laboratoire destiné à cloner des êtres humains à l'intention de couples infertiles. À quand la législation le lui interdisant ?

TROISIÈME PARTIE

L'ESPÈCE, UNITÉ DE BASE DU MONDE VIVANT

Si un enfant ressemble à ses parents ou si un poulain devient en grandissant un cheval dont la taille et la couleur de la robe, notamment, sont analogues à celles de ses géniteurs, ils le doivent à l'hérédité, qui est la transmission aux descendants des caractères des ascendants. La génétique est la science qui étudie l'hérédité, c'est-à-dire les lois qui régissent les phénomènes héréditaires ainsi que les mécanismes qui permettent de réaliser les caractères transmis.

Or, depuis que l'on a banni l'idée de génération spontanée et que l'on a admis l'évolution, autrement dit le fait que tout organisme dérive d'un organisme préexistant, il a aussi fallu reconnaître que la reproduction sexuée en était le nécessaire vecteur.

Celle-ci connaît toutefois des impasses : ainsi, lorsqu'une ânesse est saillie par un cheval, il naîtra un mulet qui, stérile, ne pourra transmettre ni les caractères du cheval ni ceux de l'ânesse. En fait, il s'agit là d'individus appartenant à des espèces différentes ; or la reproduction ne peut avoir lieu qu'au sein de la même espèce.

Lors de la fécondation, mâle et femelle apportent chacun un jeu de chromosomes (n chromosomes) et avec eux les caractères parentaux. Ainsi est née au début du XXe siècle la théorie qui explique le rôle des chromosomes dans les phénomènes héréditaires.

La génétique, en l'espace d'un siècle, le XXe, aura fait progresser la biologie à pas de géant. Elle a en particulier apporté beaucoup de réponses aux questions que se posaient les biologistes. Elle a permis aussi de corroborer le concept d'évolution des espèces, encore et toujours malmené par les créationnistes !

Enfin, la diversité des espèces, appelée maintenant biodiversité, est le témoignage de la diversité des gènes, de leur évolution — les mutations — lors de leur transmission de génération en génération.

Gène, espèce et biodiversité seront abordés ici successivement, même si ces notions sont indissociables et complémentaires.

GÈNE, CHROMOSOME ET HÉRÉDITÉ

La part prise par la génétique, science de l'hérédité, dans la science biologique est aujourd'hui considérable. On peut dire sans risque de se tromper que génétique et écologie permettent actuellement d'expliquer nombre des phénomènes biologiques. De là à dire que tout est génétique...

Encore faut-il avoir à sa disposition des informations fiables. Au cours du XXe siècle, elles se sont accumulées et précisées et l'on continue à décrire... et à reconnaître des gènes nouveaux et leur rôle. Mais les applications de cette science inquiètent nos concitoyens.

Retracer brièvement l'histoire de la science génétique devrait permettre d'en préciser les grandes dates, ainsi que les grands changements de cap et de conceptions imprimés par des scientifiques de renom.

Petit historique de la génétique

Jusqu'au milieu du XVIIIe siècle, l'explication de la fécondation fit l'objet de controverses opposant les tenants de la semence mâle, les séministes ou spermatistes pour qui les spermatozoïdes étaient seuls actifs (et qui allaient jusqu'à voir dans ceux-ci un homuncule), aux tenants de l'ovaire, les ovistes, pour qui tout venait de l'œuf. Les premiers se réclamaient d'Aristote et les seconds de Galien. Les deux camps en tenaient pour la théorie de l'emboîtement, imaginant respectivement que c'était le spermatozoïde ou l'ovule qui contenait les enfants à venir, emboîtés les uns dans les autres par générations successives comme des poupées gigognes.

Après des débats passionnés et le ralliement argumenté de scientifiques à l'une ou l'autre tendance, Buffon (1707-1788) finit par suggérer que spermatozoïde et ovule participent tous deux à la procréation.

Puis, Édouard Van Beneden démontra en 1875 que le noyau de l'œuf fécondé provient de la fusion du noyau du spermatozoïde et de l'ovule. Tout changea alors dans la vision que les biologistes avaient du vivant et de sa reproduction.

Il faut deux êtres de sexe opposés, homme et femme, pour en créer un troisième, qui sera différent car il héritera certains caractères de son père et d'autres de sa mère. On a même formulé, de manière simpliste, que l'enfant est la moyenne arithmétique des caractères de ses parents :

$$C \text{ enfant} = \frac{C \text{ père} + C \text{ mère}}{2} + \varepsilon \text{ (aléatoire !)}$$

Le moine botaniste autrichien Gregor Mendel (1822-1884) est considéré à juste titre comme le père fondateur de la génétique. Il travailla d'abord sur la reproduction des souris, puis sur celle des pois, mieux acceptée dans la communauté (le couvent de Brno) où il vivait et menait ses recherches. En croisant différentes variétés de petits pois et en en étudiant la descendance, il découvrit comment se transmettent les caractères d'une génération à la suivante et énonça les lois de l'hérédité (1865).

Au début des années 1900, trois botanistes, le Hollandais Hugo De Vries, l'Allemand Carl Correns et l'Autrichien Erich Tschermak von Seysenegg, redécouvrirent sans s'être concertés ces lois sur des espèces végétales différentes : elles devinrent les « lois de Mendel », en hommage à leur découvreur. En Angleterre, William Bateson étendit en 1906 ces lois au règne animal et nomma génétique la science de l'hérédité.

Le génie de Mendel a été de concevoir l'individu, le géniteur, comme étant double : tout caractère élémentaire (comme la couleur des pois qu'il étudie) est commandé par deux « facteurs » qui agissent simultanément. Lors de la procréation, un seul de ces facteurs est transmis par le gamète mâle, l'autre l'est par le gamète femelle, et la fécondation permet la reconstitution de la double collection : c'est le mode de transmission « mendélien ».

Le biologiste américain Thomas H. Morgan, expérimentant avec ses collaborateurs sur le modèle de la drosophile — cette mouche du vinaigre qui se reproduit rapidement et est si prolifique (à 25º , un œuf devient un adulte en dix jours ; la femelle vit quatre-vingt-dix jours et pond un millier d'œufs ; une trentaine de générations par an sont donc disponibles pour l'expérimentation) —, démontra que les « facteurs de l'hérédité » de Mendel ont une existence matérielle : ils figurent sur les chromosomes dans le noyau de la cellule. Il énonça la « théorie chromosomique de l'hérédité », qui lui valut le prix Nobel en 1933. Lors de sa conférence à Stockholm en juin 1934, il insista sur la structure des chromosomes (chromosomes géants des glandes salivaires), structure en bandes transversales, siège des « facteurs de l'hérédité », les gènes, ainsi nommés dès 1909 par le généticien danois Wilhelm Ludvig Johannsen.

Puis Max Delbruck, Alfred D. Hershey et Salvador Luria, obtinrent le prix Nobel en 1969, pour leurs travaux sur la reproduction des virus et le rôle du matériel génétique des bactéries et des virus. Ils avaient imaginé dès 1943 que les gènes sont des molécules qui ont la propriété de se recopier de génération en génération. Ainsi s'explique la transmission des caractères biologiques des parents à leurs descendants. En 1944, O. Avery, M. Mc Leod et M. Mc Carty identifièrent ces molécules : il s'agit de l'ADN dont Francis Crick, James Watson et Maurice Wilkins (prix Nobel en 1962) déterminèrent la structure en double hélice. Double et capable de se dédoubler et de se dupliquer, l'ADN est porteur des gènes et de l'hérédité dont il assure la transmission. Comment ? Trois Français, François Jacob, Jacques Monod et André Lwoff, ont démontré que l'ADN et donc les gènes sont copiés sous forme d'un « messager », l'ARNm. C'est lui qui sera lu par le ribosome dans la cellule pour former la protéine, c'est-à-dire le caractère selon la chaîne de réaction généralement admise (voir chap. v).

$$\text{ADN} \quad \rightarrow \quad \text{ARNm} \quad \rightarrow \quad \text{protéine (caractère)}$$
$$\qquad \text{transcription} \qquad \quad \text{traduction}$$

Ainsi la biologie moléculaire est-elle venue aider la génétique et donner raison à Mendel, le père fondateur : tout est double, que ce soient les facteurs de l'hérédité, les gènes, ou les molécules d'ADN.

Quelques définitions indispensables

L'hérédité pose trois grandes questions : comment le matériel génétique est-il transféré d'une génération à la suivante (lois de Mendel) ? Quelle est la nature de ce matériel ? Enfin, comment réalise-t-il concrètement les caractères envisagés ?

Avant de répondre à ces trois questions, il est nécessaire de préciser le sens de quelques termes d'utilisation courante en génétique. Nous les définirons en prenant l'exemple de la bactérie, étant entendu qu'ils sont généralisables aux autres espèces, selon la célèbre formule déjà citée de Jacques Monod : « Ce qui est vrai pour la bactérie l'est pour l'éléphant. »

Les notions de clone et de mutation

La génétique doit beaucoup — comme la biologie moléculaire — à une bactérie du côlon dont nous avons donné précédemment la structure (chap. IV) : le colibacille. Celui-ci s'élève facilement en boîte de Petri sur un milieu (gel) nutritif convenable. Une bactérie se multipliant par division binaire, à raison d'une division toutes les vingt minutes, il se forme rapidement une colonie. Cette population issue d'une seule bactérie est un clone.

Dans cette population de bactéries identiques, il peut néanmoins apparaître des individus différents de la bactérie mère.

Par exemple, si l'on met quelques bactéries en culture sur un milieu contenant de la streptomycine, un antibiotique, aucune colonie ne se forme. À l'inverse, si l'on en met en culture des millions, on peut alors observer le développement d'une colonie dont toutes les bactéries présentent la caractéristique de se développer en présence de streptomycine.

On dit dans ce cas que la bactérie a subi une mutation — c'est une bactérie mutée —, grâce à laquelle elle a acquis la capacité de résister à l'action de la streptomycine.

La résistance des bactéries aux antibiotiques est devenue un problème majeur de la médecine, depuis que l'on utilise couramment ces médicaments pour soigner l'homme et ses animaux domestiques. On assiste même à une multirésistance des bactéries, insensibles à l'action de plusieurs antibiotiques.

Les notions de phénotype, de génotype et d'allèle

La bactérie mutée se comporte comme une bactérie normale sauvage sur un milieu sans streptomycine. Son caractère muté ne s'exprime pas, bien qu'il soit présent. Ce qui nous amène aux notions de phénotype et de génotype.

Le phénotype est l'ensemble des caractéristiques apparentes sur la souche. Certains caractères sont faciles à observer : forme, taille, couleur, etc., d'autres sont plus difficiles à préciser telle la croissance sur milieu nutritif avec streptomycine, qui n'apparaît que dans des conditions particulières.

Le génotype, lui, est l'ensemble des caractères génétiques du matériel héréditaire transmis des parents à leurs descendants, qui différencie la souche mutée de la souche sauvage du départ mais qui ne s'exprime que dans des conditions convenables — dans l'exemple cité la présence de streptomicine —, en conduisant à un phénotype observable. Dit plus simplement, c'est l'ensemble des gènes.

Or, le génotype contrôle le phénotype. Pour reprendre la métaphore musicale d'Albert Jacquard : « Le génotype, c'est la partition, le phénotype, c'est la symphonie que nous entendons. »

On a décrit chez les bactéries de très nombreuses mutations, plus de cent cinquante, qui affectent des gènes différents. Il peut donc se produire des mutations multiples. De plus, on a démontré que la mutation n'est pas à sens unique.

Autrement dit, un gène existe sous deux formes : résistant à la streptomycine ou sensible à la streptomycine, pour l'exemple qui nous concerne ; on dit que ce sont deux allèles. La localisation du gène sur le chromosome est le locus.

Si deux gènes homologues d'un génotype ont le même type d'action, on dit que le génotype est homozygote. S'ils ont une action différente, le génotype est qualifié d'hétérozygote.

Quand le génotype est hétérozygote, il se peut qu'un seul des deux gènes présents s'exprime : on dit qu'il est dominant ; l'autre est dit récessif, car il ne s'exprime pas.

De ce fait, le nombre de phénotypes est inférieur au nombre de génotypes (voir *infra* « Les lois de Mendel »).

Enfin, si le génotype contrôle le phénotype — qu'il s'agisse d'un unicellulaire, type bactérie, ou d'un être pluricellulaire —, il ne faut pas oublier le rôle extrêmement important des facteurs environnementaux dans cette action, notamment ceux qui ont trait au climat (température, lumière...) et à l'alimentation.

milieu
↓

génotype   ⟶   phénotype

Les lois de l'hérédité ou lois de Mendel

Notre intention n'est pas de retracer ici toutes les expériences de Mendel mais seulement de faire comprendre, à travers deux d'entre elles, les mécanismes de transmission des caractères : un, deux ou n caractères.

Ainsi, dans l'expérience princeps de Mendel, de croisement de pois à grain lisse et de pois à grain ridé (parents appartenant à une lignée pure et différant par un caractère : « lisse » ou « ridé »), l'auteur obtient une première génération (F_1) où tous les hybrides se ressemblent : c'est la loi d'uniformité des hybrides de première génération. Ils ont le même phénotype, ils sont tous à grain lisse : ce caractère (« lisse ») est dominant, l'autre (« ridé ») étant récessif.

Semés à leur tour, ils donneront naissance à une deuxième génération (F_2), comprenant trois quarts de pois « lisses » pour un quart de pois « ridés ». Mendel retrouve donc à la F_2 les caractères des parents ; c'est la loi de disjonction ou ségrégation des caractères : les hybrides de la F_1 ont des gamètes portant soit le caractère « lisse » (A) soit le caractère « ridé » (a) qui peuvent s'unir de quatre façons possibles (tableau ci-dessous). Trois génotypes différents sont réalisés pour deux phénotypes observés.

gamètes mâles gamètes femelles	A	a
A	AA	Aa
a	aA	aa

Le résultat de la F_2 est donc de :
un quart de lisses, identique aux parents (homozygotes) (AA)
une moitié de lisses, identiques à F_1 (hybrides : hétérozygotes) (Aa)
un quart de ridés, identiques aux parents (homozygotes) (aa)
soit trois quarts de lisses pour un quart de ridés.
Enfin, si l'on croise des pois différents en associant deux caractères : la forme et la couleur, par exemple des pois à grains lisses et jaunes et des pois à grains ridés et verts, on n'obtient à la première génération que des pois lisses et jaunes. Le lisse domine le ridé (comme précédemment) et le jaune domine le vert.

Si l'on croise entre eux ces hybrides, la deuxième génération comprendra quatre types différents, dans les proportions suivantes :
9 jaunes et lisses, 3 jaunes et ridés, 3 verts et lisses, 1 ridé et vert.
Les caractères relatifs à la forme (lisse ou ridé) et à la couleur (jaune ou vert) se manifestent indépendamment l'un de l'autre et de la même façon que dans l'expérience précédente (dite de monohybridisme).

Le résultat est le même :

9 jaunes + 3 jaunes = 12 pour 3 verts soit trois quarts pour un quart.

9 lisses + 3 lisses = 12 pour 3 ridés soit trois quarts pour un quart.

C'est la loi de l'indépendance des caractères.

Si les individus diffèrent par n caractères, alors le nombre de génotypes est de 3^n et le nombre de phénotypes de 2^n. Prenons un exemple simple, avec vingt caractères différents, ce qui est très peu ; alors, le nombre de génotypes sera de 3^{20}, soit 3 486 484 301, et le nombre de phénotypes de 2^{20}, soit 1 048 576. Retenons de ces quelques chiffres qu'à partir de ces croisements il est impossible d'obtenir deux individus identiques quant à leur génotype ou à leur phénotype, sauf dans le cas des vrais jumeaux !

Mendel avait pressenti l'existence de particules matérielles, les facteurs héréditaires, maintenant appelés gènes, supportant les caractères héréditaires.

On sait désormais, grâce aux travaux de l'école de Morgan, que ces gènes sont situés dans les chromosomes et l'on peut donner une interprétation chromosomique des lois de Mendel.

Prenons l'exemple le plus simple de monohybridisme : le caractère lisse A est dominant, le caractère ridé a est récessif. Ce gène existe donc sous deux états (allèles) et se trouve localisé au même niveau (locus) sur le chromosome.

Les chromosomes allant toujours par paire (2n), les deux chromosomes d'un parent dominant sont A (type AA), ceux du parent récessif sont a (type aa).

Lors de la méiose, division réductionnelle, tous les gamètes héritent un seul chromosome parental, A pour le premier, a pour le second.

Lors de la fécondation, les hybrides recevront un chromosome A et un chromosome a : ils seront tous Aa. A seul s'exprime, ils seront tous lisses.

Par contre, lors de la méiose, les gamètes formés par ces hybrides seront de deux types : A pour une moitié et a pour l'autre. La fécondation croisée entre ces gamètes conduira à quatre types de génotypes : AA, Aa, aA et aa, soit deux phénotypes : trois quarts de A (lisse) pour un quart de a (ridé).

On pourrait reprendre la démonstration avec deux caractères différents et retrouver sans difficulté les résultats de Mendel.

Le tableau ci-dessous donne les résultats pour un, deux, trois et n caractères.

	Nombre de caractères	Nombre de gènes	F1	F2	
			Nombre de gamètes en F1	Nombre de génotypes	Nombre de phénotypes
Monohybridisme	1	2 (1 couple d'allèles A et a)	2 A et a	3 AA,Aa,aa	2 A et a
Dihybridisme	2	2 + 2 = 4	2 × 2 = 4	3 × 3 = 9	2 × 2 = 4
Trihybridisme	3	2 + 2 + 2 = 6	2 × 2 × 2 = 8	3 × 3 × 3 = 27	2 × 2 × 2 = 8
Polyhybridisme	n	2 + 2 + 2 +... $2n$	2 × 2 × 2 ×... 2^n	3 × 3 × 3... 3^n	2 × 2 × 2... 2^n

Toute loi ayant ses exceptions, les lois de Mendel n'y échappent pas...

Jusqu'ici nous avons considéré des caractères portés par les chromosomes homologues capables de s'apparier (paire de chromosomes) que l'on appelle les autosomes. Ils ont un mode de transmission identique dans les deux sexes.

Tel n'est pas le cas pour les chromosomes sexuels ou hétérosomes. Ce couple de chromosomes diffère entre mâle et femelle. Chez l'homme, par exemple, on compte 46 chromosomes répartis en 44 autosomes (22 paires homologues) et deux chromosomes sexuels : XY pour le mâle et XX pour la femelle. Morgan et ses collaborateurs ont étudié cette hérédité liée aux chromosomes sexuels chez la drosophile.

Une autre exception est due au fait qu'une paire de chromosomes homologues porte non pas *un* gène mais *des* gènes, responsables de nombreux caractères. Ceux-ci seront transmis ensemble car ils sont liés (d'où le mot de *linkage* employé par les Anglo-Saxons). Dans l'exemple des pois, si la couleur et la forme du grain avaient été portées par la même paire de chromosomes, à la F2 la proportion eût été de trois quarts de jaunes lisses pour un quart de verts ridés et non de 9, 3, 3, 1.

Mais on a constaté que la liaison des caractères sur la même paire de chromosomes homologues n'est pas définitive. Lors de la méiose — et en particulier quand se forment les tétrades, ensembles de quatre chromatides (voir chap. VI), des fragments peuvent s'échanger : il y a recombinaison ou *crossing-over*.

Un élève de Morgan, Sturtevant, a montré que le taux de recombinaison dépend de la place du gène sur les chromosomes. Il a même établi que « la valeur de ce taux est directement proportionnelle à la distance qui sépare les deux gènes ». Cette loi baptisée du nom de son auteur a permis de dresser les premières cartes chromosomiques, en établissant la position des gènes portés par le chromosome.

Enfin, en plus des échanges de gènes, Barbara McClintock a évoqué l'existence de « gènes sauteurs » (1948). Étudiant la génétique de maïs ornementaux, en particulier leur coloration, elle a constaté que celle-ci échappait aux lois de Mendel. Elle a alors imaginé que les gènes sont instables et peuvent se déplacer... ce qui était inconcevable pour les scientifiques de l'époque, qui ont douté de sa raison. B. Mc Clintock ne recevra d'ailleurs le prix Nobel de physiologie et de médecine qu'en 1983, à l'âge de quatre-vingt-un ans... et les « gènes sauteurs » deviendront les « transposons », reconnus de tous non seulement quant à leur intervention dans l'hérédité, mais aussi dans l'évolution des espèces, la formation des virus...

Ainsi, malgré des exceptions maintenant expliquées, les lois de Mendel établies chez les plantes ont été validées chez les insectes, la drosophile constituant toujours un excellent modèle expérimental pour les généticiens. Elles sont en fait applicables à toutes les espèces ayant recours à la reproduction sexuée, dont l'homme.

Nature du matériel génétique

La nature du matériel génétique transmis au descendant a été entrevue en 1869. En effet à cette date on découvrit que la transmission des caractères héréditaires se faisait par le spermatozoïde et l'ovule. Ernst Haeckel, ayant remarqué en 1868 que le spermatozoïde était constitué pour la plus grande part de matériel nucléaire, postula que le noyau était responsable de l'hérédité. En 1885, August Weismann souligna le rôle probable des chromosomes en tant que particules héréditaires, et en 1910 Thomas H. Morgan et C.B. Bridges émirent la théorie chromosomique de l'hérédité.

Or, les chromosomes sont constitués d'acides nucléiques et de protéines. Pour démontrer lesquels sont responsables de l'hérédité, il a fallu faire appel aux bactéries et aux virus.

La pneumonie de la souris est due à un pneumocoque (*Diplococcus pneumoniæ*). La virulence de cette bactérie dépend de la présence à sa surface d'une capsule de polysaccharides qui empêche qu'elle ne soit phagocytée et rend sa surface visqueuse et lisse (*smooth* en anglais, ce qui la fait qualifier de bactérie de type S).

En culture, parmi ces bactéries apparaissent des bactéries mutées, rugueuses en surface (*rough* en anglais). Ces bactéries R sont dépourvues de capsule et, injectées à des souris, elles ne provoquent pas de pneumonie. Fred Griffith a constaté en 1928 que des bactéries R inoculées a des souris, ainsi que des bactéries S tuées par la chaleur n'occasionnaient pas de pneumonie. Par contre, le mélange R + S tuée provoque la pneumonie et la présence de bactéries S vivantes. Autrement dit, R plus S tuée donne S vivante. Qu'apporte S tuée à R ? Si l'on fait éclater des bactéries S et que l'on traite leur contenu par une enzyme destructrice de l'ADN, une adénase, celui-ci est alors inactivé. On obtient ainsi une preuve dite indirecte : l'ADN est le facteur responsable. Oswald Théodore Avery et ses collaborateurs réussirent en 1944 à extraire l'ADN des bactéries tuées.

De plus, les bactéries présentent une sexualité rudimentaire, la parasexualité ou conjugaison. Il s'agit de l'échange d'une partie de filament d'ADN, qui passe d'une bactérie à l'autre à l'occasion d'un accouplement. Cela permet de visualiser la contribution du filament d'ADN à l'hérédité. Lors de la « fécondation », le « receveur » recevra du « donneur » un morceau d'ADN. Celui-ci s'incorporera à son filament d'ADN et exprimera des caractères nouveaux, preuve directe indubitable du rôle de l'ADN.

Enfin, les bactéries sont parasitées par des virus bactériophages. Comme dans le cas de la parasexualité, on a pu visualiser le phénomène au microscope électronique. Un virus bactériophage inocule son filament d'ADN à la bactérie. Le filament s'incorpore à l'ADN de la bactérie et détourne à son avantage le fonctionnement de celle-ci : elle fabrique alors des virus bactériophages en grande quantité (une centaine en une demi-heure !). Alfred D. Hershey et Martha Shase, en rendant radioactif l'ADN ou les protéines du virus, ont démontré (1950-1951) que de l'acide nucléique était injecté dans la bactérie.

L'ADN est bien le support de l'hérédité et la formule de Salvador Luria concernant les virus était prémonitoire : « Les virus sont des morceaux d'hérédité à la recherche de chromosomes actifs. »

Réalisation des caractères héréditaires

Comment se réalisent les caractères héréditaires est une question fondamentale, à laquelle il s'avère difficile et complexe de répondre, car elle touche au fonctionnement intime de la cellule à l'échelle moléculaire. Nous connaissons assez bien le mécanisme de la synthèse protéique, décrit précédemment (chap. v). Or, les protéines sont souvent des enzymes qui catalysent de nombreuses réactions aboutissant à l'élaboration d'une structure, d'une forme, d'une couleur, etc. c'est-à-dire des caractères qui constituent le phénotype de l'individu.

Or, on a d'abord répertorié des anomalies dans la manifestation des caractères, anomalies liées aux mutations. Ainsi — et c'est souvent le cas en biologie — va-t-on essayer de comprendre le normal par l'étude de l'anormal.

Les mutations chromosomiques sont dues à une altération du nombre ou de la structure des chromosomes. Par exemple, chez l'homme, le mongolisme est dû à la trisomie du chromosome 21, présent en trois exemplaires alors que nous en avons normalement deux.

Les mutations géniques, comme leur nom l'indique, affectent un gène muté en son « allèle » mutant, ou en plusieurs allèles : on parle alors de polyallélisme. C'est souvent le cas de cellules somatiques de la peau dont la coloration est changée (tache pigmentaire). Ces mutations somatiques ne sont pas transmissibles à la descendance.

À côté de ces mutations naturelles existent des mutations provoquées soit par des radiations ionisantes (rayons X, Y...), soit par des rayons ultraviolets. Pour ces derniers, les plus actifs sont ceux dont la longueur d'onde correspond au maximum d'absorption de l'ADN. Enfin, des substances chimiques ont un pouvoir mutagène. Elles interviennent directement sur l'ADN constitutif des gènes, soit en se substituant aux bases, soit en les altérant, soit en s'intercalant entre elles... L'intégration dans l'ADN de virus (les transposons ?) conduit également à des « mutations par insertion ». Ces mutations seront transmissibles uniquement lorsqu'elles affectent la lignée germinale (et donc les gamètes). Dans les cellules somatiques elles peuvent induire un cancer...

Les modifications moléculaires résultant d'une mutation biochimique, l'alcaptonurie, sont spectaculaires chez l'homme. Il s'agit là d'une maladie héréditaire (un cas par million d'individus) caractérisée par le fait que l'urine exposée à l'air devient noire... Normalement l'urine contient un acide, l'acide homogentésique qui est dégradé par une enzyme en acide fumarique et acide acéto-acétique. Chez les alcaptonuriques, cette enzyme fait défaut et l'acide homogentésique, présent dans leur urine, s'oxyde à l'air, d'où le noircissement de celle-ci.

La mutation est donc équivalente à l'absence d'une enzyme, c'est-à-dire d'une protéine.

De manière plus générale et du point de vue moléculaire, l'ADN étant responsable de l'hérédité, toute modification lors de la duplication de l'ADN, ou le fait d'intercaler une substance chimique (l'acridine par exemple) entraîne une mutation. Celle-ci empêche la réalisation d'une enzyme ou réalise une enzyme très légèrement différente mais alors inactive. Il suffit qu'un acide aminé ne soit pas à sa place dans la structure primaire de la protéine pour en modifier l'activité enzymatique.

On peut donc ramener l'activité génétique à la synthèse d'une protéine ; l'ADN sert de modèle pour la synthèse de l'ARN messager, porteur du code génétique : c'est la transcription. Lu par le ribosome, l'enchaînement des acides aminés se fera dans l'ordre indiqué par la succession des codons (voir chap. v) : c'est la traduction.

$$\text{ADN} \xrightarrow{\text{transcription}} \text{ARN messager} \xrightarrow{\text{traduction}} \text{protéine}$$

Ce qui est ainsi simplement énoncé nécessita beaucoup d'efforts d'imagination de la part des chercheurs. En effet, comment expliquer qu'une molécule aussi simple que l'ADN — dotée de quatre bases différentes seulement (A, C, G, et T) — puisse permettre la formation d'une protéine composée d'une succession de vingt acides aminés ? Entre ces deux types de molécules, il doit nécessairement y avoir un code. Mais lequel ?

George Gamow, célèbre astrophysicien américain auteur de la théorie du bigbang, se mêlant de biologie, formula l'hypothèse d'un code formé par des triplets de bases (ou codons). Avec quatre bases, on dispose de 4^3 soit 64 triplets, pour vingt acides aminés : c'est largement suffisant...

Encore fallait-il le démontrer. Ce fut l'œuvre d'un jeune biochimiste Marshall Nirenberg, qui mit au point, in vitro, un broyat de bactéries dont il élimina l'ARN messager pour lui substituer un ARN messager synthétique de son choix.

Ainsi, en 1961, avec un ARNm poly U, c'est-à-dire formé d'une suite de molécules d'uracile (l'uracile U de l'ARNm correspond à la thymine T = de l'ADN), il obtint la synthèse d'une protéine formée uniquement d'une suite d'un même acide aminé : la phénylalanine.

La première lettre du code était ainsi déchiffrée :

TTT (ADN) → UUU (ARNm) → phénylalanine (protéine)

Grâce à d'autres ARN synthétiques, on déchiffra la totalité du code dès 1964.

Traduction et transcription ont fait parallèlement l'objet de nombreux travaux aboutissant à une explication très simple. Un gène (ADN) du noyau est transcrit en ARN messager, qui passe dans le cytoplasme.

Des acides aminés accrochés à des ARN de transfert sont apportés au ribosome. Celui-ci lit successivement les codons du messager, accrochant — grâce aux anticodons des ARN de transfert — les acides aminés dans l'ordre indiqué par le messager.

La protéine est bien codée par le gène. Par simplification, on a souvent dit qu'un gène est responsable d'un caractère. On sait maintenant que la réalisation d'un caractère nécessite l'intervention de plusieurs gènes, et donc de plusieurs protéines à activité enzymatique, selon le schéma suivant :

$$A \xrightarrow{\text{Pr } 1} B \xrightarrow{\text{Pr } 2} C \dots\dots\dots\dots \text{Caractère}$$

Ainsi la couleur de la peau est-elle due à la synthèse d'un pigment, la mélanine — en fait un mélange de différentes mélanines — dont le contrôle est assuré par quatre paires de gènes dans l'espèce humaine : cette couleur variera, selon la quantité de mélanine synthétisée, du blanc au noir très foncé. L'albinisme est une mutation qui rend impossible la synthèse de la mélanine. Synthèse de mélanine et contrôle de cette synthèse font intervenir tant de gènes (huit) et d'interactions, dont celle du milieu (l'ensoleillement), que mieux vaut prendre un cas plus simple, celui du lapin.

La mélanine provient de la transformation par une enzyme (protéine) d'un acide aminé, la tyrosine.

$$\text{tyrosine} \xrightarrow{\text{enzyme}} \text{mélanine}$$

Chez des lapins noirs (lignée pure), on a constaté qu'une mutation conduit à des lapins blancs albinos (lignée pure). Cette mutation, l'albinisme, correspond à l'absence de synthèse de l'enzyme transformant la tyrosine en mélanine.

On connaît dans l'Himalaya une race de lapin dont les extrémités des pattes, des oreilles et de la queue sont noires. Chez ces animaux, le système enzymatique est sensible au froid et si l'on refroidit l'animal, il devient tout noir.

Cet exemple illustre le fait maintenant bien démontré que le milieu (ici la température) intervient sur le génotype (ici le gène qui code l'enzyme), faisant se manifester le phénotype (ici la couleur noire).

$$\text{génotype} \quad \xrightarrow{\text{milieu}} \quad \text{phénotype}$$

C'est un phénomène connu depuis la fin du siècle dernier, mais dont on n'a compris le fonctionnement que grâce à de récents travaux. Dès 1899, Émile Duclaux constata que des champignons (genre *Aspergillus*) poussant sur un milieu contenant du saccharose fabriquent une enzyme, l'invertase, qui transforme ce sucre en glucose et en fructose.

$$\text{saccharose} \quad \xrightarrow{\text{invertase}} \quad \text{glucose + fructose}$$

Élevé sur du glucose, ce champignon ne fabrique pas d'invertase.

Jacques Monod et ses collaborateurs ont retrouvé un phénomène identique en étudiant le colibacille *Escherichia coli*. Élevé sur du lactose, le bacille fabrique une enzyme, la ß-galactosidase, qui transforme le lactose en galactose et en glucose.

$$\text{lactose} \quad \xrightarrow{\beta\text{-galactosidase}} \quad \text{galactose + glucose}$$

Le lactose induit la synthèse de la ß-galactosidase. De quelle manière ? Un gène dit de structure assure la synthèse d'une enzyme. Il peut s'exprimer (fonctionner) ou non. Quand le colibacille est élevé sur du galactose, l'enzyme n'est pas synthétisée : le gène ne s'exprime pas car il est bloqué dans son action par un gène répresseur. Élevé sur du lactose, ce sucre inactive le répresseur, alors le gène de structure s'exprime (via l'ARNm) et fabrique l'enzyme, la ß-galactosidase.

Ainsi, selon l'environnement, les gènes s'expriment ou non, contribuant ainsi à la réalisation des caractères.

Les gènes au secours des biologistes

Les gènes entrent en jeu dans de nombreux phénomènes que les biologistes ne savaient pas expliquer. Quelques exemples suffiront à montrer les progrès des connaissances biologiques à la lumière de la génétique !

Les gènes du développement

La drosophile, matériel vivant très utilisé par les généticiens, présente de très nombreuses mutations qui affectent son développement et sa morphogenèse. Elle peut ainsi être pourvue de quatre ailes alors que normalement elle n'en a que deux.

Plus de quatre cents de ces mutations spontanées ont été répertoriées, qui modifient des caractères des yeux, des ailes, des pattes, des antennes, du corps... Le taux des mutations spontanées chez la drosophile, comme chez la bactérie et dans l'espèce humaine, est de l'ordre de 10^{-5}, c'est-à-dire qu'une mutation atteint une génération de gènes sur cent mille. Si l'on sait expliquer les accidents chromosomiques ou génétiques responsables des mutations, par contre les causes profondes sont mal connues. Des facteurs environnementaux ont été suggérés : radiations, température, déchets du métabolisme cellulaire, vieillissement...

Des mutations peuvent être provoquées expérimentalement en utilisant des radiations (ionisantes et ultraviolets), des substances mutagènes (antibiotiques, antimitotiques, antimétaboliques...) et même des virus. Un élève de Morgan, Hermann Joseph Muller (prix Nobel de physiologie et de médecine en 1946), a prouvé, par exemple, que les rayons X augmentaient de quinze cents fois la fréquence des mutations (1920) et des aberrations chromosomiques (1926) chez la drosophile.

Par ailleurs, le modèle mouche a permis aux généticiens moléculaires d'expliquer comment les gènes contrôlent le développement de l'insecte — morphogenèse, organogenèse, dont celle du système nerveux — et, *in fine*, son comportement. Ils programment aussi la durée de vie et donc le vieillissement.

Ces recherches sur la drosophile sont d'un extrême intérêt quant aux extrapolations que l'on peut en tirer pour la connaissance du développement d'autres espèces, dont les mammifères, sur lesquelles l'expérimentation génétique est moins aisée.

Une drosophile normale se développe en neuf jours. J. Montagne a obtenu par mutation une « minimouche » — mouche en modèle réduit de 40 % — qui opère sa croissance en cinq jours. La mutation porte sur un gène qui code pour une enzyme la S6 kinase, enzyme qui active la synthèse des ribosomes et donc des protéines constitutives de la cellule. En l'absence de l'enzyme, les cellules sont de taille réduite, preuve que ce gène contrôle, par le biais de la S6 kinase, la dimension des cellules et le développement de la mouche.

Quant à la morphogenèse, disons pour simplifier qu'embryologistes et généticiens schématisent l'organisation de l'insecte en une suite de segments ou « métamères », eux-mêmes subdivisibles en « monomères » (trois au moins par métamère) ou regroupés en ensembles, les « tagmes » (chacun comprenant au moins trois métamères).

S'il y a longtemps que les embryologistes ont démontré que les segments ou métamères de l'adulte correspondent à ceux de l'embryon, ce n'est que récemment que les généticiens ont expliqué comment des gènes spécifiques gouvernent la formation des monomères, des métamères et des tagmes, et donc l'élaboration du système nerveux embryonnaire métamérique de la drosophile.

Des mutations dites « homéotiques » changent l'organisation de la drosophile. Il s'agit par exemple de la mutation *Antennapedia,* qui donne des mouches ayant sur la tête des pattes à la place des antennes, de la mutation *bithorax,* où les mouches possèdent des balanciers anormaux (la partie antérieure de ces organes est remplacée par du tissu d'aile), de la mutation *postbithorax,* qui conduit à des mouches anormales quant aux balanciers (c'est la partie postérieure de cet organe qui est remplacée par du tissu d'aile) et aux pattes, de la mutation *bithoraxoïde* qui produit des mouches à huit pattes... La liste est bien plus longue, d'autant que l'on peut croiser *bithorax* et *postbithorax,* ce qui, en cumulant leurs effets, aboutit à des mouches à quatre ailes (leur troisième segment thoracique est remplacé en entier par un second segment thoracique avec une paire d'ailes).

Des gènes, qu'Edward B. Lewis a baptisé « sélecteurs », sont susceptibles de donner lieu à des mutations de type *bithorax, postbithorax,* etc. Ils sont localisés sur le chromosome n° 3 de la drosophile. Ces gènes sélecteurs sont regroupés en un complexe génétique, par exemple le complexe *bithorax.* E.B. Lewis en a explicité le mode de fonctionnement, c'est-à-dire comment ils orientent le destin des cellules des segments postérieurs au segment thoracique n° 2. En avant de celui-ci, c'est le complexe *Antennapedia* qui agit.

Le segment thoracique n° 2 avec une paire d'ailes et une paire de pattes serait réalisé quand les gènes du complexe *bithorax* sont « hors jeu ». L'entrée en jeu d'un gène « sélecteur » sur les cellules du troisième segment thoracique induit la formation de la partie antérieure du balancier, un autre gène « sélecteur » induira la partie postérieure, et ainsi de suite... L'entrée en jeu de gènes « sélecteurs » amène à la réalisation des autres segments abdominaux dépourvus d'ailes et de pattes et différents dans le détail les uns des autres.

Quant au système nerveux de la drosophile, dont la structure est typiquement métamérique, il est contrôlé par des gènes de segmentation impliqués dans la formation des monomères (sous-unités des métamères). Leur coordination serait assurée par des séquences de gènes appelées « *homeobox* », séquences communes aux animaux métamériques.

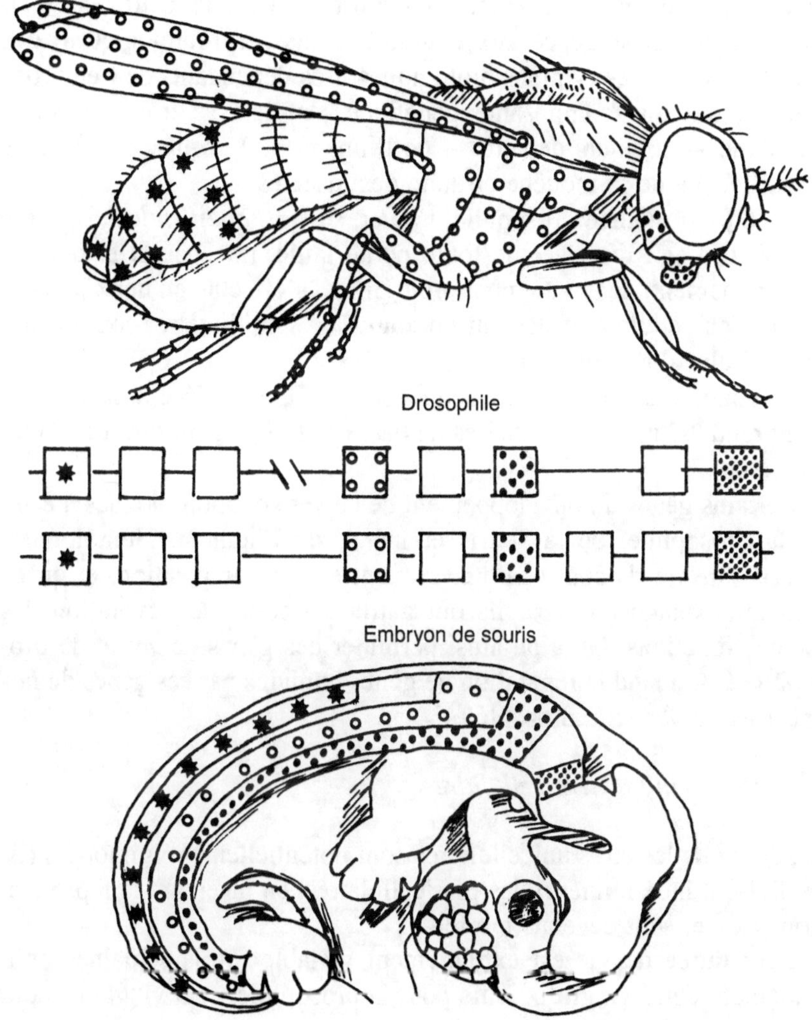

Fig. 30 — Gènes et développement comparé : de la mouche aux mammifères (souris).
Des gènes homéotiques guident le développement embryonnaire des mouches et des souris. Ils
sont représentés par les mêmes symboles que les zones dont ils guident le développement (modifié
d'après A. PROCHIANTZ, *Pour la science*, 1988).

La drosophile mutante Shaker est le premier mutant neurologique
connu de la drosophile. Celle-ci — comme la souris trembler — tremble
de tous ses appendices (pattes, ailes, antennes). A. Ferrus et O. Pongs
ont localisé le gène Shaker, en fait le complexe Shaker (400 000 nucléo-

tides) sur le chromosome sexuel X de la drosophile. Ils ont de plus montré que ce complexe génétique contribue bien à la neurogenèse et, par voie de conséquence aux comportements (neurobiologiques) des insectes. Même les rythmes biologiques, très dépendants de l'environnement, ont une composante génétique. Au-delà se trouve posé le problème — toujours débattu — de l'inné et de l'acquis, et même de l'intelligence de la mouche et donc des insectes !

À côté du modèle drosophile, un ver, *Cænorhabditis elegans,* a été étudié. Il s'agit d'un ver de toute petite taille, transparent et dont le développement, génétiquement programmé, s'effectue en deux jours et demi. Une cellule œuf devient un adulte de 1 millimètre, comprenant 959 cellules dont 300 neurones.

Le génome de ce ver a été séquencé en entier en décembre1998 : il comprend, 97 millions de paires de bases et 19 000 gènes (dont 12 000 inconnus).

Certains gènes du développement de ce ver sont homologues à ceux de la drosophile, de la souris et même de l'homme. Homologues, c'est-à-dire qu'ils sont analogues quant à leur composition, et qu'ils sont interchangeables, car ils ont gardé, au cours de l'évolution, les mêmes fonctions. On a pu ainsi permuter des gènes de ver et de drosophile... À quand la réparation de gènes humains par ces gènes de nos ancêtres, le ver et la drosophile ?

Gènes et vieillissement cellulaire

Alors que les êtres unicellulaires sont potentiellement immortels (ils se divisent indéfiniment), les pluricellulaires, en inventant la reproduction sexuée, sont devenus mortels.

Leur durée de vie est extrêmement variable : trois semaines pour l'abeille, quatre-vingt-dix jours pour la drosophile, cent vingt ans pour l'homme, trois mille ans pour le séquoia...

En fait c'est l'individu, c'est-à-dire l'ensemble de ses cellules somatiques, qui est devenu mortel ; les cellules sexuelles, les gamètes, qui assurent la pérennité de l'espèce d'une génération à la suivante, sont, elles, restées immortelles.

Chaque catégorie de cellules est programmée pour opérer un certain nombre de divisions cellulaires. Nous avons vu (chap. VI) ce phénomène avec les fibroblastes (producteurs du collagène dans le tissu conjonctif), à propos desquels on a démontré que le noyau est le centre d'information du nombre de divisions : une cinquantaine potentielle.

Aujourd'hui, on sait que ce nombre est inscrit dans l'ADN du chromosome, véritable horloge, du fait de sa longueur.

Le biochimiste Alekseï Olovnikov a imaginé qu'à chaque division les chromosomes se raccourcissent : il y a « marginotomie ». Les extrémités du filament d'ADN, baptisées par Hermann Joseph Muller « télomères » (du grec *telos* : « fin », et *meros* : « partie »), s'érodent à chaque division en fait, lors de la réplication de l'ADN. La perte est de vingt à quarante paires de nucléotides par division (selon le type de cellule). Quand le chromosome devient trop court, il ne peut plus se diviser.

Si l'on connaissait la « marginotomie » des différentes cellules, on pourrait déterminer la longévité de l'individu.

Quant à l'immortalité, elle réapparaît chez les cellules cancéreuses qui présentent une « télomérase », c'est-à-dire une enzyme capable d'ajouter des séquences télomériques aux extrémités des chromosomes : c'est l'enzyme de l'immortalité découverte par Carole Greider, élève d'Elizabeth Blackburn (université de Californie, à Berkeley) qui a élucidé la composition et la fonction des télomères.

Une cellule est mortelle parce qu'elle inhibe la synthèse de la télomérase. Faute d'enzyme, le chromosome se raccourcit à chaque division, comme s'il s'usait par ses extrémités, jusqu'à devenir incapable de se diviser. Les cellules sexuelles, tout comme les cellules cancéreuses, ne savent plus inhiber cette synthèse : la télomérase leur procure l'immortalité... assurant la réparation du chromosome à chaque division ; l'usure du temps est réparée et la division continue indéfiniment...

Gènes et différenciations cellulaires

Nous avons vu précédemment (chap. VI) qu'au cours du développement, les cellules, en se multipliant (par mitose), se différencient ; celles qui restent indifférenciées participeront à la régénération. La différenciation s'exprime en terme protéique. Par exemple, une cellule musculaire synthétise de l'actine et de la myosine qui permettent la contraction musculaire.

Ainsi, en terme génétique, une cellule spécialisée ne dispose que de quelques gènes fonctionnels : ceux qui codent, en ce qui concerne l'actine et la myosine, dans l'exemple choisi. En revanche, une cellule indifférenciée dispose de n gènes et est donc susceptible d'assurer n synthèses protéiques différentes : on dit qu'il s'agit d'une cellule totipotente.

Si dans la cellule spécialisée ne s'expriment que quelques gènes, la question qui vient aussitôt à l'esprit est : que sont devenus les autres ? Sont-ils morts, c'est-à-dire ont-ils été détruits, ou sont-ils seulement inactifs, c'est-à-dire inhibés ? Dans cette dernière hypothèse, peuvent-ils redevenir actifs, et comment ?

Les embryologistes ont expérimenté à ce sujet depuis le début du XXe siècle, en particulier Hans Spemann (prix Nobel en 1935, grâce à ses travaux sur l'effet « organisateur » du chordo-mésoderme de l'embryon). Ce biologiste allemand proposa en 1938 de transférer le noyau des premiers blastomères dans le cytoplasme d'un ovocyte préalablement énucléé (débarrassé de son noyau). Cette technique, dite de « transfert nucléaire », permet de cloner les amphibiens ainsi traités.

En 1952, par la même technique, deux biologistes américains, Robert Briggs et Thomas King, obtinrent le développement d'amphibiens (*Rana pipiens*), en transplantant des noyaux de blastomères plus âgés (stade blastula) dans des ovocytes énucléés.

Mais il faudra attendre comme indiqué précédemment (chap. VI), les travaux de John Gurdon (1962-1966) pour parvenir à un résultat spectaculaire et controversé. Ce chercheur a obtenu, chez un crapaud, le xénope, le développement d'un têtard à partir d'un œuf énuclé dans lequel il a injecté le noyau d'une cellule intestinale différenciée (noyau à 2 n censé remplacer le noyau de fécondation).

Ainsi, ce noyau déjà différencié — dans l'intestin, il commande seulement des synthèses d'enzymes digestives — , replacé dans un cytoplasme vierge (ovule sans noyau), est capable de programmer un développement complet : tous les gènes se remettent en action.

On peut imaginer qu'au cours de divisions cellulaires successives le cytoplasme — considéré ici comme le milieu environnant du noyau et des gènes qu'il contient — change de composition par simple division. Il agit donc sur certains gènes qui sont muselés, alors que d'autres s'expriment, synthétisant les protéines, qui feront la différence entre cellules. C'est là une interprétation écologique (voir notre quatrième partie) de plus en plus admise dans le milieu scientifique : les gènes ne s'expriment que dans des conditions environnementales précises.

L'ADN, dans la cellule, est associé à de nombreuses protéines pour former la chromatine. On pense que ce sont certaines de ces protéines qui activent ou inactivent les gènes. Comment ? Des expériences récentes (1999) semblent indiquer qu'une protéine, l'ADN méthyltransférase, vient fixer des groupements de méthyle (CH_3) sur l'ADN, ce qui rend les gènes « silencieux ».

Après la reproduction à l'identique ou clonage des têtards, les mammifères furent clonés à partir de 1980 et Dolly fut en 1996 la première brebis clonée, dont nous avons dit le succès médiatique. Elle fut le résultat d'une longue série d'expérimentations menée par deux biologistes écossais Ian Wilmut et Keith Campbell.

Comme indiqué précédemment, Dolly était une « jeune vieille » brebis en raison des noyaux qui la firent naître et vieillir prématurément. Il faudrait pouvoir disposer du noyau de cellules totipotentes. Or il n'en existe plus chez les mammifères adultes, du moins dans l'état actuel de nos connaissances. Les cellules souches que l'on trouve se sont déjà divisées mais ne sont pas encore différenciées : elles ne donneront d'ailleurs qu'un nombre limité de types cellulaires. Par exemple, les cellules souches de la lignée sanguine ne deviendront que des cellules sanguines (érythrocytes, leucocytes...).

Aussi a-t-on imaginé d'utiliser les noyaux des premiers blastomères de l'œuf — en division — comme le faisait Spemann chez les amphibiens, afin de disposer de noyaux totipotents.

On est ainsi revenu à la case départ : pour obtenir chez les mammifères un clonage reproductif, mieux vaut utiliser le noyau des cellules bonnes à tout faire qui sont les premières cellules embryonnaires (de la blastula)... Or, on vient de réussir la culture de celles-ci chez l'homme. Tous les espoirs sont donc permis pour le clonage !

Les gènes du cancer, les oncogènes

Si un certain nombre de cancers sont d'origine virale, d'autres sont héréditaires. Quel lien établir entre les deux ?

L'ADN viral s'intégrerait dans notre patrimoine génétique, devenant de l'ADN cancérigène. Il serait transmis de génération en génération : le virus transformé en gène du cancer serait ainsi hérité.

Le gène en question, présent comme beaucoup d'autres gènes, peut ne pas s'exprimer. Pourquoi et dans quelle circonstance déclenche-t-il le cancer ?

Beaucoup de réponses ont été apportées ces vingt dernières années aux questions ainsi posées par les cancers et leurs manifestations. Nous avons eu l'occasion à plusieurs reprises de traiter du cancer ou d'évoquer une interprétation possible, car il est multiple et insaisissable.

Francis P. Rous démontra, dès 1909 que des tumeurs malignes du poulet (on les appelle sarcomes de Rous) sont dues à des virus cancéreux, dits tumorigéniques. Chez les oiseaux et les mammifères, des virus cancérigènes sont incorporés dans le patrimoine génétique. Sa découverte ayant été accueillie très froidement, Rous abandonna ses recherches. Il ne reçut le prix Nobel de physiologie et de médecine qu'en 1966, à l'âge de quatre-vingt-sept ans.

Des gènes du cancer sont maintenant identifiés. On les appelle oncogènes (de *onkos* : « tumeur » en grec) quand ils produisent le cancer et proto-oncogènes quand ils sont inactifs. Comment passe-t-on d'un gène inactif à un gène actif ? Comment ce gène transforme-t-il une cellule normale en cellule cancéreuse, c'est-à-dire en cellule à grand pouvoir de multiplication ?

Les réponses sont multiples.

On a d'abord montré que les proto-oncogènes jouent un rôle fondamental dans la division cellulaire d'une cellule normale et sa régulation. Une mutation naturelle ou induite par une substance cancérigène — nombreuses sont les substances de l'industrie chimique en accusation — produit un oncogène dont l'action perturbe la régulation des divisions au point qu'elles deviennent anarchiques et indéfinies.

Depuis les années 1990, on a imaginé qu'à côté des oncogènes existaient des gènes dits suppresseurs de tumeurs. Ce sont des gènes qui protègent la cellule normale d'une multiplication anarchique. S'ils sont inactivés, pour des causes très variées, alors ils perdent leur capacité d'inhiber la division cellulaire : la cellule se multiplie indéfiniment.

L'un de ces gènes suppresseurs de tumeur code pour une protéine, la P53, qui fut consacrée molécule de l'année 1993. Si elle est introduite dans des cellules cancéreuses, celles-ci arrêtent de se diviser et même meurent par apoptose (mort cellulaire programmée : voir chap. VI).

40 à 50 % des cancers humains sont liés à une modification du gène P53, par mutation (les substances mutagènes reconnues sont le benzopyrène de la fumée de cigarette, l'aflatoxine B1, etc.). La protéine P53 mutée ne diffère parfois de la protéine normale que par un seul acide aminé, mais ne joue plus son rôle.

En fait, la protéine P53 n'intervient pas directement, mais par l'intermédiaire d'autres protéines. De plus, des protéines produites par des virus peuvent en bloquer l'activité.

Virus, gène et cancer sont loin d'avoir livré tous leurs secrets !

Gènes baladeurs et manipulations génétiques

Avec les manipulations génétiques, l'homme touche au plus intime du vivant et peut le modifier à sa guise. Mais il n'est pas le découvreur de ces manipulations : le vivant les a inventées bien avant que nous n'imaginions toutes les potentialités qu'elles offraient.

Un petit retour en arrière, axé sur l'étude des virus et des bactéries, illustrera le bien-fondé de la modestie.

Le virus bactériophage

Les virus sont tous des parasites par nécessité. Disposant d'un filament d'ADN ou d'ARN, mais privés d'organites susceptibles d'assurer les synthèses nécessaires à leur reproduction, ils doivent les emprunter à une cellule hôte.

Cette cellule peut être une bactérie, et le virus le plus célèbre — nombreux sont les chercheurs nobélisés grâce à lui — est le virus bactériophage (« mangeur de bactérie »). C'est le premier manipulateur de bactérie. Il injecte son ADN dans la bactérie et l'incorpore au sien. Il prend ainsi le contrôle des gènes de la bactérie et grâce à l'information génétique qu'il apporte fait synthétiser par elle des centaines de virus. En une demi-heure, la bactérie parasitée éclate, libérant tous les virus prêts à infecter d'autres bactéries.

Les « mangeurs de bactéries » ont eu leur heure de gloire. Ils ont été les premiers virus, en 1978, chez lesquels on a déchiffré l'ADN : il est vrai qu'ils ne comptent que quelques dizaines de gènes. Fred Sanger a mis au point la technique de séquençage (elle porte son nom et lui valut un second prix Nobel en 1980) et décrit les 5 836 nucléotides d'un phage.

Les phages manipulent donc les bactéries, ces procaryotes dont l'ADN est facilement accessible du fait de l'absence de membrane nucléaire. Cet avantage n'a pas échappé aux scientifiques manipulateurs du vivant.

Bactéries manipulées

Nous avons indiqué que les bactéries disposent d'une sexualité rudimentaire, la parasexualité ou conjugaison. Celle-ci leur permet d'échanger des fragments de leur filament d'ADN et d'acquérir ainsi des caractères nouveaux.

L'homme utilise cette capacité des bactéries à incorporer des fragments d'ADN afin de les transformer en « micro-usines » programmées pour fabriquer des substances qui lui seront utiles.

Ainsi, des bactéries comme le colibacille (*E. coli*), *Bacillus* ou *Pseudomonas* peuvent devenir des micro-usines grâce aux techniques du génie génétique. Or, une bactérie manipulée se reproduit à l'identique dans un fermenteur, à très grande vitesse : en 3 heures et 20 minutes, à raison d'une division toutes les vingt minutes, un colibacille réalise dix divisions et produit 2^{10} = 1 024 colibacilles.

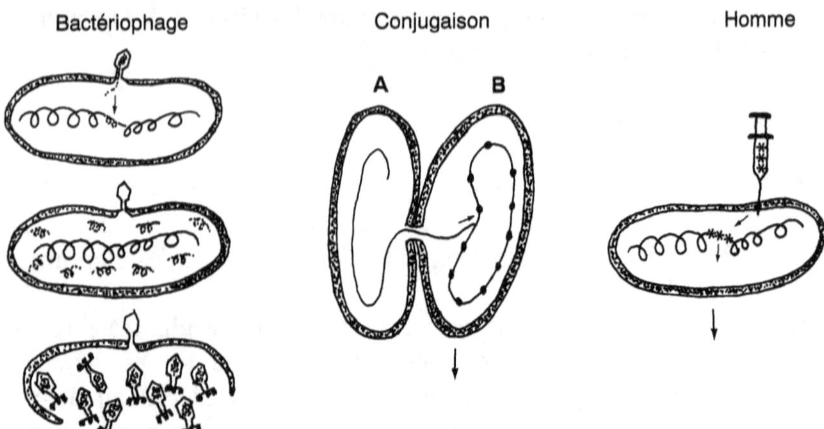

Fig. 31 — Du virus à l'homme, les manipulateurs de bactéries.
— à gauche : le virus bactériophage parasite la bactérie ;
— au centre : conjugaison entre deux bactéries A et B : B exprimera des caractères de A, dont elle reçoit un morceau du filament d'ADN ;
— à droite : l'homme introduit dans la bactérie l'ADN codant la protéine qu'elle synthétisera (exemple : somatostatine, hormone de croissance...).

Le cas de la synthèse par cette bactérie de la somatostatine est tout à fait exemplaire. Cette hormone, produite par l'hypothalamus fut isolée par Roger Guillemin en 1972 à partir de milliers (on parle même de millions) de cerveaux de moutons. Ce chercheur français s'expatria pour cela à Houston (Texas), car il ne disposait pas des moyens nécessaires en France. Naturalisé américain, il obtint 5 milligrammes de somatostatine... et le prix Nobel en 1977 avec Andrew V. Schally « pour leurs études sur la production d'hormones peptidiques par le cerveau ».

En 1977, trois équipes américaines synthétisent le gène de la somatostatine, l'incorporent dans un colibacille, et obtiennent la production de 5 milligrammes de cette hormone.

D'autres hormones ont été produites par le même procédé : hormone de croissance (1979), insuline, interféron... mais aussi des vaccins, comme celui contre l'hépatite B.

Les espèces transgéniques et les organismes
génétiquement modifiés (OGM)

À côté de ces procaryotes, où l'accès au génome est direct, l'homme a aussi manipulé des eucaryotes, végétaux ou animaux, dont le génome est protégé par la membrane nucléaire.

Des levures sont ainsi capables de produire de l'insuline. Les choses se compliquent quand on passe aux êtres pluricellulaires. Pour tourner la difficulté, on a imaginé de travailler in vitro sur des cellules végétales ou animales. Celles-ci sont isolées de l'organisme et mises en culture. Puis on essaie d'incorporer un gène étranger — on parle de transgenèse — dans leur patrimoine génétique. Ces gènes codent pour une protéine connue, pour des hormones comme celles citées précédemment, pour des insecticides, ou pour résister à un herbicide, etc. Ils proviennent de micro-organismes (dont les bactéries : le *Bacillus thuringiensis* fabrique une protéine insecticide grâce au gène BT), de végétaux, d'animaux et même de l'homme. Ces transgènes seront incorporés soit par un « canon à gènes », soit par micro-injection dans le cytoplasme, soit grâce à un vecteur (le plasmide d'une bactérie).

Les cellules animales — et en particulier les lignées cellulaires utilisées — ont déçu les chercheurs, car ils ne sont guère parvenus à les transformer. Il a fallu se rendre à l'évidence et partir d'un ovule fertilisé de souris dans le noyau duquel on injecte, sous microscope, de l'ADN.

Par ce procédé, deux Américains, Ralph Brinster et Richard Palmiter, ont obtenu en 1982 des « souris géantes » transgéniques : le gène de l'hormone de croissance humaine intégré au patrimoine de ces souris assure une production hormonale qui entraîne une croissance double — à âge égal — de celle de leurs congénères non transgéniques.

À quand la greffe sur l'homme afin d'obtenir des joueurs de basketball de très grande taille ?

On imagine facilement l'application qui peut en être tirée pour l'amélioration de la production animale, qu'il s'agisse de viande, de lait, de laine, etc. Des chèvres, des lapins, des moutons, des porcs, des vaches ont ainsi été manipulés, mais aussi des poissons. Pour ces derniers, on a même réussi à obtenir des saumons résistants au froid, grâce à la synthèse d'une protéine antigel de plies de l'Arctique.

D'autres animaux sont modifiés génétiquement afin de devenir des modèles expérimentaux pour l'étude de maladies humaines (hypertension, artériosclérose, diabète, mucoviscidose, myopathie...).

D'autres enfin — il s'agit des mammifères précédemment cités — pourraient devenir des producteurs de protéines d'intérêt pharmaceutique, qui seraient isolées du lait de ces animaux transgéniques. Hormones, facteurs de croissance, facteurs de coagulation, facteurs antithrombiques, antigènes pour vaccination ou diagnostic, enzymes, anticorps monoclonaux, etc., pourraient être produits dans le futur par ces animaux transgéniques, qui prendraient ainsi le relais des bactéries, lesquelles ont montré leurs limites comme source de protéines humaines fonctionnelles et complexes.

Qu'en est-il des espèces végétales ?

L'homme ayant domestiqué et sélectionné des espèces végétales pour l'agriculture, il était logique qu'il applique le génie génétique à certaines plantes pour leur faire acquérir des propriétés nouvelles : résistance aux parasites (virus, bactéries...), aux ravageurs (insectes...), et aux herbicides, non-pourrissement des fruits, amélioration de leur qualité organoleptique, croissance améliorée par fixation d'azote atmosphérique...

Entreprises en 1980, ces manipulations ont d'abord permis d'obtenir des végétaux ayant appris à fabriquer un insecticide. Ainsi, ont été isolés les gènes qui codent les protéines insecticides d'une bactérie *(Bacillus thuringiensis),* gènes qui furent introduits avec succès dans des plants de tabac, de tomate, de pomme de terre, de coton, etc.

La liste des plantes génétiquement modifiées, ou transgéniques, est fort longue :

AIRELLE	CHOU-FLEUR	LUZERNE	POMME DE TERRE
ASPERGE	COLZA	MAÏS	PRUNE
AUBERGINE	CONCOMBRE	MELON	RAIFORT
BETTERAVE À SUCRE	COTON	NOIX	RAISIN
BLÉ	ÉPICÉA	PAPAYE	RIZ
BROCCOLI	FRAISE	PATATE DOUCE	SEIGLE
CANNE À SUCRE	FRAMBOISE	PETITS POIS	SOJA
CAROTTE	KIWI	PEUPLIER	TABAC
CÉLERI	LAITUE	POIVRE	TOMATE
CHOU	LIN	POMME	TOURNESOL

D'après C. Casser et R. Fraley
Pour la science, 1992, n° 178, p. 73.

Comme pour l'animal, on travaille *in vitro,* en culture cellulaire, mais dans le cas de la cellule végétale — par opposition à la cellule animale — celle-ci est capable sur un milieu de culture convenable de donner tout un plant ! Une cellule isolée produira un organisme entier : c'est le clonage par bouturage cellulaire... une vraie révolution et une aide considérable pour toutes les manipulations génétiques imaginables.

Le tabac est devenu la « souris verte » ou le « cobaye vert » des manipulateurs du vivant. Il est bien secondé par le colza, autre plante industrielle... Les transgènes, en plus de ceux évoqués précédemment, viennent de n'importe quelle espèce du monde vivant : micro-organismes, végétaux ou animaux.

Pour ne citer que quelques exemples — car tout est possible ou presque ! —, un gène de sangsue qui code pour l'hirudine (une protéine anticoagulante exploitée en thérapeutique humaine) a été incorporé au colza ; qui fabrique alors de l'hirudine. Il peut aussi, par manipulation génétique, produire l'enzyme efficace contre la mucoviscidose. Le tabac, de la même façon, fabrique de nombreuses molécules à intérêt thérapeutique (insuline, hémoglobine...). Il peut même élaborer des anticorps humains dirigés contre une bactérie qui infecte la plante grâce à la complicité d'un insecte, la cicadelle.

En fait, la transgenèse des cellules végétales est devenue, dans les laboratoires de recherche, un moyen d'accès original à la connaissance du fonctionnement et du développement de ces organismes.

Pourtant la trangenèse végétale fait peur. On s'interroge sur les risques que ces modifications font courir à l'environnement et aux autres espèces. Il n'est pas impossible qu'une plante rendue résistante aux herbicides transmette cette résistance (le transgène) à une autre espèce considérée comme une mauvaise herbe, qui alors proliférera. Certains insectes sont déjà devenus résistants à ces protéines insecticides produites par des riz transgéniques et envahissent de nouveau les rizières de Thaïlande.

Un autre risque est lié à des gènes marqueurs codant une résistance aux antibiotiques. Ces gènes sont associés à la manipulation génétique, afin de vérifier que celle-ci a bien réussi. On peut donc craindre que des bactéries pathogènes deviennent encore plus résistantes aux antibiotiques... Ce risque existe et il serait néfaste de le prendre si l'on veut préserver la santé humaine.

Et pourtant, les manipulations génétiques ont donné beaucoup d'espoirs aux biologistes, qui pensaient que l'on pourrait se passer de l'industrie chimique des pesticides, des engrais, etc. Les craintes sont devenues sérieuses quand on s'est aperçu qu'il ne faut que quelques jours à l'homme de science pour transformer le patrimoine d'une espèce, alors que dans la nature de telles mutations se font à l'échelle de milliers, voire de millions d'années.

Que vont devenir ces transgènes ? Ces nouvelles espèces vont-elles supplanter les espèces préexistantes et modifier les équilibres biologiques ?

Quoi qu'il en soit, depuis mai 1994, une tomate transgénique — elle se conserve plus longtemps — existe sur le marché américain. Elle est importée de Californie et vendue en Grande-Bretagne depuis le 15 février 1996, sous forme de concentré de tomate en boîte de conserve. Or la vente de cette tomate est interdite en Europe. Le Conseil de la Communauté européenne a en effet émis en 1990 une directive qui prévoit que toute utilisation d'organisme génétiquement modifié (OGM) sera soumise à une demande d'autorisation préalable. Mais la purée de tomates n'est pas la tomate entière !

En Europe, depuis juillet 1994, un tabac transgénique (résistant à un herbicide) a reçu de la CE un avis favorable à une mise sur le marché, pour tester ses propriétés en conditions naturelles. À Bergerac, la SEITA mène, en champ, une expérience sur cinq ans afin de savoir si ce tabac peut être utilisé pour la fabrication des cigarettes.

La prudence est donc de rigueur pour cette nouvelle révolution verte !

En ce qui concerne le maïs trangénique (Bt) de Norvatis (qui produit un insecticide contre la pyrale), on a eu droit en Europe et en France à une valse-hésitation ! Bruxelles en a interdit la commercialisation le 25 avril 1996, puis l'a autorisée le 18 décembre de la même année. *Idem* pour la France, qui a permis l'importation de maïs transgénique mais en a interdit la culture en février1997, avant finalement de l'autoriser en novembre...

Les opposants au maïs et au soja transgéniques sont nombreux et se rangent à la suite de Greenpeace et d'une autre organisation écologiste internationale, Ecoropa. Cette dernière lance d'ailleurs « un appel des scientifiques et des médecins pour un contrôle des applications du génie génétique ». Les scientifiques signataires de cet appel souhaitent un moratoire non seulement de la commercialisation des OGM, mais aussi de leur culture.

Et pourtant la liste des souches, en particulier de bactéries, brevetées par les industriels est fort longue et s'allonge sans cesse, qu'il s'agisse des industries pharmaceutique, agro-alimentaire ou environnementale.

Les scientifiques ont même envisagé d'utiliser les manipulations génétiques pour recréer et faire revivre des espèces disparues. Le mammouth, dont on a retrouvé des restes congelés, a pu être étudié quant à ses protéines et même son ADN. Les biologistes imaginent qu'ils pourront cloner l'ADN du mammouth et l'insérer dans de jeunes embryons d'une espèce apparentée, l'éléphant. Et alors le mammouth renaîtra des glaces !

Créer des espèces nouvelles, recréer les espèces disparues, tels sont les ambitieux projets des biologistes. Mais en ont-ils mesuré tous les risques ?

« Terminator » ou la biodiversité en péril

Les manipulations génétiques ont permis aux semenciers de réaliser et de commercialiser des organismes génétiquement modifiés (OGM).

Ils ont voulu garder le monopole de leurs inventions biologiques en interdisant — par contrat — aux agriculteurs de réutiliser les graines d'une année comme semence pour l'année suivante.

Certains agriculteurs sont passés outre... L'un de ces semenciers, Monsanto, leur a intenté un procès et a obtenu des dommages et intérêts. Cet argent sert à financer des « bourses pour étudiants », ce qui part d'un bon sentiment !

Mais traîner les agriculteurs en justice est contre-productif pour un semencier, dont le client est justement l'agriculteur. Aussi, afin d'éviter ce problème, les généticiens travaillent actuellement à l'obtention de semences qui ne repoussent pas. L'introduction d'un gène baptisé « Terminator » fait que les graines produites, du fait de la présence de ce gène, ne peuvent pas germer.

Si la nature avait agi de même, nous n'en serions pas à condamner la folie des généticiens. Mais la pérennité des espèces fait appel à la reproduction sexuée et à la production, par les végétaux, de graines capables de se développer. Produire des graines stériles est contre nature.

En 1975, réunis à Asilomar, les généticiens, inquiets des risques liés aux manipulations génétiques, avaient décidé d'un moratoire. Il fut de courte durée, les enjeux économiques l'emportant sur la nécessaire prudence ; elle est devenue, depuis « le sommet de la Terre » à Rio de Janeiro en 1992, « le principe de précaution ».

Rien de tel avec « Terminator », puisque le risque est maximal et le but, non avoué, d'affamer les populations humaines dépendantes des semenciers et des semences qu'ils produisent. Des OGM de la fin et de la faim ! Plus grave encore, si ce gène, devenant baladeur, s'échappait des OGM pour gagner les autres espèces, leur fin serait programmée... Bonne nouvelle, « Terminator » ne sera pas commercialisé pour l'instant. Monsanto en a fait l'annonce très officiellement le 4 octobre 1999. La vox populi et surtout la logique de l'économie — les actions de Monsanto à la Bourse sont en baisse (– 30 % depuis juillet 1998) — ont eu raison, momentanément, de ce dangereux projet.

La biodiversité a tout à perdre avec ces inventions diaboliques des généticiens apprentis sorciers.

À quand un nouvel Asilomar ?

Il n'est pas au programme, ni des scientifiques, ni des chefs d'État. En revanche, ces derniers viennent de signer à Montréal un « Protocole sur la biosécurité » (février 2000). Ce protocole avalise le « principe de précaution », défini à Rio en 1992, pour les OGM. À ce titre, un État peut interdire sur son territoire un OGM considéré comme dangereux. Même les États-Unis ont signé ce protocole, car il prévoit des mesures très contraignantes pour les États, qui doivent faire la preuve de la nocivité des OGM interdits...

Pour Michel Aigle, qui fut pendant près de dix ans membre de la commission française du Génie biomoléculaire, présidée alors par Axel Kahn, « les OGM ne sont plus aujourd'hui un problème scientifique, mais plutôt un problème de société ». La France ne s'y est pas trompée et a organisé en juin 1998 la première conférence de citoyens sur l'utilisation des OGM : quatorze citoyens ont écouté pendant deux jours des experts, des partisans et des opposants et ont élaboré un avis qui a été transmis au Parlement.

Cette pratique est courante en Grande-Bretagne, aux Pays-Bas, au Danemark... depuis plus de dix ans. La Suisse a même utilisé le référendum pour connaître l'opinion des citoyens sur les biotechnologies.

C'est le prix à payer par la démocratie pour éviter que ne se creuse un fossé entre la science biologique et la société...

L'homme manipulé par l'homme

L'homme sait manipuler les gènes des bactéries, des cellules végétales et animales. Il envisage maintenant d'intervenir sur lui-même pour changer des gènes déficients. En effet, de nombreuses maladies sont contrôlées par certains gènes. Quatre mille ont été répertoriées, dont le mongolisme (trisomie du chromosome 21 ; un cas sur 700), la mucoviscidose (un cas sur 1 500), la myopathie (un cas sur 6 000)... Elles sont contrôlées tantôt par un seul gène, comme les maladies monogéniques (mucoviscidose, myopathie...), tantôt par plusieurs, telles les maladies polygéniques, dont de nombreux cancers.

Grâce au diagnostic prénatal précoce, le praticien peut déterminer si l'enfant à naître sera ou non atteint d'une maladie génétique. Il préconisera, si nécessaire, l'avortement thérapeutique, éliminant ainsi les mauvais gènes et leurs porteurs.

Dans le cas d'une maladie génétique révélée, il reste au médecin à agir sur le ou les gènes concernés afin de guérir le malade (un gène vient d'être identifié sur le chromosome 21 ; il serait responsable de la pathogénie de la trisomie 21, le mongolisme). Diagnostics et traitements géniques sont encore limités et réservés aux pays riches. Quand on sait notre ignorance sur le patrimoine génétique humain et que l'on découvre de plus en plus de maladies (dont les cancers) ayant une composante génétique, il reste beaucoup à faire avant de pouvoir dire que l'homme manipule génétiquement l'homme.

Si l'on est encore très loin de la réalisation d'un homme transgénique, par exemple d'un individu doté d'un gène de croissance (évoqué précédemment) pour produire des basketteurs, on s'essaie par contre à la thérapie génique. Il s'agit de réparer certains tissus humains défectueux en y introduisant des gènes fonctionnels : cette réparation de l'individu, pour son mieux-être, ne pose pas de problème d'éthique, car elle n'est pas transmise à sa descendance.

Les pratiques sont limitées et les résultats ne sont pas à la hauteur des espoirs des intéressés. Des accidents survenus dans plusieurs hôpitaux de l'État américain de Pennsylvanie ont amené à suspendre ces pratiques.

Elles sont de deux types. Une thérapie *in vitro* est appliquée à des cellules que l'on peut facilement isoler de l'organisme et réparer à l'extérieur avant de les réintroduire dans l'organisme du malade. C'est le cas des globules blancs des enfants atteints d'une chute des défenses immunitaires par suite d'une déficience du seul gène qui code l'adénosine désaminase (gène ADA) : ce sont les « enfants bulles » que l'on doit préserver du milieu extérieur. Des globules blancs, ou mieux des cellules de la moelle osseuse (précurseurs des globules blancs), sont réparés avec le gène ADA puis réinjectés dans l'organisme. Les résultats sont dans ce cas encourageants : des enfants ont pu sortir de leur bulle, mais on ne sait pas encore si leur guérison est définitive.

Une thérapie *in vivo* pose des problèmes actuellement, car elle consiste à agir directement sur le tissu atteint grâce à un gène médicament. Mais comment atteindre la cible et faire en sorte que le gène s'exprime ? Dans le cas de la mucoviscidose, un seul gène muté rend visqueux le mucus bronchique qui obstrue les voies respiratoires. On essaie de faire pénétrer le gène normal, au préalable inclus dans un virus inoffensif, dans celles-ci par émulsion nasale.

Pour la myopathie de Duchenne, le gène qui code la dystrophine — une protéine indispensable à la survie du muscle — a muté. Il faudrait être capable d'intervenir sur les différents muscles, par micro-injection de gènes sains, pour guérir un myopathe. Grande encore est la distance de la théorie à la pratique !

D'autant que nous n'avons évoqué jusqu'ici que des malades monogéniques. Qu'en sera-t-il alors des malades polygéniques ?

Une petite lueur d'espoir se fait jour, car avec le progrès des connaissances sur le génome humain, de nouveaux gènes seront découverts et mis en relation avec des maladies. À partir d'eux, on pourra fabriquer des gènes médicaments (ADN médicaments). Par génie génétique, des bactéries savent reproduire à l'infini un gène humain (c'est-à-dire un morceau d'ADN), qui leur est incorporé... Ce gène a été cloné. Ainsi, en 1976, le premier gène humain cloné fut celui de la bêtaglobine. De nombreux gènes médicaments clonés sont ou seront à la disposition des thérapeutes. Il serait bien extraordinaire que les médecins n'arrivent pas à s'en servir pour le plus grand profit de la santé humaine.

Conclusion : gène, espèce et individu

Avec les manipulations génétiques l'homme de science touche à un tabou, celui de l'espèce. Des gènes de micro-organismes, de bactéries par exemple, s'expriment dans une espèce végétale ou animale. Des gènes humains fonctionnent dans une bactérie, une levure, un végétal (tabac, colza...), un animal (ver, lapin...).

La barrière de l'espèce est franchie irrémédiablement.

Mais est-ce si extraordinaire ? L'homme, après tout, n'a rien inventé. L'ADN et donc les gènes sont communs à toutes les espèces et, au cours de l'évolution, se sont échangés tout à fait naturellement.

Le génome de l'espèce humaine, en cours de séquençage, comprendrait entre 35 000 et 100 000 gènes (peut-être plus) dont certains communs — homologues est le mot employé — avec ceux de la drosophile (13 600 gènes séquencés en novembre 1999), du ver *Cænorabditis elegans*, (19 000 gènes), de la souris...

Nous ne faisons que modifier l'ordre naturel des choses... Ceux qui s'inquiètent doivent savoir que les rêves les plus fous des biologistes ne se sont toujours pas réalisés. Citons-en pour preuve un seul exemple, celui des plantes transgéniques capables d'utiliser l'azote atmosphérique et qui, de ce fait, seraient à même de se passer d'engrais azotés, d'où un progrès écologique considérable ; malheureusement, l'étude des bactéries (genre *Rhizobium*) susceptibles d'opérer une telle conversion de l'azote atmosphérique en azote organique assimilable révèle qu'une bonne vingtaine de gènes sont impliqués. Comment transférer avec succès — c'est-à-dire de manière qu'ils fonctionnent de concert — vingt gènes ? Un exploit impossible...

Enfin, bien que tous les humains présentent les mêmes gènes, chaque individu issu de la reproduction sexuée est unique génétiquement, exception faite des vrais jumeaux, qui sont des clones naturels. Par « unique », il faut entendre que son ADN est unique et que ce véritable « code-barres » permet de le caractériser sans erreur.

Alec Jeffreys, Victoria Wilson et Swee Thein ont mis au point en 1985 la technique des empreintes génétiques. La police dispose avec elle d'un outil encore plus performant que l'empreinte digitale (phénotypique) pour incriminer un coupable. Elle permet à coup sûr d'innocenter un suspect ou d'identifier un cadavre. On peut s'étonner que la France ait pris un tel retard par rapport à la Grande-Bretagne ou aux États-Unis dans l'utilisation des empreintes génétiques.

D'autant que cette utilisation dépasse largement le domaine judiciaire. Elle peut rendre des services dans l'identification d'amnésiques, ainsi que dans la recherche de filiation ou d'exclusion de filiation. Aurore Drossard est-elle la fille d'Yves Montand ? La recherche en paternité du célèbre chanteur a été possible et effectuée en avril 1998 après bien des débats juridiques. Or, le Conseil d'État a remis en novembre 1999 au Premier ministre un rapport où il demande que la loi soit précisée comme suit : « L'opposition clairement manifestée de son vivant par une personne à une telle mesure [expertise de filiation] fait obstacle à la mise en œuvre de celle-ci après le décès de l'intéressé. » Si le législateur avait appliqué cette disposition, Aurore n'aurait jamais dû savoir qu'Yves Montand n'était pas son père !

Mais les empreintes génétiques ont un autre intérêt. Elles permettent de dire si une espèce, une plante par exemple, a été ou non génétiquement modifiée et d'où provient cet OGM... On peut même suivre la progression d'un micro-organisme pathogène à travers un État. Qui plus est, un progrès considérable vient d'être accompli avec les « puces à ADN » ou « biopuces » mises au point en 1991 par la société de biotechnologie californienne Affimetrix. Plus fiables, plus rapides, elles permettent de détecter des concentrations plus faibles d'ADN. On pourra ainsi identifier rapidement des micro-organismes dans l'eau et mettre en œuvre les traitements adéquats : la Lyonnaise des eaux et Bio-Mérieux se sont unis en 1999 pour mettre au point une nouvelle technique d'analyse de l'eau.

Les « puces à ADN » vont donner un sérieux coup de pouce aux empreintes génétiques, qui deviendront incontournables. Les manipulateurs du vivant, les bricoleurs de l'ADN, les transgènes sont maintenant sous haute surveillance, du moins en théorie... Car la pratique dépend de la volonté que l'on a de savoir. Et en ce domaine la France est souvent à la traîne !

Peut-on rêver d'immortalité ?

Les êtres primitifs, comme les bactéries et les unicellulaires (protistes) qui se reproduisent par simple division, par reproduction asexuée dite clonale, car à l'identique, sont potentiellement immortels.

Il en est de même des êtres pluricellulaires, animaux ou végétaux, qui pratiquent la reproduction asexuée ou le bouturage. L'hydre d'eau douce, polype de quelques millimètres de long, est capable de remplacer l'ensemble de ses cellules constitutives en un mois : c'est la même hydre entièrement régénérée... Coupée en morceaux, elle produira autant d'hydres que de morceaux. Il en va de même chez les éponges, que l'on multiplie de la sorte en élevage.

Avec la sexualité apparaît la mortalité. Si la phrase : « La vie est une maladie sexuellement transmissible et mortelle à 100 % » est en partie fausse puisque la vie se transmet non sexuellement dans les cas précédemment cités où l'immortalité est potentielle, elle est juste quant au prix à payer par les êtres à reproduction sexuée, qui tous finissent par mourir.

Rappelons que chez l'homme, qui rêve depuis la nuit des temps d'immortalité, seule la lignée cellulaire sexuelle (donnant les gamètes) est potentiellement immortelle. Elle se transmet de génération en génération. Les cellules somatiques sont mortelles avec une durée de vie différente selon les catégories cellulaires considérées. Parmi elles, certaines, devenant cancéreuses, se multiplient indéfiniment et accèdent ainsi à l'immortalité ! Or, on a montré que cellules sexuelles et cellules cancéreuses ont une particularité commune : elles disposent d'une enzyme, la télomérase, qui permet de réparer les chromosomes à chaque division. C'est l'enzyme de l'immortalité cellulaire, codée par un gène de l'immortalité !

Durée de développement, durée de vie des cellules, nombre de leurs remplacements par division sont sous le contrôle des gènes.

Aussi les espoirs les plus fous sont-ils permis.

Des chercheurs italiens, sous la direction de Pier Giuseppe Pelicci, viennent d'obtenir à Milan, par manipulation génétique, une nouvelle lignée de « souris Mathusalem », dont l'espérance de vie est de 30 % supérieure à celle des souris normales. Ils se sont contentés pour cela de bloquer le fonctionnement d'un gène impliqué dans la production des radicaux libres, ces dérivés toxiques de l'oxygène qui interviennent dans le vieillissement cellulaire : cette technique d'inactivation d'un gène, dite « knock-out », est très spectaculaire. Serait-elle transposable à l'homme, dont la longévité maximale actuelle est de cent vingt ans, elle porterait celle-ci à cent soixante ans. On est bien loin de l'immortalité !

Imaginons maintenant que les chercheurs soient capables d'intégrer le gène de l'immortalité (de la télomérase) dans les différents types cellulaires (près de 200). Atteindrait-on dès lors à l'immortalité ? Sûrement pas. Les cellules seraient seulement à même de se multiplier à l'infini, mais pas de se différencier. Notre homme immortel potentiel ne serait qu'un amas cellulaire informe...

Aussi, si nous voulons accéder à l'immortalité de l'individu, il nous faut renoncer à la sexualité, mère de tous nos malheurs. Pour cela, nous devons mettre en œuvre le clonage reproductif, et le reproduire à l'infini...

Une autre immortalité est possible par le froid. Dès le début du XXe siècle, Paul Becquerel retardait la germination des grains par le froid. La technique est transposable à des espèces animales que l'on congèle. Puis on a trouvé dans la nature des espèces qui gèlent puis dégèlent sans en mourir, et l'on connaît les mécanismes mis en jeu. À quand leur application à l'homme, immortalisé par le froid ?

Ainsi l'éternité nous attend-elle. Mais comme le dit Woody Allen, « l'éternité c'est long. Surtout vers la fin ! »

CHAPITRE VIII

Espèce et évolution

Espèce et évolution sont deux concepts biologiques indissociables, mais qui sont encore controversés. Pourtant, la génétique leur a donné des fondements qui nous semblent d'une solidité à toute épreuve. Plus les preuves s'accumulent en leur faveur, plus leurs détracteurs se font virulents.

Est-ce de la mauvaise foi ou du fanatisme religieux ?

Gène, mutation et évolution

Les gènes ne sont pas stables. Ils font même preuve d'une certaine fantaisie par rapport à la rigidité du processus de division cellulaire, qu'il s'agisse de la mitose ou de la méiose. Et c'est heureux. Car sans ce brin de fantaisie nous ne serions sûrement pas là pour en parler !

La mutation, car il faut bien l'appeler par son nom, est un événement fortuit qui se traduit par le changement d'un caractère héréditaire. Mises en évidence et étudiées au tout début du XXe siècle (1901-1903) par Hugo De Vries — l'un des découvreurs des travaux de Mendel —, les mutations ont permis à cet auteur d'expliquer l'évolution des espèces selon Darwin.

La mutagenèse — dont on connaît maintenant le mécanisme en terme moléculaire —, associée à la sélection naturelle des individus les mieux adaptés, est le moteur de l'évolution des espèces.

Mais qu'est-ce que l'espèce ? Un bref rappel historique s'impose.

L'espèce, d'hier à aujourd'hui

La notion d'espèce et la définition que l'on en a donnée ont beaucoup évolué depuis que les biologistes en ont fait l'unité de base de toute classification (voir chap. IX).

Nous ne retiendrons ici que trois définitions : celles de Linné, Buffon et des généticiens du XXe siècle.

Pour Carl von Linné (1707-1778), l'un des pères fondateurs de la systématique, l'espèce existe, créée par Dieu. Il la décrit quant à son aspect morphologique (vue de l'extérieur) et en profite pour la baptiser de son nom, se prenant ainsi pour Adam.

Georges Louis Leclerc de Buffon (1707-1788) adopte en 1749 une définition différente de celle de Linné. Il se fonde sur un critère physiologique, celui de la reproduction : les individus qui sont capables de copuler entre eux et d'avoir des petits appartiennent à la même espèce.

Les généticiens du XXe siècle ont faite leur cette définition de « barrière de la reproduction » à travers l'étude des gènes au sein des populations (voir chap. IX). L'ensemble des gènes caractérise l'espèce : le génome humain caractérise l'espèce humaine. Même si, par les manipulations génétiques, comme nous l'avons indiqué précédemment (chap. VII), les gènes humains s'expriment chez une bactérie, un ver ou une souris...

En fait, l'espèce, comme entité réelle, dispose d'un ensemble de gènes qui forme son potentiel génétique. Celui-ci s'exprime et permet de réaliser le phénotype à la fois morphologique (forme, taille, couleur, etc.) et physiologique, dont la reproduction (développement de la gonade, différenciation sexuelle...). Or, l'expression des gènes dépend de l'environnement des individus. Si celui-ci vient à changer, alors l'espèce peut et doit évoluer pour survivre ; une nouvelle espèce peut même apparaître. Évolution et genèse d'une espèce — la spéciation — sont intimement liées. Voyons comment.

La spéciation et l'évolution des espèces

La spéciation ou genèse des espèces ainsi que leur évolution sont sûrement les questions qui ont le plus divisé les biologistes, sans pour autant avoir reçu de réponses définitives.

De nombreuses théories ont été avancées. Elles ont paru longtemps opposées, voire contradictoires. Deux disciplines en plein essor, la génétique et l'écologie, viennent heureusement à leur secours.

Avant d'étudier ces différentes théories, indiquons que la symbiose entre espèces, algues et champignons, conduit à de nouvelles espèces : les lichens. De plus, toujours dans le monde végétal, on suppose que des espèces nouvelles peuvent naître par hybridation entre espèces existantes, autrement dit par hybridation interspécifique, ces hybrides pouvant se reproduire.

Microévolution et spéciation

On considère actuellement qu'au sein d'une espèce une population représente un ensemble de gènes soumis aux facteurs de l'environnement. Or dans un milieu de vie (un biotope) assez vaste, il est possible que les conditions environnementales ne soient pas identiques en tout endroit et en tout temps.

De ce fait, une partie de la population peut se trouver isolée géographiquement du reste et évoluer en une sous-espèce. Si cet isolement perdure, elle devient incapable de se reproduire avec l'espèce dont elle est issue : l'apparition de cette barrière de la reproduction traduit l'évolution vers une nouvelle espèce. Celle-ci peut d'ailleurs être morphologiquement identique à l'espèce initiale et impossible à discerner selon un critère autre que celui de la reproduction.

On peut ainsi expliquer — et l'on en a des exemples récents avec les insectes orthoptères (sauterelles, criquets...) dans les Pyrénées et les Alpes, les diptères (drosophiles...) en Amérique du Sud, les isoptères (termites...) en Afrique — la transformation graduelle et donc l'évolution des espèces. Il s'agit d'une microévolution sur laquelle s'accordent les biologistes depuis qu'ils étudient la dynamique des populations et qu'ils ont pris en compte ce double rôle des transformations (mutations, dérive génétique...) et les facteurs de l'environnement.

Macroévolution et « monstres pleins d'avenir »

À côté de la microévolution défendue par les gradualistes, il existe une macroévolution marquée par des modifications de grande importance. Comment expliquer, par exemple, la formation des chauves-souris et des baleines à partir d'un ancêtre commun aux mammifères ? Cet ancêtre devait être terrestre, avec quatre pattes, qui se transformèrent en ailes pour la chauve-souris (pattes antérieures) et en nageoires pour la baleine. Au sein des mammifères, les espèces de chauves-souris forment l'ordre des chiroptères, alors que les espèces de baleines

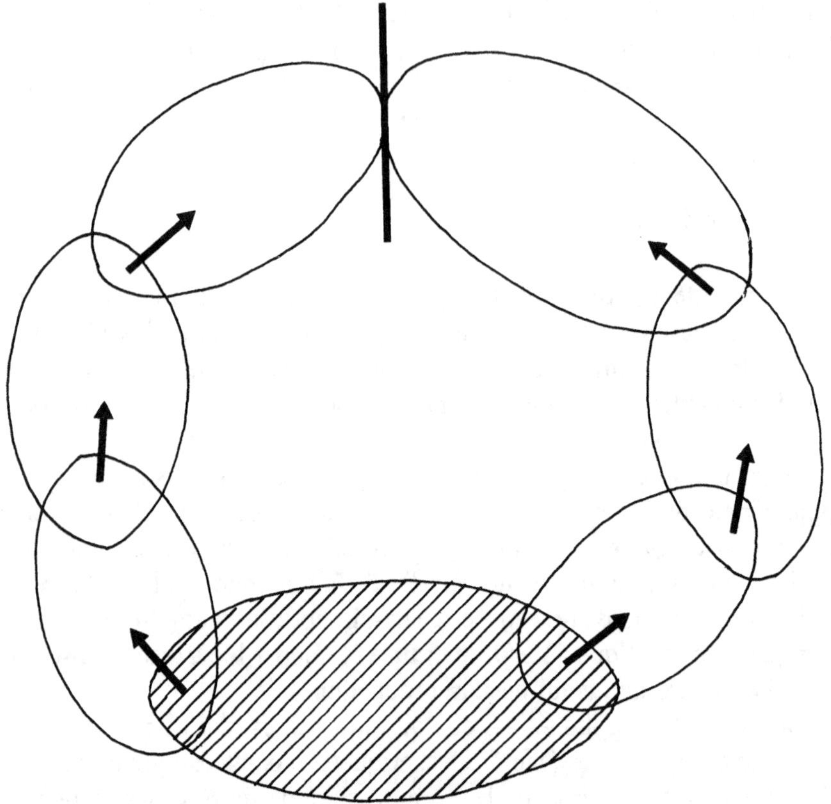

Fig. 32 — Spéciation par microévolution.
Une espèce localisée sur un territoire (en hachuré) migre (flèches) et colonise d'autres territoires. De proche en proche, les individus deviennent différents et finissent par être incapables de se reproduire : la barrière de la reproduction — figurée par le trait vertical — témoigne de la formation de deux espèces.

forment l'ordre des cétacés, ordres très différents quant à leur organisation générale.

Pour les tenants du gradualisme, cette macroévolution s'explique comme une microévolution soutenue pendant des milliers, voire des millions d'années.

Dès les années 1940, le généticien allemand Richard Goldschmidt estime que les variations observées au sein des populations ne sont pas de même nature que les différences constatées entre espèces. Aux mutations de la microévolution, il oppose des macromutations affectant les individus, qu'il appelle « des monstres pleins d'avenir ». À l'évolution graduelle des gradualistes est opposée une évolution par sauts, le saltationnisme...

Comment l'expliquer ? On a longtemps pensé que des mutations trop nombreuses, cumulées, ne pouvaient conduire qu'à une impasse : la mort de l'individu. Depuis la découverte des gènes du développement, gènes qui contrôlent l'organisation générale (avant/arrière, tête/queue, segmentation...), la théorie des « monstres pleins d'avenir » de Goldschmidt devient plausible. Les macromutations affectant ces gènes peuvent modifier considérablement le plan d'organisation d'une nouvelle espèce.

Spéciation et évolution par « équilibres ponctués »

En 1970, Niles Eldredge et Stephen Jay Gould ont émis une nouvelle hypothèse, dite de l'évolution par équilibres intermittents ou ponctués *(punctuated equilibria)*. Ces paléontologistes avaient constaté que dans les séries fossiles les espèces étaient stables pendant cinq à dix millions d'années. Puis, brusquement, sans transition, une espèce donnée était remplacée par une autre espèce. L'évolution des espèces apparaît donc à ces auteurs comme marquée par une grande et longue stabilité, ponctuée par de brusques épisodes où de nouvelles espèces remplacent les anciennes. On est, là encore, en contradiction avec une évolution graduelle...

Pour Eldredge et Gould, c'est la notion d'espèce qui est à repenser. Ils imaginent qu'au moment du remplacement d'une espèce, plusieurs espèces sont candidates ; la sélection au niveau des espèces joue pour favoriser celle qui est la mieux adaptée au milieu. Mais les adaptations sont apparues « au hasard » dans ces espèces, considérées comme des entités qui apparaissent brusquement, se développent et meurent. On est, là encore, en contradiction avec la notion de l'espèce évolutive des gradualistes.

Comment expliquer cette spéciation brutale ?

Celle-ci se ferait à partir de petites populations marginales, s'isolant de la population mère et se transformant rapidement en nouvelles espèces, pour coloniser des niches écologiques différentes de celle de la population mère. Cette séparation d'espèces s'opérerait par macromutation des chromosomes : par exemple, en cas de fusion de deux chromosomes, le phénotype de l'individu ne change pas (les mêmes gènes sont toujours présents), mais le nombre des chromosomes (2n) typiques de chaque espèce se trouve modifié.

Finalement, les hypothèses avancées pour expliquer la spéciation, qu'il s'agisse de mutation au hasard de quelques gènes mineurs, de mutation de gènes du développement ou de recombinaison de chromosomes, sont toutes plausibles.

Microévolution et macroévolution (et les théories correspondantes) ne doivent pas nécessairement être opposées pour expliquer la spéciation ; elles sont peut-être complémentaires et ont des origines génétiques et paléontologiques certaines, toujours mises en relation avec les facteurs de l'environnement et leur intensité. Si ces facteurs sont faibles, il s'agit de microévolution ; s'ils sont importants, alors la macroévolution prend le relais.

L'endémisme

Les espèces ainsi formées peuvent se disperser ou au contraire rester isolées dans une aire limitée. Dans ce dernier cas on parle d'espèces endémiques d'un territoire, c'est-à-dire « dont l'aire est tout entière comprise à l'intérieur de ce territoire ».

L'endémisme qui affecte les espèces (endémisme spécifique) peut aussi affecter des genres (endémisme générique), par exemple les marsupiaux en Australie, ou des familles de plantes à Madagascar.

Les régions concernées, celles où l'isolement des espèces est effectif depuis plus ou moins longtemps, sont les îles (endémisme insulaire), les montagnes (endémisme montagnard) et les déserts (endémisme désertique).

Le taux d'endémisme est variable selon les régions et l'ancienneté de leur isolement. Paul Ozenda a ainsi comparé la Grande-Bretagne et les Canaries : la première ne présente pas d'espèces endémiques parmi les mille sept cents plantes à fleurs (phanérogames) ; la Manche n'ayant pas existé d'une manière permanente, la colonisation a été réalisée par des espèces venues du continent européen ; la seconde, isolée depuis très longtemps, présente un taux d'endémisme important, par exemple pour les plantes vasculaires : quatre cent soixante-dix espèces endémiques sur mille quatre cents, soit 40 %, quarante genres endémiques sur trois cent trente, soit 12 %.

L'endémisme insulaire est encore plus important dans les îles de l'océan Indien et du Pacifique. Il est de 65 à 80 % des espèces de la flore (selon les auteurs) à Madagascar et atteint 90 % en Nouvelle-Calédonie. La totalité de la flore spontanée des Nouvelles-Hébrides serait endémique.

Si l'on compare l'endémisme des îles de la Méditerranée occidentale — Corse, Sardaigne, Baléares... —, en particulier pour ce qui est de la flore, on obtient de bonnes indications sur leur relation au continent et leur séparation d'avec lui.

Les montagnes, entourées de plaines, sont comme des îles dans l'océan. L'endémisme est d'autant plus important que leur isolement est ancien ; les glaciations ont pu y contribuer. En France, des espèces végétales endémiques existent dans les Pyrénées (*Saxifraga longifolia, Ramondia pyrenaica, Dioscorea pyrenaica...*) et les Alpes (dans les genres *Saxifraga, Gentiana, Primula, Androsace...*). Pour ces dernières l'endémisme est moins important du fait de l'étendue du massif siliceux alpin, de la France à l'Autriche. En revanche, les petits massifs calcaires périphériques sont fragmentés et porteurs d'espèces endémiques bien conservées.

Dans les déserts, tels que le Sahara, les montagnes ont servi de refuge aux espèces. Le taux d'endémisme est élevé dans le Hoggar, le Tibesti, le Tassili (olivier, lavande...). Dans la plaine saharienne, les ergs forment des mers de sable, ensembles fermés qui comprennent quelques espèces endémiques.

On peut donc interpréter cette formation d'espèces particulières à un territoire qu'est l'endémisme comme le résultat de la fragmentation et de l'isolement de celui-ci. L'isolement est un facteur de spéciation. À la lumière de ce que nous avons vu précédemment, cette spéciation doit provenir du jeu de l'environnement sur les gènes de ces populations isolées. L'endémisme en est le stade ultime.

Les aires d'endémisme sont d'autant plus intéressantes à connaître qu'elles sont menacées par l'activité humaine et l'introduction, volontaire ou involontaire, d'espèces étrangères.

La coévolution des espèces

Une espèce n'est jamais envisageable en soi. Outre sa soumission aux facteurs physico-chimiques (climatiques) de l'environnement, elle doit composer avec les autres espèces vivant dans le même milieu. Des relations s'établissent entre espèces — relations multiples que nous évoquerons ultérieurement (chap. XI), qu'il s'agisse de symbiose, de parasitisme ou de prédation —, qui peuvent être aussi facteur d'évolution des espèces concernées.

Le terme de coévolution a été créé en 1964 par les biologistes Paul R. Ehrlich et Peter H. Raven pour désigner cette interaction entre deux espèces qui entraîne l'évolution conjointe du patrimoine génétique de chacune.

Cette dimension génétique est donc actuellement associée à la notion de coévolution. Ce n'était pas le cas autrefois, où ce terme était pourtant utilisé, en particulier dans le cas de la magnifique coévolution entre les plantes et les insectes. Ces derniers sont devenus les sauveurs de certains végétaux incapables, seuls, de réaliser leur reproduction. Chez ces végétaux, fleurs mâles et fleurs femelles sont séparées : pour que la fécondation ait lieu, le pollen (mâle) doit être transporté par des insectes, par des oiseaux, ou par le vent vers l'ovule (femelle). Cette coévolution entre les fleurs des angiospermes et leurs pollinisateurs a fait l'objet d'innombrables études. L'exemple le plus souvent cité est celui des orchidées du genre *Ophrys* dont la fleur ressemble à la femelle de certaines abeilles. Les insectes mâles sont trompés par ces « pseudo-femelles », d'autant plus que ces fleurs émettent une odeur du type de la phéromone sexuelle de leurs femelles ; ils essaient de s'accoupler avec elles et assurent ainsi la pollinisation.

D'autres végétaux ont mis au point des substances toxiques contre les insectes ; disons pour simplifier qu'il s'agit d'insecticides biologiques. Mais nous constatons que certains insectes s'adaptent. Comment ? Ils coévoluent avec ces végétaux qui leur veulent du mal et s'adaptent. C'est le cas d'un coléoptère de la famille des bruchidés (*Caryedes brasiliensis*) qui vit dans les grains d'une légumineuse (*Dioclea megacarpa*) contenant un acide aminé, la L- canavanine, très toxique pour les insectes. Les larves de cette bruche non seulement ne sont pas incommodées par le poison, mais elles sont pourvues d'enzymes qui permettent d'en métaboliser l'azote. Ces enzymes sont des protéines, dont des gènes contrôlent la synthèse.

Cette coévolution entre plante et insecte est une véritable course de vitesse : une « invention » végétale est bientôt suivie d'une « invention » de l'insecte qui modifie les effets de la première, et suscite en retour une réaction de la plante. Ainsi, les passiflores sont des plantes tropicales toxiques pour les insectes. Seules les chenilles du papillon *Heliconius* s'en nourrissent sans dommage. Pour se défendre, plusieurs espèces de passiflores ont mis en place, à partir de certains de leurs organes, des structures qui imitent les œufs de ce papillon. La femelle d'*Heliconius,* trompée par cette fausse ponte et croyant la place prise, évite du coup de déposer ses œufs sur la plante.

Génial, mais difficile à interpréter !

De très nombreux exemples de coévolution entre plante et insecte relèvent de la relation interspécifique de symbiose (voir chap. XI) : l'insecte assure la reproduction de la plante, mais en retour il tire de celle-ci son alimentation (pollen, nectar...). Il y a donc coévolution grâce à la symbiose et ce n'est pas sans motif que Lynn Margulis fait

Fig. 33 — La coévolution orchidée-abeille.
Abeille sauvage tentant de s'accoupler avec une orchidée (d'après une photographie de C. NURID-SANY et M. PERENNOU, *La Planète des insectes*, Arthaud, 1983).

de cette relation celle qui a le plus marqué l'évolution des espèces et la spéciation.

Mais ce n'est pas la seule par laquelle la coévolution a pu se manifester. On a de bonnes raisons de penser que le parasitisme, la prédation, la compétition sont également source de coévolution.

Dans le parasitisme, par exemple, le couple hôte-parasite coévolue. Ainsi, Yves Carton indique que c'est à la suite de l'étude de l'association entre une plante cultivée (le lin) et son parasite (un champignon du genre *Melampsora* responsable de la rouille du lin) que, pour la première fois, a été établie avec certitude l'existence d'un phénomène de sélections génétiques en cascade caractéristique de la coévolution. Ce phénomène a été retrouvé dans de nombreux autres cas : céréales parasitées par des vers nématodes, plantes parasitées par des insectes, mais aussi animaux parasités par des virus (cas de la myxomatose du lapin), crustacés parasites d'autres crustacés (sacculine du crabe), insectes parasites (dits parasitoïdes) d'autres insectes..., enfin bactéries parasitées par des virus.

Pour expliquer cette coévolution entre hôte et parasite, Claude Rubiliani évoque la métaphore des banquiers et des voleurs : les banquiers sont contraints de perfectionner sans cesse leur système de protection face aux voleurs, et ces derniers doivent s'adapter et faire preuve d'imagination pour forcer les coffres.

Les généticiens, pour schématiser leur pensée, considèrent que des gènes permettent à l'hôte (le banquier) de résister par la production de substances toxiques (gènes de résistance) et au parasite (le voleur) de métaboliser le produit toxique fabriqué par l'hôte (grâce à des gènes de virulence).

Si l'on passe du couple hôte-parasite au couple proie-prédateur, la métaphore du banquier et du voleur est encore plus appropriée. Nous avons vu précédemment que la plante produit des insecticides, auxquels l'insecte devient résistant. Nous savons maintenant comment les insectes sont devenus résistants aux insecticides fabriqués par l'homme afin de protéger les cultures ou de détruire les insectes vecteurs de maladies. Ainsi, chez le moustique, il s'agit d'une amplification d'un gène (de l'estérase B_2), donc d'un phénomène génétique transmis à la descendance.

Quels que soient les mécanismes et leurs causes multiples, toujours est-il que les espèces apparaissent, évoluent et s'adaptent aux conditions environnementales : manque d'eau (sécheresse), changement de température (froid ou chaud), variation de la photopériode (saison)... Que ces conditions viennent à changer brusquement et c'est alors la catastrophe pour de nombreuses espèces.

Les grandes extinctions des espèces

Les paléontologistes ont en effet mis en évidence la survenue par le passé de périodes géologiques « catastrophiques » marquées par la disparition d'un grand nombre d'espèces et le redémarrage de l'évolution à partir des espèces rescapées.

Cinq grandes périodes d'extinction ont affecté successivement l'ordovicien (438 millions d'années), le dévonien (370 millions d'années), le permien (250 millions d'années), le trias (215 millions d'années) et le crétacé (65 millions d'années). La dernière période est la mieux connue : c'est à cette époque qu'eurent lieu la disparition des grands reptiles, dont les dinosaures, et l'avènement des mammifères qui prépara l'apparition de l'homme. Contrairement à une idée largement répandue, la disparition des dinosaures à la fin du crétacé n'a pas été soudaine, mais s'est étalée sur une période de plus de dix millions d'années.

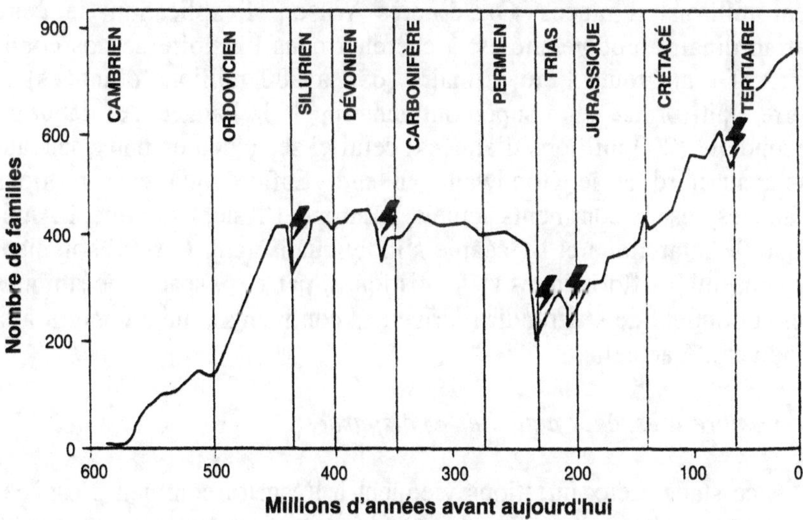

Fig. 34 — Les cinq grandes extinctions des espèces (d'après E.O. Wilson, 1995) : les données présentées concernent les familles (groupes d'espèces apparentées) d'organismes marins. Les flèches indiquent le moment de l'extinction. La sixième extinction est actuellement en cours, simplifiée par l'action humaine.

Chacune de ces cinq périodes géologiques fut marquée par des changements climatiques importants qui expliquent la disparition d'espèces non adaptées à ces nouvelles conditions et l'apparition de nouvelles espèces. Dans le cas de l'extinction des dinosaures, on a de plus imaginé qu'elle aurait été provoquée par la chute d'une météorite de grande taille sur la Terre. Entre éruption volcanique et chute de météorite, le débat est toujours d'actualité, d'autant plus que des auteurs américains, afin de concilier ces deux hypothèses, ont émis l'idée que l'impact d'une météorite génère une onde de choc qui, aux antipodes, provoque une éruption volcanique. En tout état de cause, les dinosaures avaient aucune chance de survivre !

Toujours est-il que ces coups d'accélérateur de l'évolution des espèces vivantes amènent à parler, de nouveau, de macroévolution liée à des modifications profondes des conditions environnementales.

Après une extinction et à partir des espèces survivantes, il faut des millions d'années (quarante à cent) pour que la biodiversité se reconstitue. Mais, comme l'indique Edward O. Wilson, « en dépit de grands ou de petits déclins temporaires, en dépit du remplacement presque complet des espèces, des genres et des familles en des occasions répétées, la biodiversité a constamment tendu à augmenter ». Cette croissance s'est accomplie, de manière spectaculaire, pendant les derniers cent millions d'années. Or, d'après Wilson, l'explication de cette extraordinaire biodiversité est à chercher dans l'histoire de nos continents. Durant toute l'ère primaire (650 à 200 millions d'années) la Terre était formée d'un supercontinent appelé la Pangée. Au début du secondaire (200 millions d'années) celui-ci se scinda en deux, la Laurasie au nord et le Gondwana au sud. Enfin, voilà cent millions d'années, les six continents actuels, l'Europe, l'Asie, l'Afrique, l'Amérique, l'Antarctique et l'Océanie s'individualisèrent. C'est l'isolement des ensembles floristiques et faunistiques, par des espaces océaniques qui continuent de s'agrandir (dérive des continents), qui a conduit à la biodiversité actuelle.

Le nombre d'espèces actuelles et disparues

À ce stade, deux questions viennent à l'esprit : combien d'espèces existent actuellement sur Terre et combien en a-t-il existé par le passé ?

À la première question une réponse partielle peut être apportée par les naturalistes des muséums d'histoire naturelle qui, de par le monde, recensent les espèces et les décrivent. Ainsi, en globalisant leurs travaux, on peut dire qu'à peu près deux millions d'espèces vivant actuellement ont été décrites : à savoir 500 000 espèces végétales et microorganismes, pour 1,5 million d'espèces animales, dont un million d'insectes. Mais ces chiffres sont approximatifs, car on décrit, par an, près de 10 000 espèces nouvelles, essentiellement des insectes. Alors, combien sont-elles réellement ?

Les entomologistes se sont livrés à des extrapolations plus ou moins extravagantes. E.O. Wilson estime ce nombre d'espèces à quatre millions, soit le double de celles décrites. Terry Erwin, du National Museum of Natural History de Washington, à partir des travaux qu'il effectue sur la cime des grands arbres (la canopée) des forêts tropicales, estime à trente millions le nombre des insectes et des invertébrés. Un autre entomologiste, appartenant lui au British Museum, Nigel Stork, prétendant que la faune des sols tropicaux représente 70 % de la faune mondiale, estime celle-ci à quelque dix à quatre-vingts millions d'espèces !

Au-delà de cette guerre des chiffres, la seule certitude, du fait de notre méconnaissance des forêts et des immensités océaniques, est qu'il existe plus de deux millions d'espèces et que les naturalistes ont encore bien du travail pour les décrire toutes...

Quant au nombre d'espèces ayant existé par le passé, il sera toujours faux par défaut. En effet, les paléontologistes ne peuvent décrire et recenser que les espèces ayant laissé des restes fossiles, à savoir les animaux et les végétaux, sous réserve que ces fossiles soient accessibles. Notre ignorance est à peu près totale en ce qui concerne les premières formes de vie, les procaryotes (bactéries) puis les eucaryotes unicellulaires (protistes), c'est-à-dire que nous échappe une durée de deux à trois milliards d'années. Alors, quelle signification accorder aux chiffres trouvés dans la littérature scientifique et tout particulièrement à l'estimation par certains du pourcentage représenté par les espèces existantes par rapport aux espèces ayant existé ? À partir de deux chiffres faux, pour des raisons différentes, peut-on obtenir un pourcentage juste ?

Ce pourcentage varie de 1 à 4 % selon les auteurs. Nous en avons déduit le tableau ci-dessous quant aux espèces qui ont existé ; les chiffres obtenus à partir des estimations des espèces actuelles témoignent de notre ignorance !

Espèces actuelles	% espèces actuelles/ espèces ayant existé	Espèces ayant existé
2 M	1 %	200 M
	4 %	80 M
4 M	1 %	400 M
d'après E.O. Wilson	4 %	1 600 M
30 M	1 %	3 000 M
d'après T. Erwin	4 %	12 000 M
80 M	1 %	8 000 M
d'après N. Stork	4 %	32 000 M

M = million

L'espèce, mythe ou réalité ?

Nous sommes parti de l'hypothèse que l'espèce existe, qu'il s'agit d'une entité bien définissable, même si son origine est multiple. Mais, du fait même de l'évolution, ce concept est discutable et prête toujours à débat.

Les évolutionnistes eux-mêmes, Lamarck puis Darwin, s'intéressent plus à l'individu qu'à l'espèce. Cette dernière est trop tributaire de l'évolution et tout juste bonne à aider les systématiciens dans leur œuvre de classification.

De plus la barrière génétique et de reproduction n'est pas infranchissable. Nombreux sont les microorganismes susceptibles, alors qu'ils n'appartiennent pas à la même espèce, d'échanger des gènes. Des organismes végétaux sont capables de s'hybrider entre espèces différentes et de donner des descendants fertiles.

Enfin, les manipulations génétiques nous ont révélé que les gènes d'une espèce peuvent s'exprimer dans une autre où nous les avons transplantés.

Alors, l'espèce est-elle un mythe ou une réalité ?

En fait, c'est plus la notion d'évolution qui est en cause que l'espèce elle-même. Pour les fixistes ou créationnistes, l'espèce existe puisque créée par Dieu. Par contre, l'évolution est inacceptable, car elle remet en cause la création divine.

Pourtant, le pape Jean-Paul II a reconnu, le 23 octobre 1997, devant l'Académie pontificale des sciences, que les principes définis en 1859 par Charles Darwin étaient « plus qu'une hypothèse ». Il est vrai que dans le même discours, il insiste sur le fait qu'il existe plusieurs théories de l'évolution. Cette pluralité l'amène à se poser la question de la place de l'homme dans l'évolution. Comment concilier la « continuité physique » de l'espèce (Darwin) et la « discontinuité ontologique » que représente l'avènement de l'homme ?

Continuité et discontinuité, là est toute la question !

Ce sont donc les évolutionnistes eux-mêmes et en particulier ceux partisans de l'évolution par sauts, les saltationnistes, qui demandent que l'on repense la notion d'espèce... trop fixe dans sa définition actuelle. Mais ils ne disent pas par quoi la remplacer !

Combien de temps reste-t-il à vivre à l'espèce humaine ?

Quoi qu'on dise, les espèces, comme les individus, naissent, grandissent et meurent. Les paléontologistes — lorsqu'ils disposent de restes fossiles — essaient de déterminer l'espérance de vie de chaque espèce. Il s'agit d'estimations et les chiffres sont assez imprécis : un à dix millions d'années pour les plantes à fleurs, six millions d'années pour les échinodermes (dont l'étoile de mer), un demi à cinq millions d'années pour les mammifères.

Il semble, en première analyse, que cette espérance de vie soit d'autant plus courte que l'espèce est spécialisée. Cela n'est peut-être pas aussi évident dans le cas des invertébrés et, en particulier, des insectes, qui font preuve d'une grande stabilité depuis leur apparition il y a trois cent cinquante millions d'années.

Quant à l'homme moderne (mammifère, primate), il est le seul hominidé présent sur terre depuis vingt-cinq mille ans. On imagine qu'il est apparu il y a cent mille ans et qu'il cohabitait avec d'autres hominidés actuellement disparus.

L'histoire des hominidés devrait nous éclairer sur la longévité de l'espèce humaine, longévité potentielle. Les plus anciens hominidés connus, voilà quatre millions d'années, ont donné naissance à de nombreuses espèces appartenant d'abord au genre *Australopithecus,* puis au genre *Homo* depuis deux millions d'années.

Sans connaître avec précision la longévité de chacune des espèces apparues puis disparues, on peut estimer qu'elle n'excède pas quelques centaines de milliers d'années et un maximum d'un million. Pour Ian Tattersall, une vingtaine d'hominidés au moins est apparue et a disparu dans cette période de quatre à cinq millions d'années. Seul l'homme moderne est encore présent, mais il serait apparu en Afrique il y a cent mille (à deux cent mille) ans. Il y a cohabité quelques milliers d'années avec l'homme de Neandertal (*Homo neandertalensis*), en particulier au Proche-Orient. En Europe, la cohabitation n'a été que de courte durée (dix mille ans).

Pourquoi l'homme de Neandertal a-t-il disparu ? Pourquoi l'homme moderne l'a-t-il supplanté et grâce à quel subterfuge ? Est-ce notre intelligence supérieure, notre langage articulé, nos technologies toujours plus performantes... Nous ne le saurons sûrement jamais, même si l'imagination des anthropologues déborde d'idées plus originales les unes que les autres. Il n'est qu'un sujet sur lequel ils ne se risquent pas : l'espérance de vie de cet homme moderne. Il est vrai qu'ils ne parviennent même pas à s'accorder sur la date de son apparition : 100 000 à 200 000 ans, du simple au double. Pis encore, certains estiment que depuis que le genre *Homo* est apparu voilà deux millions d'années, tous ces hominidés sont des *Homo sapiens*, c'est-à-dire que la même espèce a évolué jusqu'à l'*Homo sapiens sapiens*, l'homme moderne.

Le genre *Homo* a remplacé le genre *Australopithecus* qui avait vécu deux millions d'années. Nous avons duré à notre tour deux millions d'années. Cette évolution est-elle terminée ? En sommes-nous l'aboutissement ? Et si tel est le cas, qui va nous succéder ? et dans combien de milliers d'années ?

Nous sommes au bord de l'inconnu...

CHAPITRE IX

Le monde vivant actuel et sa diversité : la biodiversité

Pour un observateur non averti, le monde vivant qui l'entoure semble d'une extrême diversité, assez proche du désordre. Les liens existant entre les animaux, les végétaux, et entre animaux et végétaux lui paraissent obscurs.

Plus mystérieuses encore sont à ses yeux l'origine de ces êtres vivants et les raisons qui ont conduit à leur localisation. Quant à leur organisation intime, il n'en a pas conscience tant elle lui paraît éloignée de celle du seul être qu'il pense connaître, l'homme !

Or, à l'aube du XXIᵉ siècle, les biologistes, après des années de recherches mettant en œuvre les techniques les plus variées de la morphologie, de l'anatomie, de la physiologie, de la biochimie, de la génétique, de l'écologie... sont à même de répondre en partie aux interrogations de l'observateur candide.

Du désordre à l'ordre : les systématiciens au travail

Aristote (384-322 av. J.-C.) vit, le premier, dans la nature l'expression d'un certain ordre et entreprit de classer les animaux. Dans son *Histoire des animaux*, il distingue ceux qui ont du sang (les *Enaïma*) de ceux qui n'en n'ont pas (les *Anaïma*). Parmi ces derniers il identifie quatre classes : les *Malachia*, ou céphalopodes, les *Malacostraca*, ou crustacés, les *Ostracoderma*, ou mollusques, et les *Entoma*, ou insectes ; ces derniers naissant, pensait-il, par génération spontanée.

Toute classification qui prend en compte un seul caractère est par essence artificielle. Il faut en créer une nouvelle chaque fois que l'on prend en compte un nouveau caractère. Celle d'Aristote n'échappe pas à cette règle, le sang étant l'unique caractère de distinction. Or on sait maintenant que le sang existe aussi chez les insectes, les crustacés, les mollusques...

Il faudra attendre le XVIIIe siècle pour que la systématique (du grec *sustêma* : « assemblage »), appelée aussi taxinomie (ou taxonomie ; du grec *taxis* : « règle »), c'est-à-dire la classification des êtres vivants, prenne un nouvel essor.

Le botaniste français Antoine Laurent de Jussieu (1748-1836) propose d'utiliser, non pas un, mais plusieurs caractères pour aboutir à une classification naturelle. Il propose de distinguer des caractères dits dominateurs, qui permettent de classer en grands groupes, et des caractères subordonnés définissant les groupes inférieurs. C'est le principe de subordination des caractères qui permit à Georges Cuvier (1769-1832) d'établir en 1817 la première classification des animaux.

Carl von Linné (1707-1778), naturaliste et médecin suédois, entreprit la classification générale de la flore et de la faune. On lui doit leur nomenclature binominale (1758). Chaque espèce est désignée par deux noms latins suivis du nom abrégé de l'auteur qui le premier l'a décrite (L. = Linné). On parle de synonyme quand un second nom identique est donné à l'espèce, le premier donné étant seul valable (loi de la priorité).

De la systématique, on retiendra des règles simples qui, selon Descartes, vont du plus simple au plus compliqué.

L'unité de base du monde vivant est l'espèce, ainsi définie depuis Buffon : « Appartiennent à la même espèce les individus plus ou moins semblables entre eux qui sont reliés par leur interfécondité dans l'espace et dans le temps. »

Le genre rassemble plusieurs espèces présentant des caractères communs.

Des genres voisins sont réunis en familles.

Des familles voisines sont réunies en ordres.

Des ordres voisins sont associés en classes.

Les classes sont associées en embranchements.

Combinée à la nomenclature binominale, la place systématique de chaque être vivant peut être représentée selon le tableau suivant, en prenant pour exemple le ver à soie, *Bombyx mori L.*, et le lion, *Felix leo L.*

Embranchement	Arthropodes	Vertébrés
Classe	Insectes	Mammifères
Ordre	Lépidoptères	Carnivores
Famille	Bombycidés	Félidés
Genre	*Bombyx*	*Felix*
Espèce	*Mori*	*Leo*

Le ver à soie : *Bombyx mori L.*
Le lion : *Felix leo L.*
Place systématique

Pour les systématiciens, de toutes les divisions systématiques, l'embranchement a la plus grande importance. Les embranchements furent d'abord réunis en deux sous-règnes : le règne animal et le règne végétal. Il fallut l'avènement du microscope et les observations d'Antonie Van Leeuwenhoek (1632-1723) pour qu'émergeât le règne des unicellulaires, êtres formés d'une seule cellule — la cellule est l'unité de base organisationnelle du vivant —, en fait à l'origine des deux autres règnes, l'animal et le végétal.

Linné comme Cuvier étaient des fixistes, c'est-à-dire des déistes, on dirait maintenant des créationnistes, qui cherchaient, grâce à la classification des êtres vivants, à cerner le plan que Dieu aurait suivi pour créer le monde vivant.

De leurs travaux naîtra l'évolution. En France, les débats opposèrent Cuvier à Geoffroy Saint-Hilaire et à Lamarck, qui proposa en 1800 une théorie de la transformation des espèces et une classification généalogique des êtres vivants. Mais c'est à Charles Darwin que revient le mérite, avec la publication de *De l'origine des espèces,* en 1859, d'avoir fondé la théorie de l'évolution en se faisant l'avocat de la « descendance avec modification ». Les espèces ne sont pas fixes, elles évoluent au cours du temps et constituent une continuité généalogique. On peut donc figurer sous forme d'un arbre généalogique ces relations entre les êtres vivants. Les embranchements, correspondant à des grands types d'organisation, indiquent les principales étapes de l'évolution. La liaison est embryologique et le biologiste allemand Ernst Haeckel (1834-1919) énonce que « tout organisme récapitule, au cours de son développement embryonnaire, les différentes étapes de l'histoire évolutive de son espèce ». De façon plus lapidaire « l'ontogenèse est une courte récapitulation de la phylogenèse »...

Mais l'embryologie n'est pas la seule preuve de l'évolution. Il faudra attendre le début du XXe siècle et la redécouverte des travaux de Gregor Mendel (1865) sur les lois de l'hérédité par Hugo De Vries, Carl Correns et Erich Tschermak von Seysenegg, pour que la génétique vienne au secours de l'évolution et de l'embryologie. La découverte des gènes du développement embryonnaire, identiques chez la drosophile, les crapauds et les souris (Edward B. Lewis, Christiane Nüsslein-Volhard et Eric F. Wieschaus, prix Nobel de physiologie et de médecine en 1995) a donné raison à Geoffroy Saint-Hilaire, qui affirmait, en 1830, face à Cuvier, qu'il existait un plan commun d'organisation entre les arthropodes (dont les insectes) et les vertébrés.

De plus, les gènes changent avec l'environnement. Génétique et écologie vont faire naître le néodarwinisme de la fin du XXe siècle, connu sous l'appellation de « théorie synthétique de l'évolution ». Naturalistes, généticiens, paléontologues et mathématiciens s'accordent sur les processus de l'évolution liés à l'hérédité (aux gènes), la sélection naturelle et l'évolution des espèces.

Un fil d'Ariane a été tissé dans la diversité du vivant. Les gènes constituent ce lien mystérieux recherché par notre Candide, gènes qui s'échangent et qui changent avec les conditions environnementales.

La complexification du vivant

Si l'hypothèse de Haldane et Oparin décrite au début de cet ouvrage (chap. I) est plausible, les premiers êtres vivants furent des bactéries, puis des cyanobactéries (algues bleues) marines. Il leur fallut près d'un milliard d'années pour se former, puis elles furent seules présentes dans le milieu marin pendant deux milliards d'années. Elles existent encore aujourd'hui, ce qui fait dire à Stephen J. Gould que nous sommes dans l'ère des bactéries depuis 3,6 milliards d'années !

Des procaryotes aux eucaryotes

Les bactéries, qui succédèrent aux éobiontes, sont des êtres primitifs, des procaryotes, dont le noyau rudimentaire, réduit à un long filament d'ADN, n'est pas limité par une membrane nucléaire, et baigne dans le cytoplasme. L'ensemble est enfermé dans une membrane plasmique, elle-même recouverte par une paroi cellulaire.

Il y a environ trois milliards d'années, parmi ces bactéries, sont apparues les cyanobactéries, des procaryotes contenant, dans leur cytoplasme des pigments assimilateurs — chlorophylle, phycoérythrine,

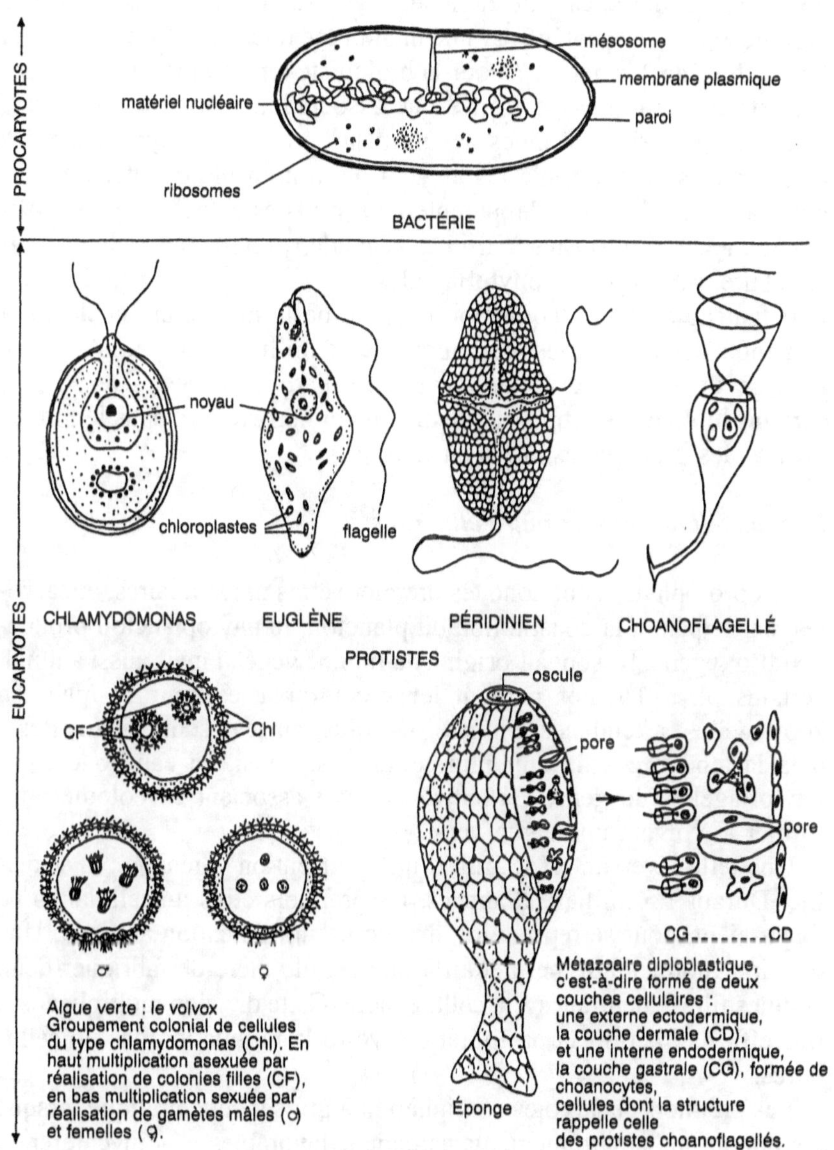

Fig. 35 — La complexification du vivant

Des procaryotes aux eucaryotes, des unicellulaires aux pluricellulaires, du végétal à l'animal ; quelques exemples significatifs (in M. Lamy, 1999).

phycocyanine... — permettant de réaliser la photosynthèse. Bactéries et cyanobactéries ont donné naissance à un être unicellulaire d'un type nouveau, cellule eucaryote dont le noyau (contenant l'ensemble des chromosomes) est protégé par une membrane nucléaire. Comment s'est faite cette transformation ? Pour la biologiste américaine Lynn Margulis, cette invention est le fruit d'une association de type symbiotique entre des bactéries devenues des mitochondries et des cyanobactéries transformées en chloroplastes au sein de la nouvelle cellule. Cet être nouveau, unicellulaire, s'apparente aux protistes actuels et plus particulièrement aux protistes à affinité végétale (protophytes : algues unicellulaires) du type des phytoflagellés.

Il faut noter que l'acquisition capitale de la membrane nucléaire a demandé deux fois plus de temps (deux milliards d'années) que le passage de l'inanimé à l'animé (un milliard d'années). De ce fait, certains biologistes proposent de distinguer deux règnes dans le monde vivant : les procaryotes et les eucaryotes.

Des unicellulaires aux pluricellulaires

Les protophytes sont donc les premiers êtres unicellulaires, eucaryotes, participant à la constitution du plancton, le phytoplancton producteur d'oxygène. Ils sont à l'origine du monde végétal mais aussi animal, certains phytoflagellés perdant leurs chloroplastes pour se muer en zooflagellés, à tendance animale. De plus, en leur sein, se manifeste déjà la tendance à devenir pluricellulaires. Ainsi, en eau douce, des phytoflagellés du genre *Chlamydomonas* s'associent en colonie pour former le volvox, une algue verte.

Une telle diversité est le fruit d'une « invention » géniale : la sexualité. Durant 1,5 milliard d'années, les premiers êtres unicellulaires ne disposaient, pour se reproduire, que de la multiplication asexuée. Une division rudimentaire permettait à une cellule mère de fabriquer deux cellules filles, identiques à la cellule mère. Cette division multiplicative, très efficace, permit la prolifération, voire la pullulation des unicellulaires.

Les premiers eucaryotes continuèrent à utiliser cette pratique lorsque les conditions environnementales étaient favorables et « inventèrent » la reproduction sexuée lors de conditions environnementales défavorables (température, eau, aliments...).

La sexualité permet un brassage des gènes et contribue ainsi à l'évolution des espèces et à la colonisation par celles-ci de nouveaux milieux.

Du milieu marin au milieu terrestre, des unicellulaires aux pluricellulaires, le fil conducteur de notre Candide est la complexité du vivant, végétal et animal.

La complexification végétale

Les végétaux unicellulaires, d'abord planctoniques, vont se fixer et se transformer en algues sur le littoral, dans la zone de balancement des marées. Il ne leur restera que peu de distance à franchir pour devenir terrestres et contribuer à la réalisation du sol.

Pour Eldred J.H. Corner « les trois principaux théâtres du globe, qui sont la mer, le rivage et la terre, définissent, avec leur complexité croissante, trois arènes principales de l'évolution des plantes, avec une clarté dépassant de beaucoup celle de la carrière mobile du libre animal ».

L'océan est le domaine d'espèces formées d'une seule cellule, les algues unicellulaires, ou diatomées, qui forment le phytoplancton. Elles vivent librement dans la zone superficielle de l'océan (40 à 60 mètres de profondeur), où elles reçoivent la lumière indispensable à la photosynthèse.

Le rivage sert de support aux algues unicellulaires, qui s'y fixent, s'y développent et s'organisent pour devenir des organismes pluricellulaires, les métaphytes. On passe ainsi du plancton au benthos, du microscopique au macroscopique. Quand cette transformation s'est-elle réalisée ? Il y a deux à trois milliards d'années... on ne sait pas avec précision. Mais les algues actuelles auraient acquis leur diversité il y a un milliard d'années, fruit de leur adaptation à la vie sédentaire benthique (fixation), à la lumière (en fonction de sa quantité et de sa qualité), au mouvement de l'eau et à l'exposition plus ou moins longue à l'air au gré des marées. Leur structure la plus simple est filamenteuse : il s'agit d'un thalle en file de cellules, résultant de multiplications cellulaires successives (sans séparation des cellules formées) et orientées dans la même direction.

L'évolution suivante est le thalle cladomien des algues rouges. Le cladome est une structure très caractéristique des algues, formée par une association de deux sortes de filaments : un axe à la croissance indéfinie, et des rameaux latéraux aux cellules riches en plastes, au fonctionnement temporaire et limité. Pour Jean-Claude Roland et Brigitte Vian, cette « organisation évoque sous une forme rudimentaire, celle d'un rameau feuillé de plante supérieure », l'axe équivalant à la tige et les rameaux aux feuilles.

Certaines algues n'ont pas de structure cellulaire — les noyaux ne sont pas séparés par des cloisons — et forment un siphon. Une telle disposition se rencontre chez les algues vertes, auxquelles on donne le nom d'algues siphonales.

Algues vertes (ulves), algues brunes (fucus, laminaires) et algues rouges se partagent le rivage jusqu'à une profondeur de 50 mètres. Elles assurent leur reproduction sexuée grâce à des gamètes libérés dans l'eau en très grande quantité.

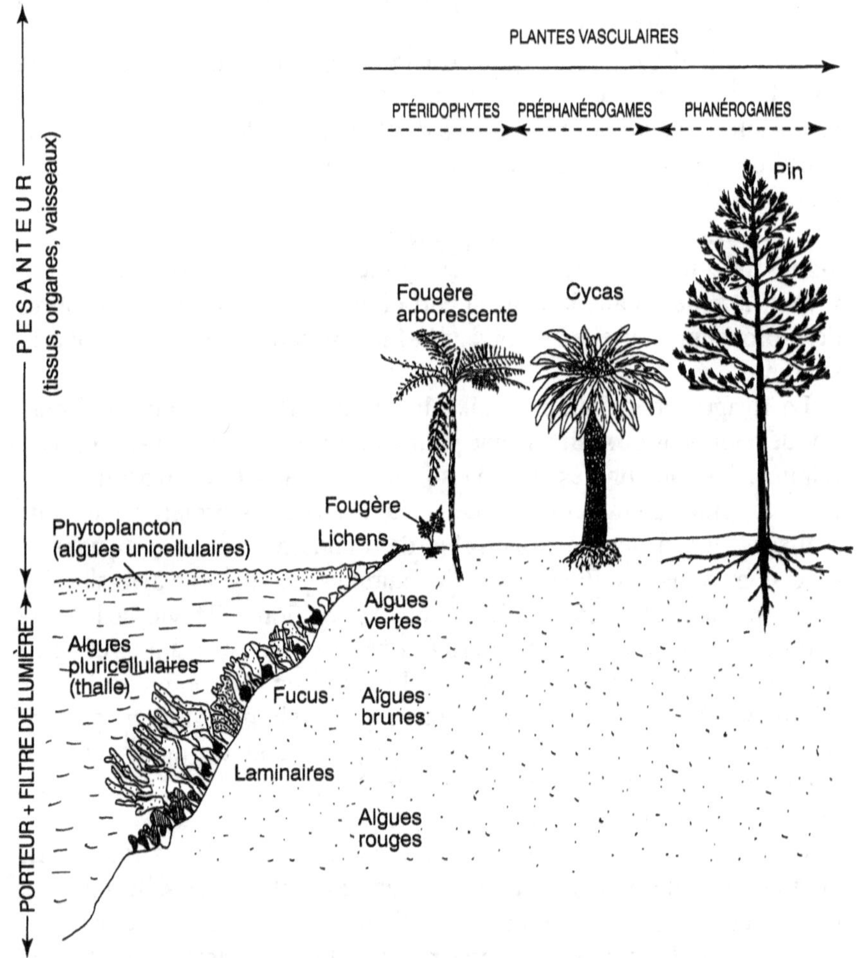

Fig. 37 — Les végétaux, du milieu aquatique au milieu terrestre (modifié d'après J.-C. ROLAND et B. VIAN, *Atlas de Biologie végétal* (tome 1), Masson, 1997 (4e édition) (in M. Lamy, 1999).

C'est donc sur terre, dans l'air, que les végétaux vont connaître une évolution spectaculaire aboutissant à la différenciation des tissus et organes spécialisés. N'étant plus soutenus par l'eau, subissant la pesanteur, les végétaux fabriquent la lignine comme élément de soutien et la cuticule comme revêtement protecteur. Des vaisseaux s'organisent, dans lesquels circule la sève, et relient les différents tissus, d'où le nom de plantes vasculaires donné à ces végétaux. Ils pompent des substances (dont l'eau) par leurs racines souterraines, et leur port érigé leur permet de se diriger vers la lumière, que captent les feuilles : l'évolution aboutit à une structure typique d'arbre.

L'autre évolution porte sur la sexualité qui, en milieu terrestre, ne se libère que très lentement des modalités de fonctionnement qui étaient les siennes en milieu aquatique. Ainsi, les premiers végétaux terrestres — les bryophytes (mousses et hépatiques), les ptéridophytes (fougères) et les préphanérogames (*Cycas* et *Ginkgo*) — ont encore des spermatozoïdes mobiles dans un milieu liquide. Chez les phanérogames, la fleur est le terme ultime de l'évolution, avec son périanthe protecteur (sépales et pétales), son ensemble d'étamines productrices de pollen, et ses carpelles qui portent les ovules. Ces derniers sont nus (gymnospermes) ou inclus dans les carpelles clos (angiospermes). La fécondation s'affranchit du milieu aquatique, mais quand fleurs mâles et fleurs femelles se séparent et sont portées par des pieds distincts, alors le vent, les insectes, les chauves-souris sont indispensables pour qu'elle se réalise. Le résultat est un embryon protégé dans la graine à l'intérieur de la fleur devenue fruit.

Sur terre, au silurien, il y a plus de 500 millions d'années, l'évolution de la végétation conduit aussi à la formation du sol, c'est-à-dire à la transformation de la couche supérieure de la lithosphère. Dans les zones humides, des bactéries, des cyanobactéries, des algues, des lichens (associations entre algues et champignons) et des mousses (bryophytes), gagnant le milieu terrestre, participent à la formation des premiers sols organiques. Sols et végétation terrestre seront dorénavant indissociables.

La complexification animale

Les animaux unicellulaires que sont les protistes sont capables de s'associer en colonies comme l'ont fait les végétaux phytoflagellés (le volvox précédemment cité).

Ainsi, en milieu marin, certains protistes choanoflagellés s'associent en colonies plus ou moins stables. Or, il se trouve que des cellules du même type que ces protistes tapissent la cavité interne (la partie digestive) de l'éponge : on les appelle des choanocytes.

Les éponges méritent une attention particulière, pour deux raisons. D'abord, on a cru longtemps qu'il s'agissait de végétaux marins ; en effet, parce qu'elles étaient immobiles (fixées) et colorées (on sait maintenant que leur coloration est due à des algues), elles furent considérées comme végétales. Lorsqu'elles furent reconnues comme des animaux pluricellulaires particuliers, les zoologistes décidèrent de les classer dans les parazoaires afin de les disjoindre de l'ensemble des êtres pluricellulaires que sont les métazoaires. Pourquoi cette distinction ? Tout simplement parce que leur structure est très labile. On peut, à l'aide de sable, disjoindre une éponge en ses cellules constitutives qui ont une structure rappelant celle des cellules d'unicellulaires, et recréer une nouvelle éponge grâce à un courant d'eau.

Ainsi, la présence des choanocytes au sein de ce « presque animal » qu'est l'éponge invite à penser qu'au cours de l'évolution des protistes unicellulaires se sont assemblés et transformés, de ce fait, en pluricellulaires.

Les éponges, premiers animaux pluricellulaires, ont recours à la reproduction sexuée pour coloniser de nouveaux biotopes, mais savent encore utiliser la reproduction asexuée par bourgeonnement pour envahir ces biotopes. Si elles sont coupées en petits morceaux, chacun d'eux peut régénérer une éponge entière : c'est le bouturage des éponges, que l'homme pratique en particulier pour celles destinées à la toilette.

Si les éponges sont fixées, les cnidaires (polypes et méduses), qui en sont proches par leur structure, présentent eux un cycle de développement original : un polype fixé se multiplie de manière asexuée et donne naissance à une méduse libre, reproductrice. L'acquisition de la mobilité est la caractéristique fondamentale du monde animal.

La structure des éponges est organisée par un courant d'eau qui les traverse : on les appelait autrefois les porifères, parce que percées de trous. Elles sont formées de deux couches cellulaires : une couche externe de pinacocytes (qui constitue la peau de ces animaux) et une couche interne de choanocytes (ce sont, on l'a vu, les cellules digestives), séparées par un ensemble de cellules souvent archaïques, d'où leur nom d'archéocytes, baignant dans une gelée appelée la mésoglée. Les zoologistes qualifient de diplobastiques l'ensemble des individus qui possèdent cette structure en deux couches.

Le monde animal s'est complexifié par l'acquisition au cours de l'évolution, en sept à huit cent millions d'années, d'une troisième couche cellulaire structurée, le mésoderme, qui a remplacé la mésoglée.

Les organismes qui en sont pourvus sont dits triploblastiques. En leur sein, on distingue ceux chez lesquels le mésoderme est plein et ceux chez qui il se creuse d'une cavité : le cœlome. Ces derniers, appelés triploblastiques cœlomates, ont pu acquérir, du fait du cœlome, une structuration métamérique, c'est-à-dire composée de segments (ou métamères) mis bout à bout. La métamérisation est apparue chez les vers annelés (les annélides, comme le ver de terre) et a marqué tout le phylum des invertébrés qui conduit aux arthropodes (individus à appendices articulés, du grec *arthron* : « articulation » et *podos* : « pied »), et en particulier aux insectes. Elle est aussi présente chez les vertébrés, depuis les poissons jusqu'aux mammifères, dont bien sûr l'homme. Certes, nous ne sommes pas faits de segments visibles de l'extérieur, mais notre colonne vertébrale est constituée d'une série de vertèbres, mises bout à bout, qui témoignent de ce qui reste chez l'homme de la métamérie.

Ces individus à l'organisation complexe sont sortis, il y a quatre à cinq cents millions d'années, du milieu aquatique pour devenir terrestres. Chez les arthropodes, par exemple, les crustacés sont à l'origine (il y a trois cent cinquante millions d'années) des insectes, qui représentent actuellement à eux seuls la moitié des êtres vivants. Ils sont, avec l'espèce humaine, espèce unique, la réussite majeure du monde du vivant sur le plan de l'organisation et de la conquête environnementale.

Chez les vertébrés, après les poissons (les premiers sont apparus voilà cinq cents millions d'années) viennent les amphibiens qui, comme leur nom l'indique, sont amphibies — la larve est aquatique et l'adulte terrestre — et qui procèdent à la conquête du milieu terrestre, mais sont obligés de retourner dans l'eau pour se reproduire. Les reptiles, avec le gigantisme extraordinaire des dinosaures, dominent par la taille n'importe lequel des mammifères contemporains. La disparition des dinosaures, il y a soixante-cinq millions d'années, permit aux mammifères de se développer et de voir émerger parmi eux, chez les primates, voilà deux millions d'années, le genre *Homo*, duquel naîtra l'espèce humaine, l'homme moderne : *Homo sapiens sapiens*, il y a cent mille ans.

Selon Jean-Claude Roland et Brigitte Vian « les végétaux et les animaux ont été soumis aux mêmes conditions lors de la conquête du milieu aérien ». Les innovations sont spécifiques puisque les uns sont fixés et autotrophes et les autres mobiles et hétérotrophes, pourtant il est intéressant de constater un certain parallélisme dans les solutions successives et les étapes évolutives des plantes vasculaires et des vertébrés ». Parallélisme certes, mais avec un décalage dans le temps, les premiers végétaux terrestres datant du silurien (500 millions d'années), les ptéridophytes (fougères) émergeant il y a 400 millions d'années. Chez ces derniers, devenus terrestres, la reproduction, à l'instar des amphibiens, reste encore aquatique, et comme ils sont tous désormais soumis à la pesanteur, ils développent des structures rigides : lignine pour les végétaux et squelette chez les animaux. Les plantes vasculaires conquièrent rapidement le continent, formant au carbonifère (il y a deux cent quatre-vingts à deux cent dix millions d'années) d'immenses forêts (la forêt houillère). La réussite et la « diversification explosive » des angiospermes (plantes à fleurs) et des mammifères sont plus récentes puisqu'elles datent d'il y a moins de cent millions d'années). Les unes et les autres protègent leur descendance, graines pour les plantes et développement intra-utérin pour les mammifères.

Mais là s'arrête l'analogie. Le petit embryon, puis fœtus (pour l'homme) est en fait comme en apesanteur dans le ventre de sa mère, dans un milieu aquatique, le liquide amniotique, qui rappelle par sa composition le milieu marin ! Il opérera à l'accouchement une vraie métamorphose, en passant de la vie aquatique à la vie aérienne. Il en est de même des insectes qui sont des invertébrés sortis du milieu marin il y a plus de 350 millions d'années pour conquérir le milieu terrestre et dont l'embryon, dans l'œuf, est encore aquatique avant l'éclosion. Ces insectes, par leur petite taille, leur tégument cuticulaire formant un exosquelette et même un endosquelette, qui réalise aussi des trachées, sont très bien adaptés à la vie aérienne. Nous avons vu précédemment comment ils coévoluent avec les plantes.

La fin des dinosaures et l'avènement des mammifères

Nous avons évoqué précédemment (chap. VIII) la fin des dinosaures, qui correspond à la cinquième grande extinction d'espèces voilà 65 millions d'années. Nous avons vu que plane toujours un doute sur la cause réelle de leur disparition et qu'il existe autant d'hypothèses que d'auteurs s'intéressant à cette question toujours d'actualité. Les dinosaures font depuis quelques années l'objet d'études et de mises en scène depuis qu'on leur applique — grâce aux effets spéciaux des films de science-fiction ! — le clonage. On fait revivre à l'écran des dinosaures disparus et l'imagination des réalisateurs va bon train...

Quant aux dessinateurs de BD, ils ont imaginé des dinosaures que les paléontologues ont ensuite découverts : la science-fiction était rejointe après coup par la science. Biologistes et paléontologues s'accordent en majorité pour dire que la disparition des dinosaures était liée à un changement climatique quel qu'en soit le ou les déclencheurs (éruption volcanique, chute de météorite...). Or, les dinosaures étaient des espèces très variées, aux régimes alimentaires différents et ayant de ce fait colonisé de nombreux biotopes. Le changement climatique eut pour conséquence la disparition de leurs aliments habituels, ce qui entraîna leur extinction.

Mais le malheur des uns peut faire le bonheur des autres. Avec les dinosaures cohabitèrent difficilement pendant cent cinquante millions d'années des mammifères de petite taille ; ces insectivores et ces carnivores actifs la nuit étaient peu enclins à un développement exubérant à côté de ces mastodontes. La disparition des dinosaures laissant libre de nombreuses niches écologiques, celles-ci furent colonisées par les mammifères, qui purent se diversifier.

Alors qu'ils apparaissent il y a 220 millions d'années, à la même époque que les dinosaures, ce n'est qu'au crétacé supérieur (96-66 millions d'années) que se différencient les trois grands groupes de mammifères actuels : les monotrèmes (ornithorynques), qui pondent des œufs très riches en vitellus, comme les oiseaux, les marsupiaux (kangourous), munis d'une poche ventrale, le marsupium, où le petit termine son développement, et les placentaires (dotés d'un placenta reliant le fœtus à la mère), desquels émergeront les primates. À cette époque les marsupiaux dominent. Les placentaires ne comprennent alors que quelques familles d'espèces de petite taille, celle d'une musaraigne ou d'un rat.

Quand on passe de l'âge des dinosaures à l'âge des mammifères — il y a 65 à 60 millions d'années à la limite crétacé-tertiaire —, les placentaires se diversifient le plus — par diversification des régimes alimentaires et des modes de locomotion permettant une conquête de tous les biotopes disponibles (terrestres et aquatiques) — alors que les marsupiaux subissent une extinction de près de 90 % des espèces. À la fin du paléocène et au début de l'éocène (autour de 55 millions d'années), l'ensemble des groupes de mammifères placentaires apparaissent, soit par diversification des groupes primitifs, soit par émergence de nouveaux groupes. Ainsi, les primates se différencient en primates simiens (singes...) et prosimiens (lémuriens, tarsiers...) voilà près de 55 millions d'années.

Des primates à l'homme moderne

L'homme est un primate. Il fait partie, avec les grands singes d'Afrique (gorille et chimpanzé) et d'Asie (siamang, gibbon et orang-outang), des hominoïdes. Nous avons ainsi avec les grands singes, un ancêtre commun. Le plus ancien hominoïde connu, *Aegyptopithecus,* a trente-cinq millions d'années ; ce tout petit singe de la taille d'un chat, à grand museau et longue queue, vivait dans les arbres.

Son descendant, le proconsul, était endémique du Kenya : apparu au miocène inférieur voilà vingt millions d'années, il était de la taille d'un petit chimpanzé, sans museau, ni queue, et vivait lui aussi dans les arbres.

Alors, à la faveur d'un événement géologique important, l'Afrique rejoignit l'Eurasie, le proconsul gagna l'Eurasie, où il devint le dryopithèque (ou singe des chênes), dont l'histoire s'arrête au miocène supérieur. En Afrique, en revanche, berceau de l'humanité, le proconsul évolua et se mua en kenyapithèque (14 millions d'années).

Il y a sept à huit millions d'années, un autre phénomène géologique allait avoir des conséquences sur nos ancêtres. Une grande faille, la Rift Valley, fut réactivée. À l'ouest de celle-ci, les pluies abondantes maintinrent la forêt, au sein de laquelle les grands singes, gorilles et chimpanzés, se développèrent. À l'est, par contre, la végétation, par manque d'eau, évolua de la forêt vers la savane boisée, puis la savane claire et la prairie. Dans ce nouveau biotope, la lignée qui conduit à l'homme s'individualisa.

Ainsi, il y a moins de cinq millions d'années, en Afrique, apparurent les pré-humains, les australopithèques (telle « Lucy », *Australopithecus afarensis* découvert en 1978 par Yves Coppens, D. Johanson, T. White et daté de 3,18 millions d'années, mais l'on a trouvé depuis d'autres ancêtres potentiels de l'homme plus âgés). Puis, il y deux millions d'années, vint *Homo habilis,* plus grand, plus droit, avec un encéphale plus développé, une organisation en société à l'origine de la nôtre. Cet ancêtre fabriquait des pierres taillées, il était capable de réaliser des abris sommairement construits : d'où le nom d'*Homo habilis,* pour témoigner de son habileté et de sa culture.

Homo habilis donna naissance au pithécanthrope, l'« homme singe » ; il s'agissait en fait d'*Homo erectus* (1,5 million d'années), l'homme dressé, chez qui l'outil se diversifia et qui maîtrisa le feu pendant plus de 400 000 ans. Puis apparut *Homo sapiens,* il y a près de 100 000 ans, sous les traits de l'homme de Neandertal (*Homo sapiens neandertalensis*), qui disparut il y a 40 000 ans après avoir cohabité avec l'homme moderne, l'*Homo sapiens sapiens,* dont 100 000 ans ont assuré le succès.

L'histoire de l'homme nous enseigne que, parce qu'il est sorti de la forêt pour coloniser la savane, il s'est dressé sur ses pattes de derrière afin de voir au loin. Ainsi l'espèce humaine est-elle devenue bipède.

Histoire raccourcie d'une lente évolution qui a conduit, chez les primates, à l'*Homo sapiens sapiens*. La bipédie s'accompagnant d'une libération de la main, celle-ci va pouvoir servir à tenir l'outil que l'homme a inventé. L'action de la main entraîne le développement de celui qui la commande, à savoir le cerveau. À moins que ce ne soit l'inverse : un cerveau volumineux au service d'une main qui n'a pas son équivalent dans le monde animal. Problème insoluble ! Toujours est-il que la main façonne et commande l'outil.

La marche sur deux pieds, que l'on considère comme une « chute retardée », s'acquiert par un apprentissage souvent difficile et n'est pas un système de locomotion performant. Les exploits réalisés en matière de vitesse viennent loin derrière la course, le galop, l'amble, etc., des quadrupèdes. C'est sûrement pour cela que l'homme a domestiqué certaines espèces qui assureront plus rapidement son transport. Mais chez l'homme, seul, la bipédie a totalement libéré la main qui a façonné l'outil. André Leroi-Gourhan en résumait ainsi l'importance : « La main, à l'origine, était une pince à tenir des cailloux, le triomphe de l'homme a été d'en faire la servante de plus en plus habile de ses pensées de fabricant. »

Changer de biotope, c'est-à-dire passer de la forêt à la savane, a eu d'autres conséquences pour l'homme. Il s'est trouvé dans un milieu moins riche, où il a eu plus de difficultés à se procurer de la nourriture et où il était plus vulnérable. Il dut donc s'organiser pour lutter contre les prédateurs de toutes sortes. Chasser pour se nourrir ou pour se défendre l'a amené à devenir un être social.

Vivre en groupe a alors nécessité la structuration de ce biotope ; l'homme, cessant d'être nomade, s'est sédentarisé. Ayant besoin de stocker des aliments (graines, etc.), il a donc construit pour entreposer, mais aussi pour protéger ses entrepôts et ses maisons d'habitation. Ainsi sont nés les villages, les villes, puis les voies de communication destinés à les réunir et qui ont fait que l'homme a envahi et modelé successivement tous les biotopes.

Mais le scénario que nous avons choisi de vous présenter ici, scénario baptisé « East Side Story » et cher à Yves Coppens, n'est peut-être pas aussi clair et simple que notre présentation le laisserait supposer.

En effet, à l'ouest de la faille, dans le nord du Tchad, fut découverte le 23 janvier 1995 par une équipe dirigée par Michel Brunet, une mandibule d'un préhumain aussitôt dénommé Abel. Or, Abel est un contemporain de Lucy daté entre 3 et 3,5 millions d'années. C'est l'unique australopithèque connu à l'ouest de la Rift Valley.

De là à remettre en cause la théorie généralement admise, il y a un pas difficile à franchir. Mais un doute a été introduit dans ce scénario, d'autant que des hominidés encore plus anciens que Lucy ont été découverts ces dernières années à l'Est, mais dans des zones de savane, de forêt clairsemée ou de forêt dense. Il s'agit d'*Australopithecus anamensis* (daté de 4,2 à 3,9 millions d'années), considéré comme le plus ancien bipède connu, et d'*Ardipithecus ramidus*, hominidé daté de 4,4 millions d'années, proche des grands singes et au classement plus incertain.

Plus notre ancêtre vieillit, plus il se rapproche des singes...

Résultat : l'arbre généalogique du vivant

À la lumière de ce qui précède, c'est-à-dire l'avènement de l'homme, il est maintenant évident qu'il existe une continuité entre les espèces.

Dès 1764, Charles Bonnet (1720-1793) imagine une « échelle des êtres », au sommet de laquelle il place l'homme. Puis il remplace l'échelle par un escalier dont la dernière marche est occupée par l'homme, la tête dans les nuages... c'est-à-dire près de Dieu.

Il faut attendre 1801 pour que Lamarck utilise la symbolique de l'arbre de vie, qui deviendra l'arbre généalogique de Darwin.

La notion d'arbre est intéressante à deux points de vue. D'abord, elle fait référence à la dichotomie des espèces : d'une espèce naît une autre espèce, comme sur la branche de l'arbre pousse un rameau, qui donnera naissance à un autre et ainsi de suite. Ensuite, l'arbre possède des racines qui s'enfoncent dans le sol, parfait symbole de l'origine des espèces.

La complexification du vivant que nous avons évoquée tout au long de ce chapitre, complexification anatomique et physiologique, permet à Lamarck de faire le lien entre les espèces. Un autre lien sera mis en évidence grâce aux études embryologiques. Ernst Haeckel, un ardent défenseur de la théorie darwinienne de l'évolution, trouve en 1866 une ressemblance entre les embryons. L'embryologie permet donc de créer et d'expliquer l'arbre généalogique du vivant, l'« arbre de vie ». Tous les êtres sont, au début du développement, des unicellulaires : la cellule œuf, unique, se divisera par mitoses successives pour former des pluricellulaires, à deux couches cellulaires puis à trois couches, selon le type de développement.

Enfin, on a recherché et trouvé un lien biochimique entre les espèces : des protéines (enzymes, hormones...) communes sont maintenant mises en relation avec des gènes. Or les gènes contrôlent les caractères (morphologiques, anatomiques, physiologiques...). L'entomologiste alle-

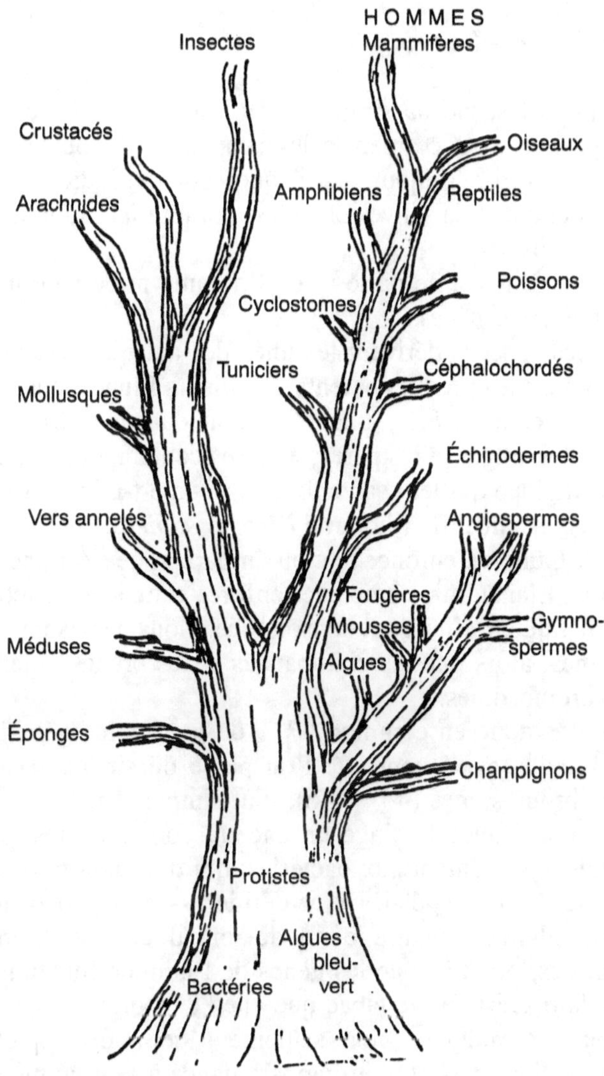

Fig. 37 — L'arbre généalogique du monde vivant (M. Lamy, *L'Intelligence de la nature*, Éditions du Rocher, 1990).

mand Willi Hennig propose en 1950 le « cladisme », évolution d'une espèce en une autre. Pour Pascal Tassy, cela devient ou est devenu une technique de « généalogie évolutive », qui permet de mesurer l'écart génétique entre les espèces et d'affiner, de préciser leur arbre généalogique — voire leurs arbres, car ils sont multiples, chaque auteur imaginant le sien...

L'homme descend-il du singe ?...

« L'homme descend du singe... Dieu ! si c'est vrai, fais que ça ne se sache pas... » Sont-ce bien là les propos de l'épouse de l'évêque anglican d'Oxford ? Toujours est-il que cette révélation a fait couler beaucoup d'encre et de salive. Elle s'est fait jour à la suite de la lecture du livre de Darwin.

Et pourtant Darwin ne parle ni de l'homme ni de son origine dans *De l'origine des espèces...*

Mais si les espèces dérivent les unes des autres, il est vrai que les singes sont nos plus proches parents. D'ailleurs Linné, dans sa première classification, celle de 1731, place l'homme dans la classe des quadrupèdes, avec les singes et les paresseux. Ses contemporains ne sauraient accepter cette idée qui les scandalise, aussi crée-t-il les mammifères et les primates, et fait-il de l'homme *l'Homo sapiens.*

En 1809, Lamarck enfonce le clou en parlant de l'origine simiesque de l'homme. L'anatomie comparée renforce cette idée et actuellement, avec la génétique, l'affaire est consommée. Nous disposons de 2n = 46 chromosomes, alors que les chimpanzés et les orangs-outangs en ont 2n = 48 chromosomes.

Nous avons donc en commun 97 % de patrimoine génétique et les généticiens nous expliquent que l'on passe du singe à l'homme par fusion de chromosomes (48 → 46), tout simplement.

Si nous avons avec le singe un ancêtre commun, nos origines les plus lointaines remontent aux bactéries, qui deviendront des algues et formeront le monde végétal. De ce dernier — ou plus exactement des ancêtres des algues — naîtra le monde animal, et donc l'homme. Rien d'étonnant dès lors à ce que les gènes de l'homme fonctionnent aussi bien chez la bactérie ou le tabac que chez la souris.

Nos gènes témoignent non seulement de notre appartenance à l'espèce humaine mais de notre appartenance à l'ensemble du monde du vivant...

QUATRIÈME PARTIE

L'ÉCOSYSTÈME, UNITÉ DE BASE DE LA BIOSPHÈRE

Alors même que le XXe siècle était marqué par le développement de la biologie moléculaire, c'est-à-dire la biologie de l'infiniment petit, se développait la science écologique, qui allait s'intéresser à l'infiniment grand : la biosphère.

Cette science est devenue, ces dernières années, avec les succès remportés par les écologistes aux élections, la science biologique la plus médiatisée. Elle n'est pas pour autant mieux connue du grand public.

Le terme « écologie », qui signifie étymologiquement la « science de l'habitat » a été créé par l'embryologiste allemand Ernst Haeckel en 1866. Plus précisément, Haeckel définissait l'écologie comme « la science globale des relations des organismes avec leur monde extérieur environnant, dans lequel nous incluons au sens large toutes les conditions d'existence ».

Dans la terminologie actuelle, disons que l'écologie est « la science qui étudie les interactions de toute nature qui existent entre les êtres vivants formant la biocénose [des mots grecs : *bios* : "vie" et *koinos* : "commun"] et leur milieu de vie, le biotope [du grec *bios* : "vie" et *topos* : "lieu"] ».

Le lieu de vie des êtres vivants a été baptisé biosphère, en 1875, par le géologue autrichien Eduard Suess. C'est l'espace sur la Terre où la vie est possible, vie présente dans trois compartiments : l'hydrosphère, l'atmosphère et la lithosphère. Le concept de biosphère sera repris en 1924 par un géologue russe réfugié en France, Vladimir Ivanovitch Vernadsky, à qui on attribue à tort la paternité du terme biosphère.

Il faudra attendre 1935 pour qu'un écologiste anglais, Arthur G.

Tansley, nomme « écosystème » le système interactif constitué par les êtres vivants et leur milieu :

Écosystème = biocénose + biotope

L'écologie devient alors la science qui étudie les écosystèmes et prend un nouvel essor.

Vingt ans après la première conférence internationale tenue à Stockholm en 1972 et dont le rapport préliminaire de René Dubos donna lieu à la publication d'un ouvrage célèbre, *Nous n'avons qu'une Terre* (Plon, 1972) se déroule à Rio de Janeiro en juin 1992 une conférence internationale, dite « Sommet de la Terre », qui consacre les concepts de biosphère et de biodiversité. Cent soixante-cinq États s'engagent à préserver la diversité biologique sous toutes ses formes.

Ainsi le XXᵉ siècle aura-t-il été marqué par le développement de la science écologique et des concepts qui en réalisent le fondement. Du plus simple au plus complexe, les concepts de population, de peuplement, de biocénose, d'écosystème, de biosphère et de biodiversité, s'imposent et s'appliquent même à l'espèce humaine : l'écologie humaine sera-t-elle la science du XXIᵉ siècle ?

CHAPITRE X

Population et société

Les biologistes s'intéressent à l'individu, voire à l'espèce. Nous avons déjà vu combien le concept d'espèce était discuté. Or, les écologistes l'ont repris à leur compte et, peut-être pour ne pas s'enliser dans des débats stériles, ont créé le terme de population. Voyons comment.

De l'espèce à la population

La notion d'espèce est indissociablement liée à la sexualité et, comme il a été dit précédemment, « appartiennent à la même espèce les individus plus ou moins semblables entre eux qui sont interféconds dans l'espace et dans le temps ».

Le résultat de ces procréations successives et multiples est la production d'ensembles d'individus qui appartiennent à la même espèce, qui cohabitent en un temps et en un lieu donnés, et que les écologistes baptisent des « populations ». Il s'agit d'entités bien circonscrites qui, de manière comparable aux individus, naissent, grandissent et meurent. Il est possible d'en étudier les caractéristiques, l'histoire, et d'en comprendre la dynamique : celle-ci est fonction de la population elle-même (dont la densité) et des facteurs externes environnementaux.

Il faut rappeler que les individus d'une population ne sont pas génétiquement identiques. Cette diversité — il s'agit de la diversité intraspécifique (à l'intérieur de l'espèce) — peut s'évaluer par le pourcentage des hétérozygotes (voir p. 133), qui atteint 5 % chez les vertébrés et 11 % chez les invertébrés.

Cependant, au sein des populations, il est possible de distinguer des races. Albert Jacquard définit une race comme « un ensemble d'individus ou de populations ayant non pas des apparences communes, mais une part importante de leur patrimoine génétique en commun ». Pour cet auteur, il est donc indispensable pour parler de race d'en décrire les gènes responsables, c'est-à-dire le génotype ; pour d'autres auteurs, les races se distinguent par leurs apparences visibles, le phénotype, à savoir la forme, la taille, la couleur, etc. Mais le génotype contrôle le phénotype, ce qui devrait éviter des querelles inutiles quant à la définition des races !

Quoi qu'il en soit une population représente un ensemble de gènes transmissibles d'une génération à la suivante. Si bien que toute une partie de la génétique en a fait son objet d'étude : c'est la génétique des populations.

Caractéristiques d'une population

Ainsi définie, une population se caractérise par sa densité et sa biomasse, c'est-à-dire le nombre d'individus par unité de surface (ou de volume). Les méthodes d'évaluation sont très variées : comptage direct, méthode indirecte de capture et recapture... Cette densité est fonction de divers facteurs : alimentation, compétition, prédation et parasitisme, maladies...

Une population se caractérise aussi par ses coefficients de natalité et de mortalité. Ils donnent, par différence, son taux de croissance (voir *infra* « Dynamique des populations »)

Enfin, les populations sont des unités réelles qui ont leur propre organisation et ne sont pas une simple juxtaposition d'individus. On y distingue trois classes d'âge : les jeunes ou préreproducteurs, les reproducteurs (qui assurent la reproduction et dispensent les soins aux jeunes), et les vieux ou post-reproducteurs.

L'occupation de l'espace

Les individus d'une population se distribuent de trois façons dans un habitat : soit au hasard, soit de manière uniforme, soit par groupement.

Le hasard prévaut dans un milieu homogène et chez des espèces qui n'ont pas tendance à l'agrégation. C'est ainsi que se répartissent des chenilles dans un champ de choux.

La répartition uniforme est rare dans la nature ; elle est due à l'antagonisme prononcé des individus. C'est le cas des grands arbres de la forêt, du fait de la recherche de la lumière, ou des tellines, ces lamellibranches (*Tellina tenuis*) qui vivent dans le sable des plages de la Manche.

Précisons au passage que chaque individu a un domaine réservé, le territoire, qui conduit à la notion de territorialité. Ce territoire peut être très étendu (des dizaines de kilomètres carrés dans le cas des loups, des grizzlis, des pumas...), ou au contraire limité à l'emplacement du nid (oiseaux). Chez les animaux vivant en troupeaux (mammifères : gnous, buffles, chevaux...), il y a une limite d'un animal à l'autre, celle du coup de sabot. De plus, dans les territoires, on distingue l'espace nourricier, peu défendu et parfois commun à plusieurs individus, du lieu de parade, plus défendu.

Le groupement se fait soit en l'absence d'attraction mutuelle — c'est alors une foule —, soit avec attraction mutuelle, et conduit au phénomène social. Il est temporaire ou définitif : c'est le cas du criquet migrateur dont nous reparlerons ultérieurement, chez qui alterne une phase solitaire et une phase grégaire.

L'unité sociale dépend de la force d'attraction mutuelle et de sa durée ainsi que de la coordination des activités des individus. Sans coordination des activités, certains oiseaux (étourneaux) se regroupent pour dormir (dortoir d'étourneaux). Grâce à la coordination des activités, des animaux migrateurs assurent leurs déplacements. Il y a partage du travail dans la société animale et interdépendance des individus. Ainsi chez les insectes sociaux, organisés en castes : les abeilles restent avec la reine, les mâles participent à la reproduction et les ouvrières assurent différentes fonctions (de garde, de nettoyage, de construction de la ruche, de nutrition des jeunes...).

L'étude des relations sexuelles entre individus et celle des soins donnés à la descendance montrent le rôle joué par la reproduction sexuée dans la formation d'associations animales, de durée plus ou moins longue.

Les relations au sein des populations

Au sein des populations s'établissent des relations intraspécifiques, dites aussi homotypiques, la compétition et la coopération, manifestes dans le cas du groupement.

La compétition est d'autant plus grande que la densité de population est plus forte. Elle se traduit par des caractères défavorables à la croissance de la population et par d'autres qui lui sont favorables.

Les caractères défavorables sont liés d'abord au manque de nourriture : plus les individus sont nombreux, moins chacun dispose de nourriture. Ils sont également liés au manque de place. C'est le cas des milieux aquatiques où les animaux ne peuvent se fixer et où les jeunes se développent mal. Enfin, les conditions de la reproduction deviennent mauvaises : au-dessus d'un certain seuil, le taux de croissance diminue, ou par suite d'épidémies ou parce que les individus se reposent mal, se gênent et finalement se reproduisent mal. Citons le cas du faisan polygame, espèce où l'on compte en temps normal un mâle pour cinq femelles. Si le nombre de mâles augmente, ces derniers se battent et la reproduction diminue.

Les caractères favorables conduisent à la hiérarchisation sociale, qui entraîne deux types de comportements : dominance et subordination. Prenons l'exemple des poules et des coqs domestiques.

Dominance et subordination des coqs et des poules domestiques sont fondées sur le nombre de coups de bec (*peacking* des Anglo-Saxons). Celui qui donne le plus de coups de bec est le dominant, celui qui les reçoit le subordonné. Quand on introduit une poule dans un poulailler, il y a affrontement jusqu'à l'installation de la nouvelle hiérarchie, facteur de stabilité du groupe.

La hiérarchie est tant physique que psychique, la ruse intervient, surtout chez les femelles, où la hiérarchie est linéaire : A domine B qui domine C qui domine D

Chez les mâles elle est triangulaire : A domine B qui domine C, mais C domine A, et A se souvient d'avoir été battu par C ! Les mâles sont plus querelleurs, c'est pourquoi la hiérarchie est souvent remise en cause.

La domination est due à la combativité, à l'agressivité et à la force, lesquelles dépendent des hormones sexuelles. L'injection à un coq, de testostérone, l'hormone de l'agressivité, fait que celui-ci monte dans la hiérarchie. Une poule castrée descend à l'inverse dans la hiérarchie des poules, par baisse du taux d'hormones sexuelles.

La hiérarchisation s'observe chez d'autres oiseaux, mais aussi chez des mammifères comme la souris, le loup, le singe, le chacal, ou l'hyène.

La domination ne s'exerce toutefois pas en permanence, car il existe des rituels de soumission : fuite du dominé, cris spéciaux, posture... C'est ainsi que le loup offre sa gorge au dominant, comme s'il offrait la partie de son corps la plus vulnérable, ce qui fait cesser l'agressivité de l'attaquant.

L'intérêt de cette hiérarchisation est que l'être dominé mange moins que le dominant, dispose de moins d'espace et se reproduit moins que lui, voire pas du tout, mais participe à l'élevage des jeunes. Il en résulte pour l'ensemble du groupe une amélioration de la nutrition, de la reproduction et de l'occupation de l'espace.

En conséquence, dans la société animale, les avantages du groupement l'emportent sur les désavantages.

La coopération peut être passive : le nombre agit sur l'environnement, c'est la protocoopération. Elle peut être active : par entraide, coopération dans la défense, partage des tâches ; il s'agit alors de coopération proprement dite.

La protocoopération présente de nombreux avantages.

Une protection contre les facteurs physiques tout d'abord : sur la banquise, les manchots groupés protègent les jeunes contre le froid et les vents violents.

Ensuite, le grand nombre d'individus décourage les assaillants, ce qui assure une meilleure protection à chacun, les grands prédateurs n'attaquant pas un troupeau, mais l'individu isolé.

Enfin, le nombre a un effet favorable sur la longévité et aussi du fait de la densité sur la rencontre des partenaires et donc la reproduction. Dans les grandes bandes d'oiseaux, les femelles pondent plus jeunes que dans les petites. On a montré aussi que les pigeonnes ne pondent que si elles voient un congénère ou leur image dans une glace...

Par conséquent, le nombre agit sur la survie d'une population. Voyons-en un exemple démonstratif chez les insectes.

Les pucerons se développent sur les rosiers ou les fèves et se multiplient par parthénogenèse (voir chap. VI). Il s'agit de femelles sans aile. Quand leur densité devient trop forte apparaissent alors des femelles ailées qui vont émigrer sur d'autres rosiers ou fèves et sauver ainsi la population, qui dispose alors de nouvelles plantes à coloniser.

La coopération proprement dite permet d'assurer le partage des fonctions, par exemple au sein des colonies de protozoaires, de bryozoaires, de cœlentérés. Dans ce dernier cas, chez la physalie (siphonophores), les individus se spécialisent pour le flottement de la colonie, la protection, l'excrétion, la reproduction, etc.

Dans la société animale, il s'agit du partage des tâches. Prenons l'exemple des castors qui construisent des digues. Ils sont organisés en sociétés et se répartissent les tâches. Certains assurent l'abattage des arbres, d'autres les découpent en rondins, d'aucuns les emportent, et les derniers construisent la digue et en colmatent les brèches.

La dynamique des populations

Une population naît, grandit et fluctue au cours du temps sous l'effet de facteurs de variations. On peut en suivre l'évolution en en calculant le taux de croissance, c'est-à-dire la différence entre le taux de natalité et le taux de mortalité (nombre d'individus qui naissent ou meurent dans les populations pendant l'unité temporelle considérée).

La courbe de croissance évolue au fil du temps. Il s'agit d'une courbe en S, en trois parties : une première partie lente à pente très faible, c'est la phase d'installation, une deuxième partie rapide, à croissance exponentielle, c'est la phase de pullulation, une troisième partie de stabilisation à un certain taux, produite par la pression de l'environnement.

Enfin, on parle de dynamique des populations. En effet, une population peut se maintenir pendant une longue période, décliner et disparaître, ou fluctuer, régulièrement ou irrégulièrement.

Cette dynamique des populations, c'est-à-dire cette variation des populations au cours du temps, est fonction de facteurs de variations intrinsèques et extrinsèques.

Les facteurs intrinsèques sont des facteurs propres à la population elle-même. Il s'agit de la densité, qui peut agir sur le taux de croissance. Ainsi le taux de croissance décroît-il quand la densité augmente (cas des abeilles, des guêpes, des rats). C'est donc un élément régulateur de la dynamique des populations animales.

Deux états méritent une attention particulière : la surpopulation entraîne une diminution de la reproduction, donc du taux de natalité, et une augmentation du taux de mortalité. Observés tout d'abord chez les hyménoptères parasites, ces faits ont été retrouvés chez les mammifères.

Chez ceux-ci, la compétition intraspécifique provoque une « maladie de choc » ou un « effet de stress » : chute de natalité et augmentation de la mortalité font que le taux de croissance de la population redevient normal. Il s'agit d'une autorégulation et l'on a montré que l'augmentation de densité provoque une hypertrophie des glandes surrénales. Celles-ci sécrètent des stéroïdes en grande quantité, ce qui produit des avortements spontanés et une baisse de la natalité.

À l'opposé de la surpopulation, la sous-population peut être catastrophique. Si la densité baisse au-dessous d'un certain seuil, il y a risque de consanguinité et impossibilité de redémarrage de la population, qui est vouée à s'éteindre. Cette notion est fondamentale pour des espèces dites en voie de disparition : ont-elles atteint ce seuil fatidique ? Quel est-il ? En d'autres termes, combien d'individus sont nécessaires pour le redémarrage de la population ? Autant de questions que se posent les écologistes qui s'intéressent à la préservation des espèces. On est là au cœur de la notion de génétique des populations, c'est-à-dire la sélection génétique des fréquences les plus favorables à la population et le polymorphisme génétique indispensable à la population, selon sa densité.

Une population est soumise de surcroît à des facteurs extrinsèques, abiotiques et biotiques liés à l'environnement.

Les facteurs abiotiques, physico-chimiques, du biotope — température, humidité —, c'est-à-dire les facteurs climatiques, agissent sur la population.

Ainsi, les criquets existent sous deux états, si dissemblables qu'on avait cru à l'existence de deux espèces différentes, baptisées respectivement *Locusta migratoria* et *Locusta danica*. La forme solitaire est homochrome (de même couleur que le milieu où elle vit), présente des différences sexuelles très marquées, se déplace et mange peu, mais fait preuve d'une grande fécondité. Si les conditions environnementales deviennent favorables à la prolifération (pluies abondantes), alors la densité est perçue comme un « effet de groupe » ou « de masse » conduisant à la forme grégaire. Celle-ci est non homochrome, présente des différences sexuelles peu marquées, est migratrice et boulimique. Les caractères solitaires deviennent des caractères grégaires, qui sont transmis à la descendance ; ils disparaissent en deux ou trois générations.

Un essaim de criquets peut inclure jusqu'à cent millions d'individus. On comprend dès lors que le criquet migrateur ait constitué la huitième plaie d'Égypte !

Les facteurs biotiques comme l'action des maladies, des épidémies et des autres espèces qui entourent des populations et qui peuvent établir des relations telles que le parasitisme, la prédation ou la compétition limitent la croissance de ces populations et agissent sur leur dynamique.

L'action qu'exercent en ce sens les prédateurs ne fait aucun doute, mais entre prédateur et proie, tout est affaire d'équilibre. Prédateurs et parasites sont des régulateurs de populations. La fluctuation des populations, des proies et des prédateurs est synchrone ou asynchrone selon la vitesse de développement de chacun. Autrement dit, le prédateur est utile à la proie, non pas certes au niveau individuel — il ne doit pas être agréable d'être dévoré par un grand prédateur — mais au niveau de la population prise comme entité. Si le nombre de prédateurs vient à diminuer, alors le nombre de proies augmente de manière démesurée et l'espèce risque d'être anéantie par son propre nombre. A contrario, si le nombre de proies disponibles augmente, les conditions sont alors remplies pour que se développe un plus grand nombre de prédateurs. Ainsi, les rapaces pondent-ils davantage quand, au sol, abondent les microrongeurs, par suite d'une récolte de grains supérieure à la moyenne.

Les parasites ont été longtemps négligés, alors qu'un équilibre s'établit entre eux et leurs hôtes. Cet équilibre joue dans la dynamique des populations d'espèces sauvages un rôle important, que les écologistes doivent cerner. Ainsi, la population d'une perdrix, le lagopède rouge, s'effondre cycliquement sans que les chasseurs en soient la cause. Le responsable est un ver nématode qui parasite, à des dizaines de milliers d'exemplaires, le tube digestif de cet oiseau. Quand ces vers sont très abondants, la fécondité de la perdrix diminue. Le nombre de lagopèdes s'infléchissant, le nombre de vers se raréfie, leur transmission devient plus difficile et la fécondité de leurs hôtes augmente de nouveau. Ainsi, en cycles de trois à quatre ans, fluctuent les populations de perdrix parasitées.

Nombreux doivent être les cas où des fluctuations encore inexpliquées de populations d'espèces sauvages ou domestiques sont dues à des parasites (dont les virus) qu'il nous reste à identifier.

Stratégies « r » et « K »

Grande est la diversité des populations, que les écologistes ont proposé de séparer en deux groupes :
— l'un soumis aux pressions de l'environnement quand la densité augmente (facteur catastrophique ou dépendant de la densité, d'après Thomson, 1956) ;
— l'autre beaucoup moins tributaire de ces pressions (facteur indépendant de la densité).

R.H. McArthur et E.O. Wilson (1967) puis E.R. Pianka (1970) les ont nommés population à stratégie « r » et stratégie « K », *r* représentant le taux d'accroissement naturel de la population et *K* la charge biotique maximale, c'est-à-dire le nombre maximal d'individus que peut supporter le milieu.

Les populations à stratégie « r » ont un taux de natalité important, des jeunes à développement rapide, mais un taux de mortalité élevé de ces mêmes jeunes sous l'influence des facteurs externes et en particulier de la prédation. Ce sont des populations dont la densité n'excédera jamais la capacité du milieu. Tel est le cas des insectes dont les populations sont naturellement régulées par les parasites et les prédateurs.

Les populations à stratégie « K » ont un taux de natalité peu élevé, un développement lent et une grande longévité. Elles subissent peu la pression des prédateurs et de ce fait leur densité peut excéder les

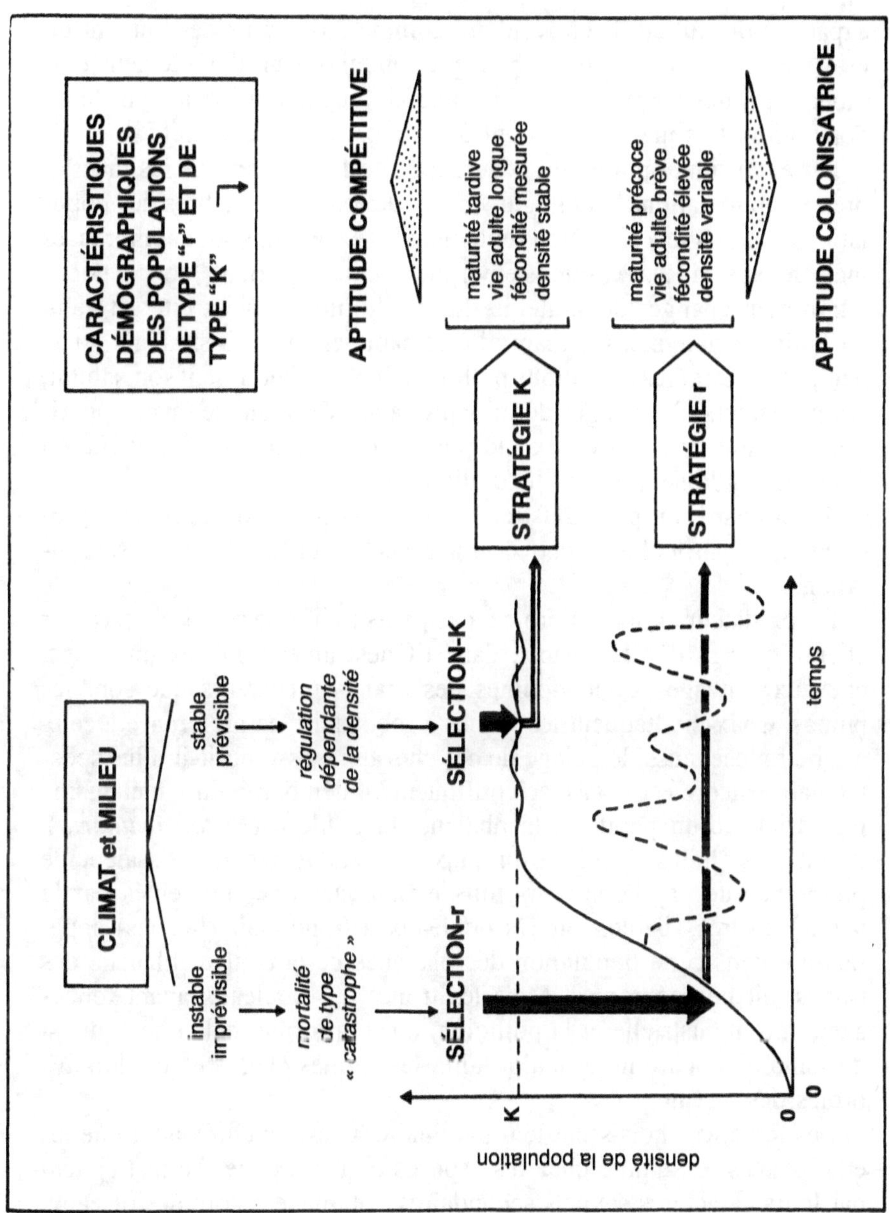

Fig. 38 — Courbes de croissance des populations à stratégie « r » et « K »
Représentation schématique des conditions d'intervention, des modes d'action et des effets de la sélection r et de la sélection K sur les caractéristiques démographiques des populations naturelles d'après la théorie classique de McArthur et Wilson (d'après R. Barbault, 1983).

capacités du milieu. Il en résultera comme indiqué précédemment un effet de stress dû au surnombre, qui conduira à un dérèglement hormonal et à des avortements, d'où une autorégulation de la densité de population. Les mammifères ont développé une telle stratégie.

Par extension, on a voulu généraliser, en faisant de tous les invertébrés des populations à stratégie « r » et de tous les vertébrés des populations à stratégie « K ». Non seulement les exceptions sont nombreuses mais de plus, si les conditions environnementales varient, alors la population peut changer de stratégie. Le cas le plus souvent cité est celui du lapin de garenne. Ce mammifère, habituellement à stratégie « r », peut, dans certaines conditions pulluler (l'homme modifiant son habitat, ses prédateurs...), changer de milieu et aussi de stratégie, avec apparition de caractères nouveaux ; le potentiel génétique ainsi sollicité va contribuer à la survie et à l'évolution de l'espèce.

À cet égard, on peut illustrer l'effet de la prédation et de la reproduction, en particulier le choix du partenaire, sur l'évolution des populations.

Un prédateur choisit sa proie à des petits riens que seul l'observateur attentif pourra déceler. Ainsi, dans l'Ouest américain, les mustangs, chevaux sauvages, sont victimes des grands prédateurs que sont les pumas. Ceux-ci attaquent les jeunes à robe claire de préférence à ceux à robe foncée, aussi le pelage de ces chevaux s'assombrit-il. Plus spectaculaire encore est le cas, scientifiquement démontré, du « mélanisme industriel » d'un papillon, la phalène du bouleau (*Biston betularia*). Avant l'ère industrielle, les oiseaux insectivores se nourrissaient de préférence de papillons noirs, dits mélaniques (car pigmentés par la mélanine) très visibles sur les bouleaux à tronc clair (lichens) apparaissant dans cette population des phalènes de la couleur blanche des troncs, dit homochromes. Mais les troncs des bouleaux ayant foncés avec l'ère industrielle et la pollution, c'est la forme mélanique qui est devenue homochrome et majoritaire, les formes claires étant alors les proies des oiseaux.

Les femelles choisissent leur partenaire. C'est un choix actif que les éthologistes ont étudié chez les espèces dont les mâles se distinguent par leurs caractères sexuels secondaires : plumage coloré des oiseaux, taches tégumentaires de couleur vive des poissons. Ce choix entraîne une sélection du caractère mâle en cause, son exacerbation dans la population, alors que la préférence des femelles pour les mâles porteurs du caractère se renforce. L'évolution de la population est inéluctable.

Le cas particulier de la population humaine

Les notions qui précèdent peuvent s'appliquer à l'espèce humaine, au moins en partie. La population humaine prise dans sa globalité présente une courbe de croissance en S. La première partie, à faible pente, dure 90 000 ans (9/10 de l'histoire de l'homme moderne). Il s'agit de la période du nomadisme, où les femmes font peu d'enfants (3,5 en moyenne) et où la mortalité est forte.

La croissance augmente avec l'invention et la pratique de l'agriculture et de l'élevage, il y a 10 000 ans. C'est la période de sédentarisation de l'espèce humaine. Elle s'accompagne d'une augmentation très forte des naissances : les femmes font deux fois plus d'enfants (7 en moyenne) mais la mortalité est toujours forte, la sédentarisation ayant comme corollaire l'accumulation de déchets toxiques. Cependant, l'agriculture amène, selon les régions, une multiplication par dix à trente de la population. La France, par exemple, passe à cette époque de cinquante mille à cinq cent mille habitants.

Il faut attendre 1750 et l'ère industrielle, en Europe (en Écosse), pour qu'apparaisse un phénomène original : la transition démographique. Il s'agit du passage d'une population où la mortalité et la natalité sont fortes, à une population où mortalité et natalité sont faibles. Comme la mortalité baisse la première, la natalité restant forte plus ou moins longtemps, la population augmente très rapidement. Cette explosion démographique est suivie d'une stabilisation de la population concernée.

Ainsi, la population mondiale, qui était d'un milliard d'individus au début du XIXe siècle, de deux milliards et demi en 1950, de cinq milliards en 1987 (le taux de natalité était de 34 pour 1 000, le taux de mortalité de 15 pour 1 000, d'où un taux de croissance de 34-15 = 19 ‰ et un doublement en trente-sept ans), de six milliards en 1999, atteindrait douze milliards en 2100. Ce dernier doublement — hypothétique mais vraisemblable — résulterait de la transition démographique dans les derniers pays concernés tels que ceux d'Afrique, d'Asie, et d'Amérique latine.

La population humaine est manifestement à stratégie K, l'homme étant un mammifère. La transition démographique, commencée en Écosse dès 1750, s'explique par une conjonction de phénomènes : des surplus alimentaires abondants, dans une population résistant bien aux maladies, induisent une baisse de la mortalité et une augmentation de l'espérance de vie. Alors, tout naturellement, la natalité baisse, même si les femmes ne disposent pas de la pilule, laquelle ne sera mise au point, par Gregory Pincus, qu'en 1960 (voir. chap VI). Depuis cette date, l'espèce humaine est devenue la seule espèce capable de maîtriser techniquement — au moins en principe — sa croissance démographique par la régulation des naissances. Les femmes ont même le pouvoir, si elles le décidaient, de ne plus faire d'enfants — alors qu'elles ont la potentialité biologique d'en concevoir dix à quinze — et de provoquer ainsi l'extinction de l'espèce humaine.

Quant à la surpopulation, peut-on transposer les observations faites sur les souris, les rats, et autres mammifères à l'espèce humaine ? Existe-t-il une action hormonale due à la densité ? Il est prouvé que des phéromones synchronisent le cycle sexuel des filles vivant ensemble depuis longtemps. Il faut prendre en compte, pour l'espèce humaine, le fait qu'une densité trop forte, génératrice d'entassement, est ressentie différemment selon les individus. De plus, cet entassement se réalise dans une hyperurbanisation liée à la densité. Selon certains auteurs des maladies comme le cancer, la bronchite et l'ulcère sont liées à la croissance de densité d'une population de même niveau socio-économique.

Le problème reste donc posé pour l'espèce humaine.

Enfin, la sous-population existe dans certains groupes humains vivant dans des îles ou isolés dans des zones forestières tropicales ou équatoriales. Disparaîtront-ils par suite de consanguinité ? Seront-ils victimes de virus et de maladies introduits par des hommes étrangers à leur groupe. À moins qu'ils ne soient tout simplement intégrés dans une population voisine plus nombreuse et envahissante.

Les minorités ont peu de chance de survivre face à la mondialisation de la population humaine...

Les sociétés : un succès écologique

Une espèce naît, évolue en colonisant de nouveaux biotopes et disparaît au terme d'une existence de longueur variable. Il semble, en première analyse, que l'espérance de vie d'une espèce soit d'autant plus courte que l'espèce est plus spécialisée. Mais les choses ne sont peut-être pas aussi claires si l'on s'intéresse aux invertébrés, et en particulier aux insectes, qui font preuve d'une grande stabilité depuis leur apparition, voilà 350 millions d'années.

En effet, les insectes sont la réussite du phylum des invertébrés quant au nombre d'espèces — près d'un million ont été décrites —, à la colonisation du milieu terrestre grâce à la métamorphose (avec changement de milieu) et à l'acquisition du vol. Enfin et surtout, ils sont les premiers à avoir inventé, il y a près de 250 millions d'années, l'organisation sociale : un couple fonde une société de millions d'individus qui se partagent tâches et fonctions au service de l'ensemble. Deux pour cent des insectes sont des insectes sociaux ; leur succès écologique est incontestable. Comment l'expliquer, si ce n'est à travers l'histoire de la société et son évolution ?

Passer d'un individu à des milliers, voire des millions, formant une société, n'est pas sans évoquer la complexification du vivant : une cellule œuf se divise pour aboutir à un individu composé de milliers ou de millions de cellules. Or, la cellule individu de l'être unicellulaire (type protiste) doit assurer toutes les fonctions : nutrition, excrétion, locomotion, etc. Dans l'organisme du pluricellulaire, des cellules vont se spécialiser à cette fin : cellules excrétrices pour l'excrétion, cellules musculaires pour la locomotion, etc.

Mais pour que l'organisme fonctionne, dans son ensemble, il faudra qu'une cohésion, qu'une coordination soit assurée entre ces différents types cellulaires. Ce rôle est dévolu au milieu intérieur, le sang, et aux hormones qu'il transporte, ainsi qu'au système nerveux coordinateur, les cellules nerveuses ou neurones étant spécialisées dans ce but.

Les cellules de l'organisme dont nous venons de parler constituent les cellules somatiques (ou soma). On les oppose aux cellules sexuelles de la lignée germinale (ou germen), qui assurent la fonction de reproduction. En fait, les unes et les autres coopèrent pour la pérennité de l'espèce.

D'une cellule à un individu, d'un individu à un groupe social, le vivant a utilisé les mêmes techniques pour faire face aux mêmes contraintes.

Si l'on passe rapidement en revue le monde du vivant, on constate des groupements cellulaires chez les unicellulaires : les algues (genre volvox) et les amibes par exemple (amibes dites « sociales »). Parmi les pluricellulaires, des groupements coloniaux apparaissent chez les cnidaires : les physalies sont de véritables colonies flottantes ; sous le pneumatophore (vésicule pleine de gaz) pendent des filaments pêcheurs de plusieurs mètres de longueur, constitués de centaines d'individus, polypes et méduses assurant des rôles variés.

Si l'on continue d'observer le phylum des invertébrés, c'est chez les insectes que le phénomène social devient spectaculaire. Qu'en est-il dans le phylum des vertébrés, qui aboutit aux hommes ? Ce phylum comprend de nombreux embranchements, au sein desquels la tendance à l'agrégation, au groupement, à la vie sociale se développe inégalement selon les espèces.

Le groupement des bancs de poissons, des vols d'oiseaux, des troupeaux de mammifères a des avantages certains. Chez les oiseaux et les mammifères, nombreuses sont les espèces où la vie familiale est de règle. L'organisation sociale conduisant au partage des tâches et des fonctions connaît son apogée chez les mammifères sauvages, qui ont fait l'objet d'études de terrain de la part des éthologistes : éléphant, loup, chacal, hyène, lycaon, etc., mais aussi et surtout les anthropoïdes, dont les primates hominoïdes (chimpanzé, gorille...).

Laissons pour le moment de côté le cas des primates, pour nous intéresser aux insectes, chez qui le phénomène social émerge.

En effet, de l'individu isolé à la société organisée, tous les cas de figure existent chez les insectes.

Les groupements d'insectes les plus simples sont des groupes sans coordination d'activité, qui sont permanents, comme chez les blattes ou les soldats, ou saisonniers, comme chez les coccinelles, lesquelles se regroupent pour hiberner. Puis apparaissent des groupes avec coordination des mouvements, bien connus chez les criquets migrateurs et certains papillons. Enfin, la coordination en vue d'une tâche ou d'une multitude de tâches collectives, c'est-à-dire d'un partage du travail, conduit aux insectes sociaux.

Le phénomène social est l'aboutissement évolutif de comportements de plus en plus complexes qui concernent le soin et la protection des œufs, l'élevage des larves dont leur nutrition, les échanges alimentaires entre larves et adultes. Il en résulte un partage des tâches et des fonctions assurées par les larves ou les adultes en un endroit particulier, construit, aménagé par le groupe : les insectes sociaux sont aussi des constructeurs.

Les tentatives d'organisation en société existent dans plusieurs groupes d'insectes : ce sont les isoptères (du grec *isos* : « égal », et *pteron* : « aile », pourvus d'ailes identiques) avec les termites apparus il y a 250 millions d'années, les hyménoptères (du grec *hymen* : « membrane », insectes aux ailes membraneuses), avec les fourmis (vieilles de 100 millions d'années), les abeilles (de 40 millions d'années), les guêpes, les bourdons...

C'est sûrement chez les abeilles que l'on peut le mieux suivre et comprendre la socialisation, de l'abeille solitaire à la société avec castes des abeilles domestiques. L'abeille fouisseuse (*Halictus marginatus*) construit son nid, nourrit ses larves. Les adultes femelles qui naissent restent sur place, défendent le nid, qu'elles complètent pour leur propre descendance, et récoltent la nourriture. Construction groupée et défense collective sont le début de la vie sociale. Chez une espèce plus évoluée, les femelles vierges sont plus nombreuses que les femelles fertiles, elles sont aussi de plus petite taille : le partage du travail va s'imposer, en tendant vers le type social que l'on observe chez les bourdons. Chez ces derniers, quelques femelles ont réalisé une colonie de 300 à 400 individus au maximum. De nombreuses ouvrières butinent et nourrissent les larves. Les mâles apparaissent plus tardivement et vivent à l'extérieur de la colonie.

L'abeille domestique (*Apis mellifica*) atteint le stade de socialisation le plus évolué avec une reine qui vit plusieurs années alors que les mâles ou faux-bourdons, les femelles stériles ou ouvrières, ont une vie courte. Le partage du travail est poussé à l'extrême. Les ouvrières sont successivement, au cours de leur vie (dont la durée est de trente jours) : nettoyeuses, nourrices, cirières (constructrices), gardiennes à l'intérieur de la ruche, enfin butineuses à l'extérieur de la ruche. Ruche qui est peuplée de plusieurs milliers d'abeilles, toutes enfants de la reine.

De la colonie à la société organisée, ce sont d'autres types de communication, en particulier chimique, qui sont mis en jeu. Chez les abeilles, les guêpes, les bourdons, les termites, les fourmis, le groupe s'organise en une société formée de castes aux fonctions différentes. Signalons qu'il existe un polymorphisme de castes, par exemple chez les termites. Il est lié à l'échange d'odeurs (phéromones) entre les individus, avec un rôle parfois déterminant de la reine et de ses productions. Il s'agit aussi d'un échange de nourriture, la trophallaxis. Par exemple, chez les abeilles les ouvrières distribuent aux larves de la gelée royale, production de leurs glandes salivaires. Donnée en abondance, cette substance riche en vitamines permettra aux larves de devenir des adultes aptes à la reproduction. Par contre, les ouvrières sont des femelles physiologiquement castrées par un régime alimentaire restrictif, pauvre en gelée royale.

Si les abeilles constituent un bon modèle pour comprendre la socialisation, les fourmis fortes de quatre mille espèces, toutes sociales, permettent quant à elles d'expliquer que la vie en société est responsable du succès évolutif, adaptatif et écologique de ces espèces. Elles sont présentes partout et en nombre astronomique : des millions de milliards dont le poids, la biomasse, est équivalent à celui de l'humanité.

Pierre Jaisson n'indique-t-il pas que « la sociobiologie commence pour ainsi dire par les fourmis ». Il est vrai que pour expliquer le phénomène social apparu dans plusieurs groupes zoologiques très différents (dont les oiseaux et les mammifères), les insectes et en particulier les fourmis sont un bon modèle.

Dès 1911, le biologiste américain William Morton Wheeler proposait d'assimiler la colonie de fourmis à un super-organisme où, comme dans un organisme formé de millions de cellules, qui coopèrent pour assurer le bon fonctionnement de l'individu, chaque fourmi (équivalant à une cellule) contribue par son activité au succès de la fourmilière. Ainsi, 95 % d'individus stériles permettent aux 5 % de reproducteurs d'assurer une prolifération inégalée.

Mais au-delà de la fourmilière, il existe entre fourmilières une organisation en « super-société ». P. Jaisson signale que la fourmi rousse japonaise (*Formica yessensis*) occupe dans l'archipel 270 hectares grâce à 45 000 colonies interconnectées par 100 km de pistes !

C'est dire si le succès écologique de ces insectes sociaux est grand, succès qui se traduit par une biomasse considérable : en forêt amazonienne, les fourmis représentent le tiers de la biomasse animale totale.

En conclusion, si le succès des sociétés d'insectes est certain, la question que le candide est en droit de se poser est : quelle est la place de ce phénomène social dans l'histoire de l'évolution ?

Comment expliquer qu'un ou quelques reproducteurs (dits dominants) chez les vertébrés, dont les oiseaux et les mammifères, aidés par des individus stériles ou non reproducteurs (dont les dominés) assurant l'intendance, soient plus efficaces que des individus tous féconds et qui se reproduisent au hasard, sans se préoccuper de leur descendance ?

Darwin lui-même s'était rendu compte que le phénomène social allait à l'encontre de la sélection naturelle fondée sur l'individu. Aussi avait-il proposé le concept de « sélection familiale » pour régler provisoirement cette question. Il faudra attendre 1964 pour que William Donald Hamilton, un jeune étudiant londonien, développe une théorie de l'« évolution génétique du comportement social », connue maintenant sous le nom de « théorie de la sélection de parentèle ». L'individu stérile, altruiste, assure la propagation de son patrimoine génétique en favorisant la reproduction du couple fertile...

L'analogie avec le soma, aide du germen, et de la reproduction de l'individu, est encore de mise. Le phénomène social constitue un degré de plus dans la complexification du vivant et dans sa diversité au sein de l'espèce. Rien de surprenant dès lors à ce que lui soit consacrée une partie de la biologie : la sociobiologie, dont le père fondateur est Edward O. Wilson et la bible son ouvrage *Sociobiology. The New Synthesis* (Harvard University Press, 1975). L'éthologiste français Pierre Jaisson, dans son livre récent *La Fourmi et le Sociobiologiste*

(1993) apporte des arguments scientifiques convaincants, au-delà des polémiques partisanes sur la sociobiologie, en faveur du succès écologique incontestable du phénomène social pour les espèces qui ont adopté ce mode d'organisation.

Peut-on parler de races humaines ?

S'il est un concept controversé — à côté de celui d'évolution —, c'est bien celui de race. Le débat est passionné, voire passionnel, du fait même que le racisme sévit sous des formes variées et sous toutes les latitudes. Reconnaître que le racisme existe, n'est-ce pas donner des arguments à ceux qui prétendent que les races existent ?

Les choses ne sont pas si simples, pour les biologistes, qui ne sont pas tous d'accord entre eux.

Voyons d'abord ce sur quoi ils s'accordent.

Les hommes modernes actuels appartiennent tous à la même espèce, puisqu'ils sont capables de se reproduire entre eux et d'avoir des descendants fertiles. Mais alors pourquoi les avoir baptisés *Homo sapiens sapiens* et non, tout simplement, *Homo sapiens* ?

Pour répondre à cette question, il nous faut remonter dans le temps. Voilà plus de 100 000 ans cohabitaient, comme indiqué précédemment, l'homme de Neandertal et l'homme de Cro-Magnon. On a imaginé qu'ils appartenaient à la même espèce d'*Homo sapiens,* évoluant en deux sous-espèces, l'*Homo sapiens neandertalensis* pour l'homme de Neandertal et l'*Homo sapiens sapiens* pour l'homme de Cro-Magnon, l'homme moderne. Mais il ne s'agit là que d'une interprétation parmi d'autres.

Les anthropologues anglo-saxons font de l'homme de Neandertal une espèce à part entière, *Homo neandertalensis,* indépendante de celle de l'homme moderne *Homo sapiens.* Selon eux, ces deux espèces étaient incapables de se reproduire entre elles.

D'autres anthropologues imaginent que les hommes de Neandertal ont pu s'hybrider avec les hommes modernes, selon les régions où ils cohabitaient. Ils auraient alors disparu par fusion.

On proposa même un temps que l'homme de Neandertal fût l'ancêtre de l'homme moderne : c'était avant que l'on ne découvrît qu'ils avaient cohabité !

Enfin, ceux qui s'intéressent à l'homme sur le plan démographique pensent que l'homme de Neandertal et l'homme moderne formaient à l'origine une même population dont les deux extrêmes sont devenus

— par dérive génétique ? — l'homme de Neandertal et l'homme moderne...

S'il est difficile de départager en tant qu'espèce deux hominidés aussi proches, en ce qui concerne l'espèce humaine actuelle tout le monde s'accorde sur ce statut. Personne n'imagine de la subdiviser en sous-espèces dues, par exemple, à un isolement géographique, car ses composantes sont toutes capables de se reproduire entre elles.

Nous savons en revanche que le concept de population s'applique très bien à elle, même si la dynamique est contrôlable — du moins en principe — par la volonté des hommes. Mais cela n'est vrai que pour les pays dits développés, dont la croissance est maîtrisée et où commence à apparaître une dénatalité : c'est ainsi qu'actuellement, en Espagne et en Italie, les femmes ne font plus que 1,2 enfant, ce qui est très loin du taux de 2 qui assure le remplacement des parents. À l'inverse, les pays en voie de développement sont en cours de transition démographique et en phase de croissance exponentielle, la mortalité infantile ayant beaucoup baissé alors que la natalité y est toujours forte. À quand une décrue de la natalité ? En Iran, en vingt ans, le nombre d'enfants par femme est passé de 6 à 3, baisse qui dément le phénomène observé dans les pays en voie de développement ?

Les démographes distinguent ainsi deux grands types de populations humaines quant à leur dynamique : celles des pays développés et celles des pays en développement. Or, pour ces derniers, la transition démographique n'en est pas au même stade partout, d'où la nécessité d'étudier les populations État par État. Même à l'intérieur de grands États, des populations isolées, des isolats, méritent une attention particulière. Le programme Man and Biosphere (MAB) de l'Unesco, mis en œuvre dès 1971, s'intéresse à ces minorités.

Sont-ce, au sein des populations, des races géographiques se confondant avec des sous-espèces, ou le terme de race est-il assimilable à celui de population des écologistes : c'est-à-dire un ensemble d'individus localisés sur un territoire déterminé ?

Nous avons vu, au début de ce chapitre, comment Albert Jacquard, au sein d'une population, définissait une race en termes génétiques. Cette définition est-elle applicable à l'espèce humaine ? Et peut-on parler de races humaines ?

Au début de l'histoire de notre espèce, de petits groupements d'hommes ont migré sur les divers continents à partir de l'Afrique, berceau de l'humanité. Ils avaient tous des gènes en commun, qu'ils échangeaient et, de ce fait, pour les généticiens, ils appartiennent à la même espèce. La notion de race des généticiens selon la définition (citée précédemment) qu'en donne A. Jacquard, à savoir « un ensemble d'individus ou de populations ayant non pas des apparences communes, mais une part importante de leur patrimoine génétique en commun » ne peut être appliquée à l'espèce humaine. André Langaney indique même que « la notion de race est donc dépourvue de fondements et de réalité scientifique »...

Mais, ces groupes humains, avec leur bagage génétique particulier, séparés les uns des autres par des barrières géographiques importantes (océans, montagnes...) évoluent indépendamment. Ils deviennent morphologiquement, anatomiquement, physiologiquement différents selon les conditions environnementales : la couleur de la peau et la forme du nez sont souvent prises comme exemple. La couleur de la peau est, comme indiqué précédemment (chap. VII), contrôlée génétiquement par au moins huit gènes, dont le fonctionnement aboutit à la synthèse de la mélanine dans des cellules spécialisées, les mélanocytes. La quantité synthétisée est fonction de l'ensoleillement reçu par l'individu : 1 à 2 grammes dans la peau d'un Blanc, 2 à 3 grammes dans la peau d'un Noir, soit 1 gramme de différence ! Cette pigmentation protège des radiations solaires, en particulier des rayons ultraviolets.

Quant aux différences morphologiques nasales, on les explique par des adaptations à l'environnement. Ainsi, les Européens des pays nordiques ont un nez plus long qui leur permet de mieux réchauffer l'air avant son entrée dans les poumons. Au contraire, les Africains ont un nez court, largement ouvert, destiné à rafraîchir et à humidifier l'air.

C'est pourquoi, les anthropologues ont classé les races humaines en fonction de caractères physiques — pigmentation de la peau, morphologie du visage, etc. —, tel Henri Vallois qui, en 1968, parlait de la race comme d'« une population naturelle définie par des caractères physiques, héréditaires, communs ». Il y a donc autant de classifications que de caractères physiques. Si l'homme de la rue distingue facilement un Européen, d'un Africain ou d'un Japonais, il aura du mal à aller plus loin dans les différences constatées.

En plus des différences génétiques et phénotypiques (physiques), les ethnologues retiennent pour distinguer les populations humaines, les coutumes et les traditions, en particulier linguistiques, qu'elles se transmettent de génération en génération. Les différences socioculturelles permettent de définir des ethnies extrêmement nombreuses : au Cameroun par exemple, territoire aussi grand que la France, on a recensé pas moins de 220 ethnies pour 12 millions d'habitants.

Pour Robert Barbault, « la diversité culturelle peut donc être tenue pour une composante particulière de la biodiversité, comme l'aboutissement ultime de notre propre évolution. Elle a bien, de ce point de vue, la même fonction que la biodiversité pour les autres espèces ».

La biodiversité humaine est donc génétique, avec ses conséquences phénotypiques, mais aussi culturelles. Ces dernières contribuent à modifier le phénotype : lèvres en plateau de certaines femmes africaines, femmes-girafes au long cou de Birmanie, petits pieds bandés des femmes d'Extrême-Orient... mais de plus elles participent à la dynamique du groupe. Les démographes interprètent la baisse de fécondité que l'on constate actuellement en Europe par des différences socioculturelles entre les populations respectives de l'Allemagne, de l'Espagne, de la France, de l'Italie et de la Suède, ce dernier pays étant le seul dont le taux de fécondité est supérieur à 2. Il est passé de 1,7 à 2,2 enfants par femme dans cet État, alors qu'il est tombé, comme, nous, l'avons vu, à 1,2 en Italie et en Espagne.

Mais que deviendra la biodiversité humaine lorsque l'Afrique, l'Asie et l'Amérique du Sud auront fini leur transition démographique ? Le doublement, voire le triplement des populations de ces pays s'accompagnera inévitablement d'une émigration des populations. Vers quelles destinations ? De l'Afrique vers l'Europe méditerranéenne, de l'Amérique latine vers l'Amérique du Nord, de l'Asie vers l'Europe de l'Est et l'ex-URSS ?

CHAPITRE XI

Du peuplement à la biocénose

Une espèce n'est jamais seule. Elle est toujours, dans un milieu donné, son biotope, associée pour le meilleur et parfois le pire, à d'autres espèces. Ainsi les écologistes ont-ils développé deux concepts, celui de peuplement et celui de biocénose, pour étudier ces regroupements d'espèces. Ils ont de plus étudié en détail les relations qu'établissent entre elles les espèces ; ces liens interspécifiques dits aussi biocénotiques participent activement à la diversité des espèces ainsi qu'à la vie des peuplements et des biocénoses.

Des populations aux peuplements

Ainsi que nous le rappelle le dictionnaire, le mot population vient du latin *populus* (« peuple »), alors que le peuplement est l'action de peupler ou l'état de ce qui est peuplé. La population est donc le résultat du peuplement... et réciproquement !

Les écologistes ont attribué des sens différents à ces deux termes.

Nous avons vu précédemment que le vocable « population » est réservé à l'ensemble des individus qui appartiennent à la même espèce, vivant au sein du même milieu. Ces populations peuvent se fragmenter, migrer vers de nouveaux milieux et les coloniser. Si persistent entre elles des échanges de gènes, elles forment une métapopulation, aussi appelé supersociété s'il s'agit d'espèces sociales, telles les fourmis.

Les peuplements sont des ensembles de quelques espèces, ensembles plurispécifiques, localisés dans un milieu délimité, dont les populations sont interconnectées : forment des peuplements les oiseaux de la forêt, les oiseaux insectivores, les insectes de la prairie, les insectes floricoles.

Deux exemples, pris chez les oiseaux granivores et les insectes pollinisateurs, suffisent à montrer la pertinence du concept de peuplement.

Aux îles Galapagos vivent des pinsons de Darwin granivores qui ont colonisé ces îles il y a 1 à 5 millions d'années. La diversité des graines disponibles a permis une spéciation aboutissant à treize espèces écologiquement différentes. Elles se nourrissent de graines de tailles différentes et, pour ce faire, disposent d'un bec de morphologie variée : gros bec, bec moyen, bec pointu, bec fin, etc. Peter Grant a montré que si les conditions écologiques changent — ainsi en cas de sécheresse propice aux grosses graines —, alors ne survivent que les oiseaux de grande taille et à gros bec.

Des insectes pollinisateurs fréquentent les fleurs, dont ils assurent la reproduction. Ils tirent de cette relation leur alimentation, sous forme soit de pollen, soit de nectar. Leurs pièces buccales sont adaptées à cette alimentation solide ou liquide.

Les fleurs à pollen (coquelicots, pivoines...) sont fréquentées par des coléoptères, les cétoines, aux pièces buccales broyeuses. Grâce à elles, ils se nourrissent de pollen et s'en couvrant, ils en assurent le transport. Très nutritif, le pollen leur apporte des protéines, des lipides et des sucres.

Les fleurs à nectar seront visitées par des papillons, des lépidoptères donc, dont les pièces buccales sont transformées en une trompe qui permet de pomper le nectar. Cette trompe, plus ou moins longue, selon la profondeur des fleurs peut atteindre 25 centimètres (chez des sphingides tropicaux).

Certains insectes exploitent les fleurs à la fois pour leur nectar et leur pollen. Ainsi les abeilles disposent-elles d'une trompe pour pomper le nectar qui s'accumule dans leur jabot, tandis que leurs pattes postérieures sont munies de corbeilles à pollen. Volant de fleur en fleur (elles en visitent plus de mille), elles assurent une bonne pollinisation de celles-ci. Ce pollen accumulé sur leurs pattes est collé avec un peu de nectar. L'abeille de retour à la ruche, le nectar sera régurgité et transformé en miel. Le chargement de pollen (40 à 50 mg, soit la moitié du poids de l'insecte) est déposé dans des alvéoles à pollen. Miel et pollen servent à l'alimentation de la société des abeilles.

Les insectes utilisent les fleurs et leurs produits, les oiseaux se nourrissent d'insectes... Ainsi les peuplements ne sont pas indépendants mais interconnectés et fonctionnels ; ils forment entre eux un ensemble appelé biocénose.

La biocénose ou communauté vivante

Le terme de biocénose (du grec *bios* : « vie », et *koinos* : « commun »), créé par Karl Möbius en 1877, désigne l'ensemble des êtres vivants — micro-organismes, végétaux et animaux — qui vivent dans un biotope. On appelle zoocénose la partie animale de la biocénose et phytocénose la partie végétale. Ces espèces sont reliées entre elles par des chaînes trophiques qui véhiculent et transforment l'énergie. Elles sont donc interdépendantes et, si dans le temps elles se succèdent, elles se partagent l'espace, à un certain moment.

Les premières espèces à apparaître sont dites pionnières. Prenons l'exemple d'une roche nue. Des lichens s'y développent, qui assurent la stabilité et la formation du sol, puis se mettent à pousser des plantes herbacées, puis des arbustes, et enfin des arbres. Fleurs et fruits attirent les insectes ; en effet, les végétaux émettent des odeurs attractives pour certains d'entre eux, qui viendront ainsi coloniser l'arbre émetteur. Une fois colonisé, l'arbre émet un spectre d'odeurs différent qui séduira de nouveaux insectes. Enfin s'installent diverses espèces d'oiseaux qui forment un peuplement insectivore.

Une biocénose est structurée en strates, c'est-à-dire en couches où les espèces se localisent. Ainsi, la biocénose de la forêt, dont nous venons de décrire la formation, comprend de bas en haut — quand elle a atteint l'équilibre climacique ou climax — le sol, la litière de feuilles mortes, la strate herbacée (les herbes basses), la strate arbustive (les arbrisseaux), les arbres avec leur tronc et leur frondaison. Les espèces qui vivent à ces divers niveaux diffèrent les unes des autres, mais il arrive qu'elles permutent d'un niveau à l'autre et nous allons voir qu'elles ne sont pas indépendantes.

L'interdépendance des espèces est alimentaire ; elle réalise une chaîne trophique (voir aussi fig. 43 p. 250), c'est-à-dire une suite d'êtres vivants dans laquelle les uns mangent ceux qui les précèdent dans la chaîne, avant d'être mangés par ceux qui les suivent :

producteurs :	plantes chlorophylliennes
consommateurs :	1er ordre — Végétariens
	2e ordre — Carnivores
décomposeurs saprophages :	microbes, champignons, bactéries, insectes, etc.

Pour les écologistes, la nourriture est un facteur écologique — le facteur alimentaire —, qui joue un rôle essentiel. Selon sa qualité, sa quantité, sa disponibilité, elle modifiera la fécondité, la longévité, la vitesse du développement et même la mortalité des êtres vivants.

Cependant, toutes les espèces n'ont pas la même importance au sein des biocénoses. Elles sont tributaires d'une espèce dite dominante, le plus souvent végétale. Ainsi, la forêt forme une biocénose dominée par les grands arbres, qui sont fréquemment de la même essence : ils contribuent à la formation du sol, attirent certaines espèces, arrêtent plus ou moins les rayons du soleil...

Les biocénoses sont finalement des entités qui, comme les populations et les peuplements qui les constituent, naissent, grandissent jusqu'au point d'équilibre qu'est le climax, puis meurent. Nous n'en avons généralement pas conscience car à notre échelle de temps — une centaine d'années au maximum — elles paraissent stables. Seules les grandes catastrophes très destructrices (cyclone, raz de marée, séisme, éruption volcanique...) nous permettent d'étudier en partie, notamment dans les zones tropicales, leur réinstallation.

L'exemple d'une biocénose : le pignot

Plus près de chez nous, il est possible d'étudier, sur quelques années, la vie et la mort d'une biocénose, celle qui s'installe sur les « pignots ». Ces jeunes pins mis en place par l'homme en bordure des parcs à huîtres sur le bassin d'Arcachon font l'objet d'une colonisation en trois vagues successives, qui aboutit à une biocénose où la zonation observable, au moment de l'équilibre climacique, correspond à l'exondation ou capacité des espèces à vivre plus ou moins longtemps hors de l'eau. Et puis, comme toute biocénose, celle-ci évolue jusqu'à la mort, la destruction du pignot.

Les colonisations successives

Les premiers colonisateurs, les pionniers, sont des crustacés, les balanes, qui recouvrent la totalité du pignot et des algues filamenteuses, les entéromorphes : le pignot devient entièrement vert. Dans le même temps, des larves de mollusques et de crustacés pénètrent à l'intérieur du bois.

La deuxième vague d'assaut est constituée de moules et d'huîtres (mollusques lamellibranches) qui se fixent sur les balanes, et d'algues, les fucus, qui s'installent entre les moules. Cette colonisation concerne

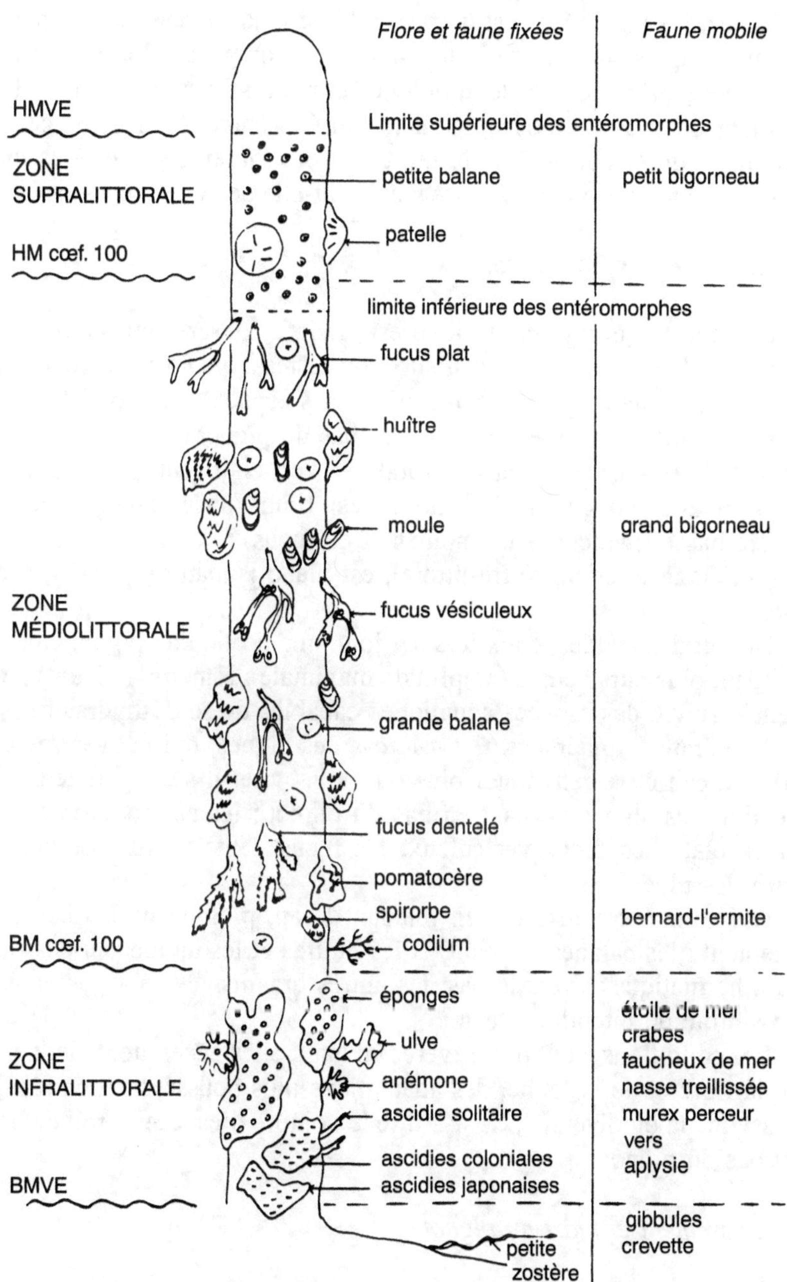

Fig. 39 — Zonation des pignots du bassin d'Arcachon
(d'après *Le Bassin d'Arcachon, milieu biologique*, CRDP de Bordeaux, 1986).
(BM : basse mer, BMVE : basse mer de vive eau, HM : haute mer, HMVE : haute mer de vive eau)

les neuf dixièmes du pignot qui prennent une couleur brune (due à la présence des algues) ; c'est la zone dite de balancement des marées.

Enfin, la troisième vague colonisatrice est composée d'éponges et/ou d'ascidies, qui recouvrent les moules et les huîtres du bas du pignot. Elles forment un substrat mou de couleur variée : jaune, orange, rouge... à l'intérieur duquel de nombreux animaux trouvent refuge : crevettes, crabes, vers, etc. Ainsi la biocénose s'enrichit-elle de nombreuses espèces.

Le climax et les trois zonations

Lorsque l'équilibre climacique est atteint, l'observateur constate la présence de trois étages de couleurs contrastées, qui correspondent aux niveaux des marées et aux adaptations des espèces à l'exondation, de moins en moins poussées du haut en bas du pignot :
— l'étage supérieur, supra-littoral, est vert clair (entéromorphes) ;
— l'étage moyen, médio-littoral, est brun foncé, presque noir à marée basse (manchons de moules et de fucus) ;
— l'étage inférieur, infra-littoral, est blanc jaunâtre (éponges, ascidies).

Du fait des marées, deux fois par jour, une portion du pignot émerge pendant plusieurs heures (amplitude maximale : 5 mètres). Seules peuvent survivre des espèces aquatiques capables de se déshydrater et de se réhydrater rapidement. C'est le cas des algues, qui peuvent perdre 20 % d'eau et se réhydrater plus ou moins vite. Il s'ensuit une stratification des algues de haut en bas du pignot : les entéromorphes, les fucus plats, les fucus vésiculeux, les fucus dentelés, les codiums et enfin les ulves.

Les animaux s'adaptent en retenant l'eau, plus ou moins hermétiquement : les balanes, en haut, et les huîtres et les moules au-dessous, sont hermétiques ; vers le bas, les autres organismes sont nus et sans possibilité de rétention d'eau.

Les conditions étant plus sévères en haut, elles nécessitent, de la part de la flore et de la faune, des adaptations plus poussées ; il en résulte aussi que la biodiversité, c'est-à-dire le nombre d'espèces, croît de haut en bas du pignot.

Vieillissement et mort du pignot

À l'intérieur du pignot, les larves de crustacés et de mollusques, les tarets, sont devenues des adultes qui minent le bois. En quatre ou cinq années, le pignot perd de sa résistance et s'écroule sous le poids de la biocénose fixée sur lui et sous le coup des vagues. La biocénose est alors dispersée par les flots ; certaines espèces meurent, d'autres recoloniseront un autre support.

Ainsi, grâce à l'exemple du pignot, l'observateur prend-il conscience de la notion de biocénose, de sa naissance à sa mort, mais aussi du rôle fondamental du milieu, ici le milieu marin avec le jeu des marées, sur l'évolution de la diversité biologique. Ce qui conduit tout naturellement à la notion de productivité de la biocénose.

Productivité des biocénoses et exploitation par l'homme

La productivité d'une biocénose est le gain de matière organique qui résulte de sa croissance, à savoir l'augmentation de la biomasse.

Si elle est facile à évaluer quant il s'agit d'un étang où l'on élève des carpes ou, en cas de culture en serre, par exemple, le calcul devient plus difficile quand il s'agit d'un océan ou d'une forêt.

Mais l'intérêt théorique et surtout pratique de la chose est considérable. Cela revient à faire un bilan énergétique (flux d'énergie) et apprécier sa conversion en matière végétale et animale (voir chap. XII, section sur la productivité comparée des écosystèmes, p. 250).

Ainsi peut-on évaluer la quantité maximale d'individus prélevables sur la biocénose, sans faire courir de risque à celle-ci, en particulier quand l'homme distrait un des maillons de la chaîne, risquant par là même de mettre en péril l'ensemble.

En effet, au sein des biocénoses s'établissent de nombreuses interactions entre espèces, qui aboutissent à leur interdépendance.

L'interdépendance entre espèces

Reprenons l'exemple de la forêt.

L'arbre de la forêt supporte de nombreux lichens et mousses. Du gui s'installe dans ses branches. Sous l'écorce logent de nombreux insectes, qui creusent des galeries en surface ou s'enfouissent profondément dans le bois. Dans le sol, les racines présentent des protubérances dues à l'invasion par des bactéries ou des champignons.

L'être vivant n'est donc jamais seul. L'autre être qui lui est associé est soit utile (+), soit nuisible (–) soit indifférent (0). Ces trois types de relation, entre deux organismes A et B d'espèces différentes, amènent à six types d'associations que les biologistes ont baptisés différemment (voir tableau ci-dessous) et que nous allons étudier en détail, à la lumière de quelques exemples concrets, tant ils sont indispensables à la vie et à la diversité du vivant.

A	B	Type d'association
+	+	Mutualisme ou symbiose
+	0	Commensalisme
0	0	Neutralisme
–	0	Antibiose
–	+	Exploitation : parasitisme prédation
–	–	Compétition

La symbiose, une géniale invention

De nombreux individus, appartenant à des espèces différentes, trouvent un avantage réciproque à vivre ensemble. Ils pratiquent le mutualisme ou symbiose.

Nous avons vu précédemment comment Lynn Margulis expliquait le passage de la structure simple, primitive — type procaryote des bactéries — à une structure cellulaire plus complexe — type eucaryote des protistes — qui sera conservée définitivement par tous les êtres vivants — par symbiose entre des bactéries devenues des mitochondries et des cyanobactéries transformées en chloroplastes.

D'autres auteurs imaginent que des procaryotes ont pu s'associer avec ces premiers eucaryotes pour former de nouvelles espèces. Il en aurait été de même des nouveaux eucaryotes se regroupant entre eux. S'il s'agit là d'hypothèses, elles se vérifient actuellement dans le cas des lichens.

Les lichens, que nous observons facilement encroûtants sur les troncs d'arbres ou pendant aux branches, sont des associations symbiotiques entre un champignon et une algue verte. Le champignon apporte à l'association substrat, humidité et sels minéraux, alors que l'algue verte, chlorophyllienne, assure la synthèse des composés carbonés. La symbiose est permanente et indissociable : si l'un des partenaires meurt, l'ensemble disparaît. Les biologistes ont baptisé ces lichens d'un nom d'espèce alors qu'il s'agit de deux espèces, associées pour la vie.

Certains champignons vivent en association symbiotique avec des racines d'arbres. Les mycéliums du champignon se développent dans la racine et facilitent la nutrition des arbres qui poussent sur des sols pauvres. Cette union dite mycorhize est à l'origine des truffes.

Des bactéries fixatrices d'azote atmosphérique sont quant à elles associées à des racines de légumineuses (le trèfle par exemple) qui forment des protubérances appelées nodosités. Quand on sait que l'azote atmosphérique représente 78 % des gaz atmosphériques, on regrette que ces associations symbiotiques soient si peu nombreuses. Seules les légumineuses bénéficient de l'aide des bactéries pour fixer l'azote atmosphérique et le convertir en azote organique utilisable par la plante : le trèfle (de même que la luzerne) représente un engrais vert, riche en azote, très apprécié en agriculture biologique.

La luminescence de certains animaux marins — poissons, céphalopodes et tuniciers — est due à des bactéries symbiotiques, alors que des algues symbiotiques colorent les tissus des éponges, des madréporaires (coraux) et des mollusques marins. Ces algues, bien éclairées pour que la photosynthèse soit possible, assurent la synthèse de substances carbonées et permettent à ces animaux de survivre dans des eaux pauvres en substances nutritives.

De nombreux animaux disposent, dans leur tube digestif, d'une flore ou d'une faune associée qui les aide dans leur digestion. Le cas le plus spectaculaire est celui des termites. Ces insectes qui dévorent les charpentes de nos maisons sont incapables, seuls, de digérer la cellulose. Ils possèdent dans leur tube digestif de nombreux protistes (des flagellés) qui s'en chargent à leur place grâce à des enzymes, les cellulases, qu'ils produisent. Des bactéries capables de digérer la cellulose existent dans la panse des ruminants, les cæcums des équidés, des rongeurs et des oiseaux.

D'autres animaux vivent également ensemble pour mieux s'alimenter ou se protéger. Ainsi, un crustacé, le bernard-l'ermite ou pagure, au corps mou, se loge dans une coquille vide de mollusque (un buccin par exemple) afin de protéger son abdomen très vulnérable. Cette coquille peut être recouverte par des éponges (type *Suberites*) qui assurent un excellent camouflage à son hôte. Le pagure est même capable de placer « volontairement » sur sa coquille plusieurs anémones de mer qui lui garantiront, car elles sont urticantes, une protection efficace. Ce dernier exemple montre que l'association peut ne pas être définitive. De façon comparable, en Afrique de nombreux oiseaux vivent associés aux troupeaux de grands mammifères : buffles, antilopes, girafes, éléphants, etc. Ainsi, des hérons garde-bœufs (petites aigrettes blanches) accompagnent les troupeaux dans leurs déplacements, s'alimentant d'insectes chassés par leur mouvement, alors que les pique-bœufs ou buphages, espèce voisine des étourneaux, débarrassent les mammifères des parasites qu'ils ont sur la peau.

Enfin, les insectes, bien avant l'homme, ont inventé l'élevage et l'agriculture. Certaines fourmis élèvent ainsi des pucerons afin de se nourrir du miellat qui suinte à l'extrémité de l'abdomen de ces derniers. D'autres fourmis (genre *Atta*) cultivent des champignons, dont elles se contentent. Nombreux sont les insectes qui butinent de fleur en fleur en assurant la reproduction : ce sont les insectes pollinisateurs indispensables à de nombreux végétaux incapables de se reproduire sans cette aide inestimable. Entraide, faudrait-il dire, car le nectar, le pollen des fleurs font partie des aliments de l'insecte pollinisateur.

En région tropicale, des oiseaux (colibris, perroquets...) mais aussi des mammifères (chauves-souris) participent à la pollinisation d'essences comme l'eucalyptus, le calebassier ou le kapokier...

Du commensalisme au parasitisme

Certaines plantes prolifèrent en se développant sur d'autres plantes, sans pour autant leur nuire. Ces épiphytes (du grec *epi* : « sur », et *phuton* : « plante ») comprennent les broméliacées, les orchidées... Elles bénéficient, dans cette situation, d'un éclairement suffisant pour leur photosynthèse. Mais peut-on affirmer qu'elles ne gênent en rien la plante hôte ?

D'autres végétaux supérieurs vivent aux dépens de celle-ci enfonçant leurs suçoirs dans le bois pour pomper la sève. Le gui est l'exemple le mieux connu. Il parasite de nombreux arbres fruitiers (pommiers), les peupliers, les chênes, mais assure cependant sa propre photosynthèse, ce que font aussi les mélampyres et les rhinanthes qui prospèrent sur les racines des graminées. Par contre, des orobanches, des cuscutes ont des feuilles dépourvues de chlorophylle et parasitent totalement la luzerne et le trèfle.

Le gui a été bien étudié quant à son mécanisme de reproduction — la pollinisation en est assurée par les insectes — et de dissémination d'un arbre à un autre grâce à des oiseaux qui se nourrissent de ses baies et les rejettent dans leurs excréments sur d'autres arbres. Prélevant de l'eau et de la sève, le gui fragilise l'arbre parasité, qui peut alors être victime d'autres agents pathogènes, tels que champignons ou insectes... responsables de sa mort.

Des algues vertes poussent parfois sur le dos d'animaux marins : ce sont des plantes épizoaires (des grecs *epi* : « sur », et *zoon,* « animal »). Vu qu'elles servent de camouflage à ces animaux, l'on n'est pas très éloigné d'un cas de symbiose. Les limites entre les types d'association ne sont donc pas toujours très nettes !

Des animaux comme les bryozoaires ou les hydrozoaires se fixent sur les coquilles des mollusques. Les cirripèdes, les balanes, se rencontrent sur les coquilles d'huîtres, de moules, mais aussi sur la carapace des tortues ou sur la peau des requins et des baleines. Pour ces dernières espèces l'association tend vers l'ectoparasitisme (du grec *ecto* : « en dehors »).

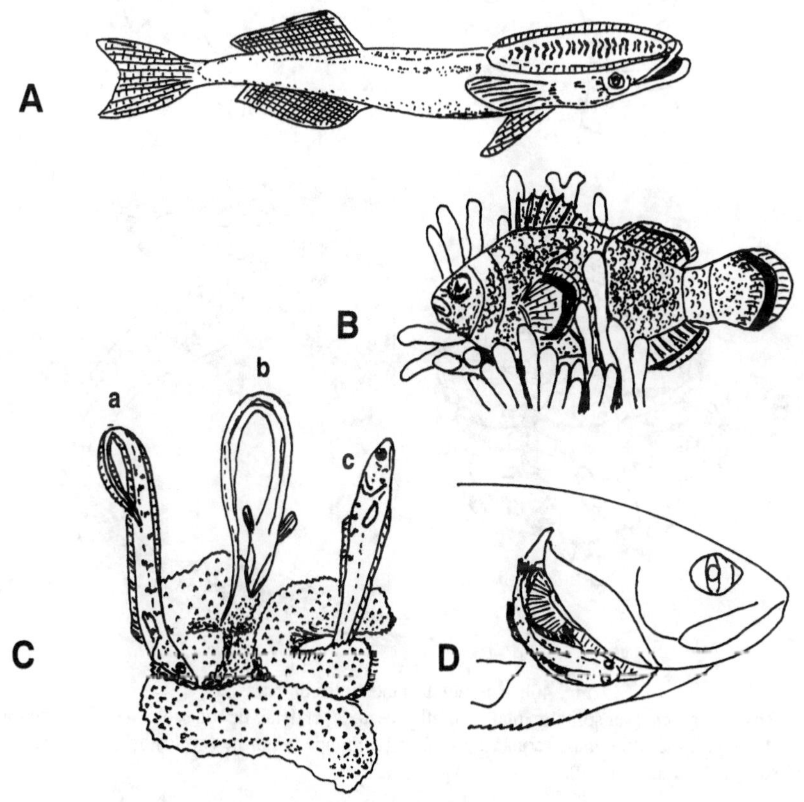

Fig. 40a — Quelques espèces commensales

A : Le rémora, grâce à sa nageoire dorsale transformée en ventouse, se fait transporter par d'autres poissons (phorésie) — B : Le poisson-clown (*Amphiprion*) dans une anémone de mer — C : *Fierasfer* reconnaissant l'orifice cloacal d'une holothurie (a), recourbant sa queue et l'introduisant dans cet orifice (b), pénétrant enfin dans l'holothurie (c) (d'après Émery, *in* P.-P. GRASSÉ, *Traité de zoologie,* t. XIII, 1958, p. 1926) — D : *Gobius* dans la cavité branchiale d'une alose (d'après F. de Buen, *ibid.,* p. 1928) (in M. Lamy, 1999).

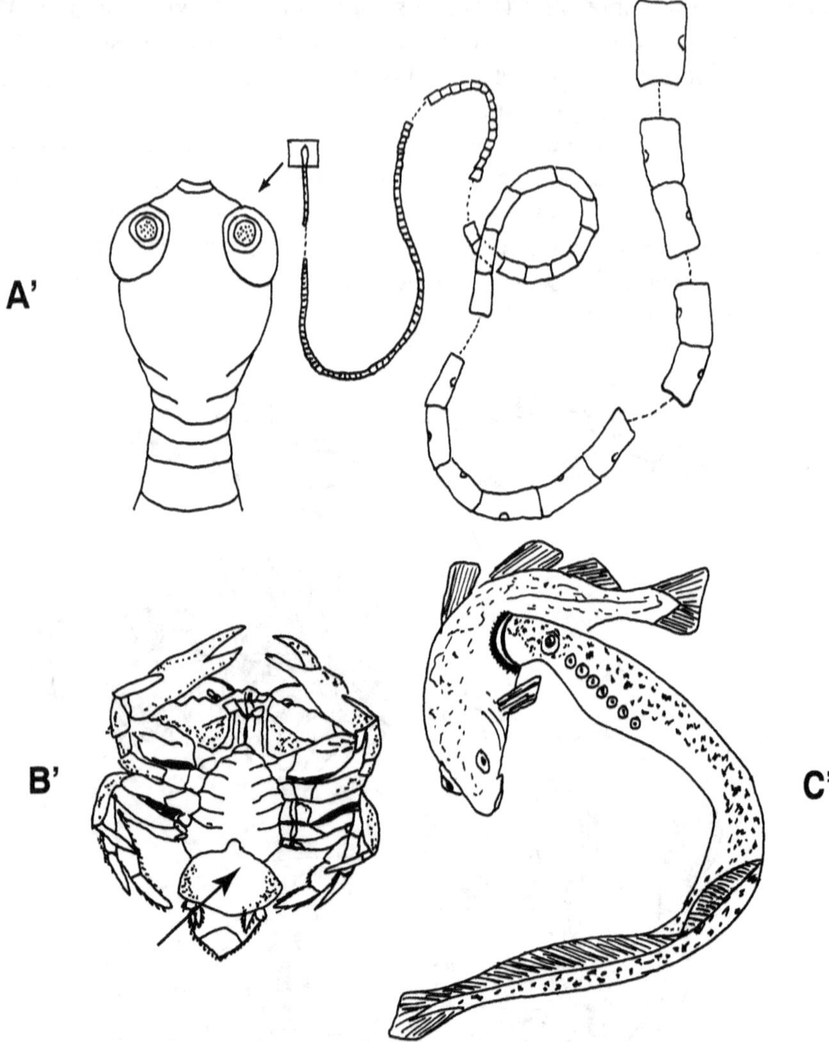

Fig. 40b — Quelques exemples de parasites

A' : *Tænia saginata* (ver solitaire, plathelminthe, cestode) et détail de son scolex — B' : Sacculine (crustacé) parasite d'un crabe (crustacé) — C' : La grande lamproie (cyclostome) parasite d'un poisson (in M. Lamy, 1999).

Certains animaux se font quant à eux astucieusement transporter. On a baptisé phorésie ce type d'association. Il est classique de citer l'exemple d'un poisson, le rémora (*Echeneis remora*), qui possède sur son dos une ventouse — fruit de la transformation de sa nageoire dorsale — grâce à laquelle il se fixe sous le ventre des requins, qui n'en sont guère ralentis, ce poisson ne mesurant que 30 à 50 centimètres de long !

De minuscules acariens, par centaines, se font transporter par de gros coléoptères, les bousiers. D'autres acariens de plus grande taille, les tiques, ont recours pour cela à des mammifères et en profitent pour se gorger du sang de leur hôte en vrais ectoparasites !

Le commensalisme consiste souvent en une cohabitation. Ainsi, de nombreux insectes partagent le terrier des lapins et des rongeurs ou le nid des oiseaux. Et il n'est pas rare que des animaux s'abritent dans les cavités naturelles où résident d'autres espèces. Ainsi, les éponges disposent des nombreuses cavités où logent des vers, des crustacés, des mollusques, etc.

Un poisson a élu pour refuge le rectum d'une holothurie, qui n'en paraît point incommodée... Un autre, le poisson-clown, vit entre les tentacules de l'anémone de mer. Un ver (genre *Acholoe*) que l'on trouve associé à une étoile de mer (l'*Astropecten*) dans les gouttières de ses bras ambulacraires s'introduit dans l'estomac de celle-ci et en sort à sa guise ; il y trouve le couvert mais aussi le vivre.

Enfin, si certaines moules craquent sous la dent, l'objet du délit n'est autre qu'un petit crabe (genre *Pinnotheres*) qui vit dans la cavité palléale du mollusque. C'est en fait un locataire qui prend ses aises... Normalement, il quitte la moule pour aller chercher sa nourriture. Mais, il lui arrive de « garder la chambre », prélevant au passage une partie du plancton qui sert d'aliment à son hôtesse. Les scientifiques — qui ne sont pas à un nom près — parlent dans son cas d'inquilinisme, variante locative du parasitisme.

On passe ainsi insensiblement du commensalisme au parasitisme externe des ectoparasites, ou interne des endoparasites. Le parasitisme est parfois temporaire, c'est-à-dire qu'il ne durera qu'une partie de la vie de l'intrus. Tel est le cas pour les larves des moules d'eau (les glochidiums des unios et des anodontes), qui vivent quelque temps en ectoparasite sur les branchies de poissons, puis tombent et mènent leur propre existence.

Mais, la plupart du temps, le parasitisme est définitif, le parasite assurant son développement complet dans un ou plusieurs hôtes.

Parmi les ectoparasites, ceux qui pompent le sang d'autres animaux, citons, en plus des acariens (tiques) déjà mentionnés, les insectes (poux, puces, moustiques,...), les vers (sangsues), les poissons (lamproies). Les endoparasites vivent dans le tube digestif (ou ses annexes) de leur hôte où ils trouvent le logement et le couvert. Ce sont surtout des vers plats (plathelminthes) — tels que les ténias ou vers solitaires (de la classe des cestodes, du grec *cestos* : « ceinture ») et les douves (trématodes logés dans le foie) — et des vers ronds (némathelminthes), comme l'ascaris.

Ces endoparasites s'adaptent de manière extraordinairement poussée. Vivant complètement aux dépens de leur hôte, ils présentent une réduction, qui peut aller jusqu'à la disparition, de leurs appareils digestif, respiratoire et circulatoire. À l'opposé, on constate un surdéveloppement de leur appareil reproducteur et une production d'œufs (ou de larves) extrêmement abondante ; les ténias, véritables machines à se reproduire, peuvent atteindre trois à quatre mètres de longueur, gigantisme lié au parasitisme.

Le parasite cause du tort à son hôte, qui réagit tant bien que mal. Celui-ci, en cas de parasitisme alimentaire, se contentera de compenser la perte de nourriture qui en résulte par une alimentation accrue. Les toxines qu'émet parfois le parasite peuvent s'avérer dangereuses pour l'hôte. Ainsi la sacculine, un crustacé parasite du crabe, produit-elle une protéine toxique, la sacculinine, qui rend celui-ci infécond.

Pour se reproduire, le coucou a inventé un parasitisme tout à fait original. Il pond ses œufs dans le nid de passereaux insectivores. Ceux-ci les couvent avec les leurs. Bébé coucou, naissant le premier, fait tomber les autres œufs du nid, afin d'être seul à être nourri par ces parents adoptifs malgré eux !

Enfin, la difficulté d'interprétation rencontrée par les biologistes dans le cas des espèces végétales et animales n'est rien, comparée à celle que soulèvent les micro-organismes, bactéries et protistes (dont les amibes), que l'on trouve en abondance dans les cavités naturelles des mammifères et de l'homme : bouche, nez, oreilles, vagin, etc. Selon les conditions environnementales qui règnent dans ces cavités, et qui peuvent varier, les micro-organismes sont symbiotiques, commensaux ou parasites, et peuvent même devenir pathogènes.

Des parasites tueurs : parasitoïdes et virus

La caractéristique d'un parasite est surtout de ne pas tuer son hôte. Cependant il lui cause préjudice. Aussi a-t-on créé le terme de parasitoïde pour désigner des insectes qui pondent dans un autre, et dont le développement puis l'éclosion des œufs ou des larves provoquera la mort de l'insecte hôte.

Ces insectes tueurs d'autres insectes en régulent tout naturellement les populations. Aussi les entomologistes se sont-ils beaucoup intéressés à eux ces dernières années, tant pour ce qui est de leur comportement (recherche de l'insecte hôte) que de leur utilisation potentielle en lutte biologique.

Les limites de cette méthode de lutte sont liées aux difficultés d'obtention, par élevage, d'un grand nombre de ces parasitoïdes : on estime en effet qu'il faut introduire trois cent mille trichogrammes (hyménoptères parasites qui pondent leurs œufs dans les œufs de lépidoptères) à l'hectare dans un champ de maïs pour lutter contre la pyrale du maïs, papillon dont la chenille est nuisible à cette céréale.

À côté des parasitoïdes existent d'autres tueurs, les virus, que Joël de Rosnay appelle des « tueurs de cellules ». En effet, si les oiseaux ou les insectes qui utilisent d'autres oiseaux ou insectes pour assurer leur reproduction sont capables de produire l'œuf que d'autres élèveront, les virus, par contre, sont incapables de se multiplier seuls. Leur structure, décrite précédemment (voir chap. IV) et qualifiée d'acellulaire, est en effet trop rudimentaire pour leur permettre de se reproduire à l'identique. Ils doivent donc emprunter à une cellule hôte toute sa machinerie cellulaire afin de la mettre au service de la fabrication de nouveaux virus. Pour ce faire, le virus parasite introduit son filament d'ADN (ou d'ARN) dans la cellule hôte, qui va ainsi recevoir une nouvelle information inédite pour fabriquer des virus (voir aussi chap. VII et fig. 31).

Ces virus, parasites obligés, sont multiples quant à leur forme et à leurs effets. Le dernier en date, le VIH, est responsable du sida, une déficience immunitaire chez l'homme qui le rend très sensible aux microbes et aux parasites. Or, ce phénomène, dans le cas du parasitisme, est très favorisant. C'est ainsi que les insectes parasitoïdes injectent à leur hôte, en même temps qu'ils y pondent leurs œufs, des virus qui abaissent ses défenses immunitaires ; les œufs puis les larves peuvent alors se développer aux dépens de l'hôte, incapable de les rejeter ou de les détruire.

On vient de découvrir récemment que des rats rendus immunodéficients par des virus deviennent susceptibles d'héberger des parasites du type des schistosomes (vers responsables des bilharzioses humaines ou animales), contre lesquels les rats sains sont immunisés.

Tous ces exemples concourent à montrer que les êtres vivants font l'objet d'un multiparasitisme qui s'installe progressivement sur l'hôte, aboutissant à un équilibre fragile que l'homme, par ses actions, peut perturber.

Antibiose et compétition

Tout se gâte dans le monde du vivant lorsque les relations deviennent néfastes pour l'un des individus (antibiose) — l'autre étant indifférent — ou pour les deux (compétition).

Certaines espèces ont, avant l'homme, produit des substances qui en empêchent d'autres de se développer. Vuillemin a créé en 1889 le terme d'antibiose pour définir ces interactions toxiques entre organismes vivants. Après les travaux de Pasteur, de Joubert puis de Dubos et de Fleming en 1929, on a appelé antibiotiques ces substances produites par des micro-organismes végétaux : champignons, bactéries... qui empêchent le développement d'autres organismes. Cette pollution chimique naturelle n'est pas l'apanage des micro-organismes. Certains végétaux produisent aussi des substances qui gênent la croissance d'autres espèces végétales ou animales.

Ainsi, la pullulation, en été, d'une algue bleue (*Aphanizomenon flos-aquæ*) sur les lacs et les étangs — on parle de « fleur d'eau » — empoisonne le plancton, les poissons et même le bétail qui vient s'y abreuver. Une algue verte d'eau douce (*Chlorella vulgaris*) produit une chlorelline toxique pour les autres algues. En eau de mer, le phénomène des « eaux rouges » est dû à la pullulation de péridiniens (protistes dinoflagellés), qui provoquent la mort de nombreuses espèces.

Dans le sol, sous le noyer d'Amérique (*Juglans nigra*) rien ne pousse : ses feuilles émettent en effet, une substance toxique, la juglone. Lavée par l'eau, elle s'infiltre dans le sol et bloque tout développement. D'après Roger Dajoz : « La sécrétion par les racines d'*Hieracium pilosella* de substances toxiques permet à cette composée d'éliminer les plantes annuelles et de former des peuplements sur d'assez grandes surfaces. »

Il en va de même de substances volatiles non identifiées qu'émettent certains arbres et qui sont toxiques à distance pour les autres espèces végétales : autour de l'arbre s'étend une aire dépourvue de plantes.

De l'antibiose à la compétition, il n'y a qu'un pas. Charles Darwin, dans *De l'origine des espèces* l'appelle la « lutte pour l'existence ». La compétition joue, par exemple pour la possession de l'espace ou de la nourriture et elle est d'autant plus forte, que les besoins en la matière sont identiques.

Une concurrence spatiale s'exerce dans le milieu marin, notamment entre les espèces qui vivent fixées : éponges, mollusques, vers, crustacés... Sur la terre ferme, les lichens recouvrent les mousses, les lianes étranglent et tuent les arbres sur lesquels elles poussent. Les trous dans les troncs font l'objet, pour leur occupation, d'une compétition entre oiseaux et mammifères.

La compétition alimentaire s'instaure quand deux espèces ont des besoins identiques. La crépidule, mollusque gastéropode originaire d'Amérique du Nord et introduit accidentellement en Europe, menace les huîtres, dont elle consomme le plancton. Nombreux sont les oiseaux en compétition pour se nourrir, qu'il s'agisse d'insectes (oiseaux insectivores) ou de poissons (oiseaux piscivores). Oiseaux et reptiles insectivores, insectes et mammifères granivores sont également en rivalité alimentaire.

La prédation : manger ou être mangé

Finalement, toutes ces relations touchent, de près ou de loin, à ce besoin fondamental de tous les êtres vivants : se nourrir.

La relation de prédation est la plus universelle : l'un des individus, la proie, est mangé par l'autre, le prédateur. La relation entre proie et prédateur a été bien étudiée. Les éthologistes se sont intéressés aux mécanismes mis en œuvre par les prédateurs pour capturer leur proie et à tous les artifices utilisés par les proies pour échapper aux prédateurs.

L'acte de prédation est considéré par le biologiste français Henri Laborie (1914-1995) comme une réaction d'agressivité vis-à-vis de la proie. Les prédateurs, au cours de l'évolution, ont mis au point des techniques de chasse et de pêche adaptées aux proies à capturer : chasse à l'affût, chasse à courre, chasse en groupe... et auxquelles il leur est bien difficile d'échapper, même si la réussite n'est pas totale. En effet, attraper une antilope à la course, ou saisir un petit rongeur dans ses griffes, ne se réalise souvent qu'après plusieurs tentatives infructueuses du grand mammifère carnivore ou du rapace. Il y faut de la persévérance, de la répétition, donc de l'apprentissage et, *in fine*, de l'habileté.

Si cela est vrai chez les animaux et entre animaux et végétaux, en revanche ces derniers sont rarement carnassiers. Il existe cependant des plantes carnivores (quatre à cinq cents espèces) qui capturent des insectes et autres invertébrés, indispensables pour satisfaire leurs besoins en azote ; ainsi peuvent-elles vivre dans des habitats pauvres en substances nutritives : sols délavés des tourbières, landes humides... On les subdivise généralement en deux groupes, suivant leur façon de capturer les proies : les piégeurs actifs, comme la dionée gobe-mouche ou l'utriculaire, et les piégeurs passifs, comme la drosera ou la grassette.

Ces plantes disposent de mécanismes adaptatifs astucieux permettant d'attirer, de capturer, puis de digérer leurs proies. Il n'est donc pas surprenant que Charles Darwin les ait retenues comme exemple pour illustrer l'évolution.

Les proies, de leur côté, ont mis au point tout un arsenal de techniques ou de moyens pour se protéger des prédateurs. Elles disposent

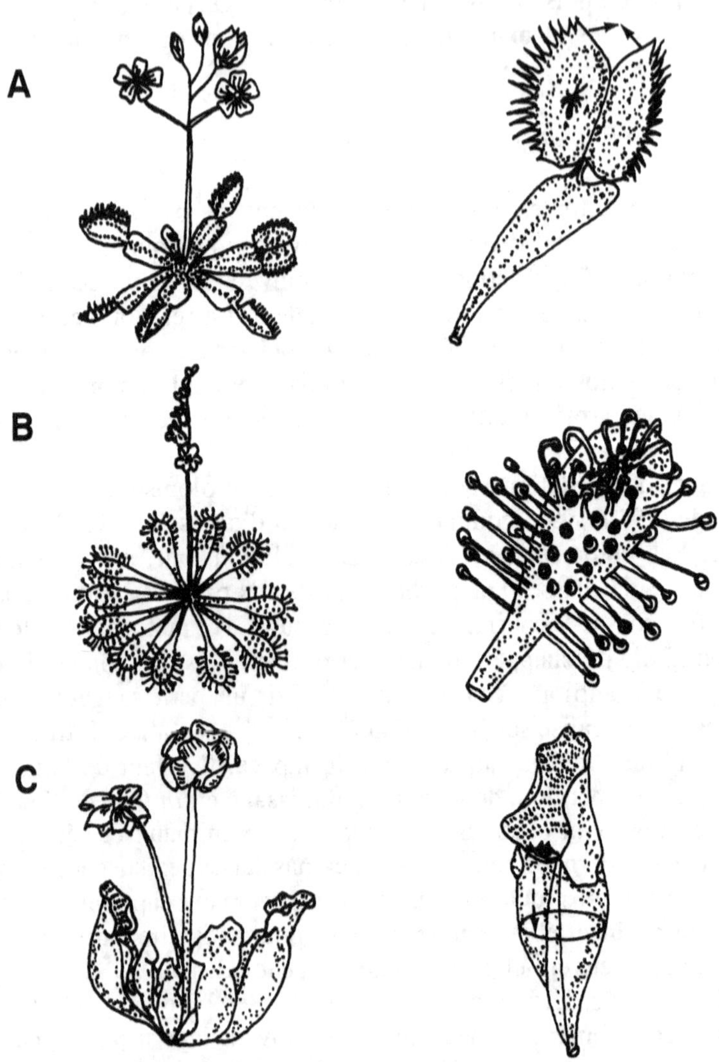

Fig. 41 — Les plantes carnivores et les pièges à insectes (simplifié d'après Y. Heslop-Harrison, « Les plantes carnivores », *Pour la science*, n° 6, p. 65, 1978).
A : Dionée gobe-mouche et, à la base, feuilles à charnière. À droite, détail d'une feuille qui se ferme (flèche) sur un insecte — B : Drosera et feuilles à glandes pédonculées. À droite, détail d'une feuille et insecte piégé — C : Sarranéciacée (*Sarranecia purpurea*) avec à la base des feuilles en forme d'urne. À droite, détail de la feuille et insecte tombant (flèche) dans le fond de l'urne remplie de sucs digestifs.

souvent d'éléments de protection mécanique : beaucoup d'espèces sont munies de piquants (poissons, hérisson) ou de soies ou poils urticants (insectes). Ces éléments sont parfois associés à une protection chimique grâce à des glandes à venin (amphibiens, reptiles), des odeurs repoussantes (mammifères), des substances toxiques (protéines urticantes des méduses), etc. Mais, de plus, nombreuses sont les proies à même d'échapper à leur prédateur parce qu'elles sont capables de camouflage, de mimétisme, voire de supercherie.

Ainsi des espèces se fondent-elles dans leur milieu grâce à l'homochromie (elles sont de même couleur que celui-ci). Certaines reproduisent la forme (homotypie) du milieu sur lequel elles vivent, tel le phasme ou bâtonnet, un insecte qui se confond avec les branches du lierre sur lequel il vit. D'autres miment des espèces vénéneuses et en adoptent le comportement : c'est le cas des papillons. Des papillons vénéneux sont délaissés par les prédateurs du fait d'une triple protection : leur goût désagréable, la robustesse de leurs téguments et leurs couleurs vives, dites aposématiques, car elles avertissent du danger qu'il y aurait à consommer ces insectes. Aussi des papillons non vénéneux, comestibles, imitent-ils la coloration mais aussi le comportement de vol de leurs congénères vénéneux afin d'échapper aux oiseaux prédateurs. Le mimétisme chez les insectes et en particulier les papillons a été mis en relation avec une grande variabilité génétique. Celle-ci s'expliquerait par la mise en jeu des transposons, les « gènes sauteurs » trouvés par Barbara McClintock, à l'origine d'une extrême biodiversité, au sein de laquelle la sélection naturelle a dû jouer.

Certaines espèces, enfin, sont capables de faire le mort — l'immobilité n'entraîne pas l'agressivité et il est conseillé, face à un grand prédateur, de rester immobile au lieu de s'enfuir —, voire le blessé. C'est le cas de certains oiseaux adultes, qui trompent ainsi un rapace qui les prendra comme cible, de préférence aux jeunes en bonne santé, qui pourront pendant ce temps se mettre à l'abri. Le prédateur s'attaque en effet de préférence au blessé, au jeune qui court moins vite, à l'individu affaibli par la maladie, à l'étourdi dont la vigilance est prise en défaut... Pour éviter d'être mangé, une attention de tous les instants s'impose ; que celle-ci se relâche, et c'est la mort inéluctable.

Manger ou être mangé est bien la loi universelle qui régit la nature ; elle est l'interdépendance alimentaire des n espèces qui constituent les biocénoses, interdépendance qui aboutit à la chaîne trophique évoquée au début de ce chapitre.

L'homme est-il un bon prédateur ?

À la lecture de ce qui précède, on est en droit de se demander si l'homme est un bon prédateur. Rappelons que pour les écologistes un bon prédateur prélève des proies mais ne met pas en danger la population aux dépens de laquelle il s'alimente.

L'homme fut sûrement un bon prédateur pendant toute la période de son histoire où il pratiqua le nomadisme, soit pendant quatre-vingt-dix mille ans : chasseur, pêcheur, cueilleur, il se déplaçait à la recherche de points d'eau et de nourriture, en groupes peu importants et restant peu de temps au même endroit, aussi sa pression sur l'environnement devait-elle être faible ; ce fut sa période écologique.

Avec la sédentarisation et l'invention de l'agriculture et de l'élevage, il y a 10 000 ans, l'homme a dû lutter contre la nature pour la domestiquer, c'est-à-dire lui faire produire sa nourriture. Mais les ressources alimentaires ainsi obtenues s'avérant sûrement insuffisantes, il lui a fallu continuer à chasser, à pêcher, à cueillir. Cette activité de prédateur ne cessera jamais. Elle se poursuit actuellement avec des moyens très performants qui laissent peu de chances aux proies : le nombre en diminue dangereusement et nombreuses même sont les espèces dites en voie de disparition. Les plus célèbres sont sûrement les grands mammifères terrestres : éléphants, rhinocéros, ours... ou marins : baleines, phoques... Les médias nous alertent aussi sur les grandes forêts détruites, en particulier en Amazonie. Mais ils sont moins prolixes quant aux autres espèces végétales et animales de plus petite taille (dont les oiseaux et de nombreux insectes) qui disparaissent par la faute de l'homme, mauvais prédateur car il prélève sans compter, et pas nécessairement pour s'alimenter, ce qui le différencie de l'animal.

D'ailleurs, le dernier congrès international sur « les espèces menacées », tenu à Nairobi en avril 2000, portait en particulier sur l'éléphant, trois États africains étant encore autorisés à en exploiter l'ivoire : le Zimbabwe, la Namibie et le Botswana, à hauteur de 50 tonnes d'ivoire par an provenant, en théorie, de décès naturels. Cet ivoire est vendu au Japon pour fabriquer entre autres des statuettes et des poinçons.

Cette autorisation — il s'agit d'une dérogation à la convention de Washington (la CITES) de 1972 qui limite le commerce des espèces rares et menacées — accordée par la CITES en 1997 à ces trois États fait des envieux. Pourquoi, alors, ne pas permettre l'exploitation des cornes de rhinocéros, utilisées dans la pharmacopée chinoise ?

D'où il ressort que la préservation des espèces n'est guère facile à concilier avec le commerce international...

CHAPITRE XII

L'écosystème

L'interdépendance des espèces au sein d'une biocénose est, comme indiqué précédemment, alimentaire. Elle est aussi énergétique, car les espèces échangent de l'énergie entre elles et avec le milieu qui est le leur. Cette interdépendance énergétique entre le milieu de vie, le biotope et la biocénose est à la base du fonctionnement de l'écosystème, dont la formule établie par Arthur G. Tansley en 1935 s'écrit ainsi :

Écosystème = biotope + biocénose

L'écologie, science des écosystèmes

Cette approche nouvelle de l'écologie introduite par A.G. Tansley prend fortement en compte l'aspect énergétique et fonctionnel de la relation entre les êtres vivants et leur milieu. La notion est à ce point incontournable que l'écologie est devenue la science qui étudie les écosystèmes.

Ceux-ci fonctionnent grâce à l'énergie solaire, transformée en énergie chimique par les végétaux chlorophylliens. L'herbe est mangée par les herbivores, qui sont à leur tour mangés par des carnivores. Ainsi, l'énergie chimique est transférée d'un niveau à l'autre dans la chaîne trophique. Tous les êtres étant mortels, des organismes se sont spécialisés dans la décomposition des cadavres : on les nomme les décomposeurs. Grâce à eux, la matière organique revient à l'état minéral et peut être utilisée dans les écosystèmes.

Ceux-ci sont ainsi le siège de transferts d'énergie et de matières qui regroupent le flux énergétique et les cycles biogéochimiques. Ces derniers étaient équilibrés jusqu'à l'intervention de l'homme, d'où une homéostasie des écosystèmes.

Composition de l'écosystème

L'écosystème est donc un système fonctionnel qui inclut une communauté d'êtres vivants et leur environnement.

Il comprend quatre ensembles fondamentaux :

— les substances organiques abiotiques et organiques du milieu ;

— les organismes autotrophes, qui sont capables de synthétiser la matière organique par le mécanisme de la photosynthèse : ce sont les producteurs (végétaux chlorophylliens) ;

— les organismes hétérotrophes, consommateurs de substances organiques élaborées par les producteurs et qui se répartissent en consommateurs de premier ordre (herbivores), de deuxième ordre (carnivores mangeant les herbivores) et de troisième ordre (carnivores se nourrissant de carnivores) ;

— les décomposeurs, qui sont eux aussi des hétérotrophes, transforment la matière organique en matière inorganique. On y ajoute les transformeurs (bactéries, champignons).

Ces divers éléments sont donc naturellement reliés entre eux par les chaînes trophiques :

Producteurs → Consommateurs → Décomposeurs

De plus, il y a modification cyclique des éléments de la matière, phénomène à propos duquel on parle de circulation de la matière, ou encore de grands cycles biogéochimiques. L'écoulement de l'énergie qui en résulte correspond, d'après François Ramade, « à un modèle thermodynamiquement ouvert ».

Circulation de la matière dans les écosystèmes :
les grands cycles biogéochimiques

L'interaction continue qui s'exerce entre facteurs abiotiques (biotope) et facteurs biotiques (biocénose) s'accompagne d'une circulation ininterrompue de matière entre biotopes sous forme de substances alternativement minérales et organiques.

En effet, les diverses espèces cherchent et absorbent sans relâche les substances indispensables à leur croissance, leur entretien, leur reproduction et rejettent dans le milieu des déchets minéraux et organiques provenant de leur métabolisme.

Les êtres vivants ayant des besoins en grande partie complémentaires, il en résulte un recyclage permanent des principaux éléments. À l'échelle de la biosphère, on parle de cycle biogéochimique pour ce passage alternatif des éléments entre milieu inorganique et matières vivantes, dont les phases successives se déroulent au sein des écosystèmes.

Ces différents cycles confèrent à la biosphère un pouvoir d'autorégulation baptisé homéostasie, lequel assure la pérennité des écosystèmes et se traduit par une remarquable constance du taux des divers éléments présents dans chaque milieu.

On distingue trois types de cycles biogéochimiques :
— le cycle de l'eau ;
— le cycle des éléments à phase gazeuse prédominante : oxygène, gaz carbonique, azote...
— le cycle des éléments à phase sédimentaire prédominante : soufre, phosphore, sels...

Nous n'étudierons ici que les cycles de l'eau, du carbone (gaz carbonique) et de l'oxygène, l'eau et l'atmosphère (gaz) représentant deux fluides indispensables au fonctionnement des écosystèmes.

Cycle biogéochimique de l'eau

L'eau existe sous trois états : liquide, solide et gazeux et s'échange entre les trois grands compartiments de la Terre, la sphère aquatique ou hydrosphère, la sphère gazeuse ou atmosphère et la sphère rocheuse ou lithosphère.

Ces trois compartiments contiennent une quantité d'eau différente. En étalant (par hypothèse) cette eau sur toute la surface de la Terre, l'eau de l'hydrosphère aurait une épaisseur de 2 700 mètres, celle de la lithosphère de 15 mètres alors que celle de l'atmosphère ne représenterait que 0,03 mètre.

Or, tout le cycle de l'eau est fondé sur cette eau atmosphérique qui forme les nuages, se condense et se précipite en pluie. L'eau de pluie tombe dans les océans (pour les sept neuvièmes) et sur la terre (deux neuvièmes) où elle s'infiltre dans le sol.

Une partie de l'eau échappe à ce cycle, car stockée à l'état solide : ce sont la neige et la glace, d'une épaisseur de 50 mètres. Leur fonte est fonction du réchauffement de la Terre et donc des grands cycles climatiques.

Or, le cycle que nous venons de décrire est uniquement géochimique. Nous avons omis le rôle fondamental des êtres vivants et en particulier des végétaux. Ceux-ci en effet, par leurs racines, pompent l'eau dans le sol, eau qui circule dans les vaisseaux et s'évapore au niveau des pores (les stomates) de l'épiderme des feuilles.

Ainsi, le biologique — ici les végétaux — participe activement au cycle de l'eau, d'où le nom de cycle biogéochimique qu'on lui attribue. C'est dire que chaque fois que l'homme touche à la forêt — la déforestation est toujours à la mode (voir chap. XIII) —, il modifie le cycle de l'eau et qu'il n'y a donc pas matière à s'étonner de la fréquence de graves inondations trop facilement baptisées catastrophes naturelles !

En Afrique, les termites, ces insectes sociaux étudiés précédemment, contribuent à l'évaporation de l'eau au niveau de la termitière qu'ils construisent ; on l'appelle alors un « evaporarium » ! Ils participent aussi à la formation de la latérite, ce sol particulièrement peu propice au développement de la végétation dans ces régions semi-désertiques.

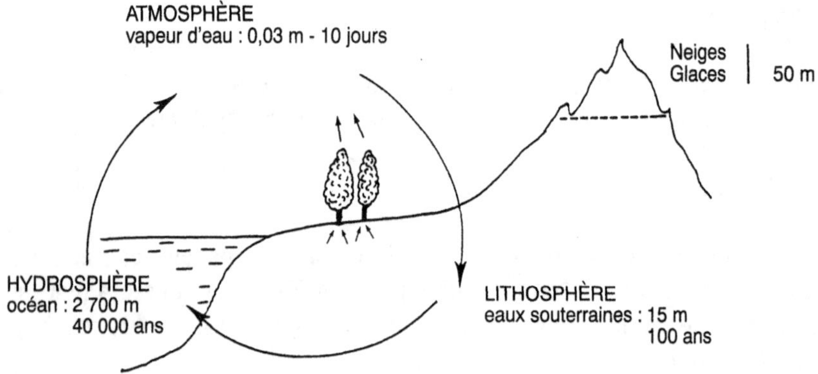

Fig. 42 — Cycle de l'eau : quelques chiffres significatifs. Il s'agit d'un cycle simplifié de l'eau à travers les trois enveloppes de la Terre.
Sont indiquées en mètres les épaisseurs de ces eaux si elles étaient uniformément réparties sur toute la surface terrestre ; sont indiqués en jours et en années les temps de résidence de l'eau dans les trois compartiments. (Chiffres de F. Ramade, 1978 et Cl. Allègre, 1990).
Le végétal représente la biosphère, participe au recyclage de l'eau et permet de dire qu'il s'agit d'un cycle biogéochimique de l'eau.

Cycles biogéochimiques du carbone et de l'oxygène

Nous associons volontairement ici ces deux cycles biogéochimiques qui en réalité sont indissociables. En effet, le cycle du carbone s'effectue grâce au gaz carbonique qui est utilisé lors de la photosynthèse. Celle-ci produit de l'oxygène, or l'oxygène, par la respiration, brûle les composés carbonés que sont les sucres produits par la photosynthèse.

Photosynthèse et respiration sont responsables de la production et de l'équilibre des gaz qui composent l'atmosphère que nous respirons, selon la formule :

$$CO_2 + H_2O \underset{\text{respiration}}{\overset{\text{Photosynthèse}}{\rightleftarrows}} /CH_2O/ + O_2$$

gaz carbonique — eau — — sucre — oxygène

Ces deux mécanismes conditionnent la circulation du carbone dans l'écosystème.

Le gaz carbonique atmosphérique est utilisé par les végétaux chlorophylliens qui réalisent leurs synthèses de substances carbonées. Leur fermentation et leur décomposition par dégradation oxydative libèrent du gaz carbonique et aboutissent à la formation d'humus.

Quand la décomposition est incomplète, il se réalise de la tourbe, du charbon, voire des hydrocarbures comme le pétrole, ou du gaz... Ces dépôts fossiles constituent une stagnation du cycle du carbone. Ils furent importants à l'ère primaire (570 à 240 millions d'années), période des grandes forêts où, pense-t-on, le taux de gaz carbonique atmosphérique devait être bien supérieur au 0,03 % actuel.

Or, actuellement que constatons-nous ? Que le taux de CO_2 atmosphérique augmente depuis l'ère industrielle. L'homme utilise en effet les carbones fossiles pour l'industrie, l'agriculture et l'activité domestique (chauffage, automobile...) ; il remet ainsi en circulation le carbone piégé, et le CO_2 s'accumule. De plus, la déforestation crée un manque d'utilisateurs de CO_2 ; non employé, celui-ci stagne dans l'atmosphère. Ces deux effets cumulés devraient conduire au doublement du taux de CO_2 et donc à l'augmentation de l'effet de serre (voir chap. XIII pour les conséquences, p. 277 *sq.*).

Qu'en est-il de l'oxygène ?

Ce gaz atmosphérique si important — il représente 21 % de l'atmosphère — est d'origine biogène ; en d'autres termes, il a été produit au cours du temps par les êtres vivants, grâce à la photosynthèse. Actuellement, l'oxygène atmosphérique est à 80 % émis par le phytoplancton marin, ces algues microscopiques qui flottent passivement dans l'eau de mer. Il servira à oxyder par le biais de la respiration les composés carbonés.

Le cycle de l'oxygène est donc inverse de celui du carbone, mais il ne semble pas perturbé de façon notable par l'activité humaine, à l'exception éventuelle de la déforestation ; or les grands arbres des forêts — que les médias désignent à tort comme étant le « poumon de la terre » (un poumon absorbe de l'oxygène et n'en produit pas) — n'interviennent que pour 20 % dans la production de l'oxygène atmosphérique.

Par contre, l'oxygène, en haute altitude, se transforme en ozone ($O_2 + O \rightarrow O_3$). La couche d'ozone formée, l'ozonosphère, est protectrice de la vie sur terre comme nous l'avons indiqué au début de cet ouvrage (chap. I) : elle arrête en effet certaines radiations ultraviolettes, les UVB. Or, l'activité humaine la menace, qui serait responsable du fameux « trou dans la couche d'ozone ».

De quoi s'agit-il exactement ? Les chercheurs ont montré qu'au-dessus de l'Antarctique la concentration de l'ozone diminue au début de l'été austral (septembre-octobre). Cette baisse, qui était de 20 à 30 % en 1980, atteint maintenant près de 60 %. La diminution cyclique est sûrement un phénomène naturel — l'ozone est produit activement au niveau de la zone équatoriale et transporté par les grands courants aériens vers les pôles —, qu'amplifie l'activité humaine. Deux Américains, Franck S. Rowland et Mario J. Molina (prix Nobel de chimie en 1995) ont accusé, dès 1974, les fréons, ces gaz inventés par l'industrie chimique des années 1930 (ce sont des chlorofluorocarbures ou CFC) d'être responsables, par le chlore qu'ils libèrent en haute altitude, de la destruction de la couche d'ozone.

Un autre chercheur, le Néerlandais Paul Crutzen (également prix Nobel de chimie en 1995) a quant à lui démontré que la pollution automobile génère, en basse altitude (au niveau du sol), de l'ozone. En effet, la combustion du carburant des véhicules libère de l'oxyde d'azote (NO_2) qui se décompose et produit de l'ozone par combinaison avec l'oxygène atmosphérique, selon les formules suivantes :

$$NO_2 \quad \rightleftarrows \quad NO + O$$

$$O + O_2 \quad \rightleftarrows \quad O_3$$

La production d'ozone en basse altitude ne compense pas la destruction en haute altitude — ces phénomènes seraient complètement indépendants —, mais elle contribue également à l'effet de serre (voir chap. XIII) et à la pollution de l'atmosphère. D'ailleurs on nous alerte quand son taux augmente anormalement, car ce gaz est toxique, tout particulièrement pour les personnes âgées, les enfants et les asthmatiques.

Le flux d'énergie et la productivité des écosystèmes

Pour simplifier, on peut assimiler l'écosystème à une usine qui utilise et transforme l'énergie en matière. En déduire sa productivité permettra de comparer entre eux les différents écosystèmes dont l'homme est l'utilisateur potentiel.

Le flux solaire est l'unique « entrant » énergétique de la biosphère, donc des écosystèmes. On peut dire schématiquement que, dans un biotope, la photosynthèse sera d'autant plus importante que la quantité de rayonnement solaire qui arrive au sol y sera plus élevée.

Or, sur la totalité de l'énergie qui entre, seuls 40 % arrivent au sol. De plus, sur ces 40 %, les pigments chlorophylliens ne sont sensibles qu'à certaines longueurs d'onde (bleues ou rouges) et, finalement, seuls 10 % de l'énergie solaire sont reçus par les plantes et transformés en une biomasse végétale.

Le rendement photosynthétique est très faible : 0,1 à 1,6 %. On parle du taux global d'assimilation photosynthétique des producteurs d'un écosystème ; cette production primaire (PB) ou productivité primaire brute est déterminée et chiffrée en unité de masse (biomasse) par rapport à des unités de surface et de temps (tonnes/hectare/an) ou en unité de chaleur par rapport à des unités de surface et de temps (kilocalories/hectare/an).

Mais les producteurs sont mangés par les consommateurs. L'accroissement en biomasse de ces derniers est la productivité secondaire et, finalement, la circulation de matière dont nous parlions précédemment n'est qu'un transfert d'énergie : la chaîne alimentaire est représentée par une pyramide trophique ou pyramide des biomasses.

Dès 1942, Raymond Lindeman proposait un rendement de 10 % comme ordre de grandeur maximal pour les transferts énergétiques de la nutrition dans les conditions naturelles (cf. fig. 43).

Cette médiocre efficacité écologique des écosystèmes permet d'ailleurs de comprendre qu'au quatrième niveau — celui des supercarnivores — les animaux soient peu nombreux : l'énergie y est trop faible.

Il faut, en fait, calculer la productivité nette des écosystèmes (PNE), qui est la différence entre la productivité brute (PB) des autotrophes et la totalité des dégradations respiratoires de ces derniers (RA) et des chaînes d'hétérotrophes (RH) (respiration + fermentation).

PNE = PB – (RA + RH)

Mais si l'on déduit la respiration des autotrophes de leur production

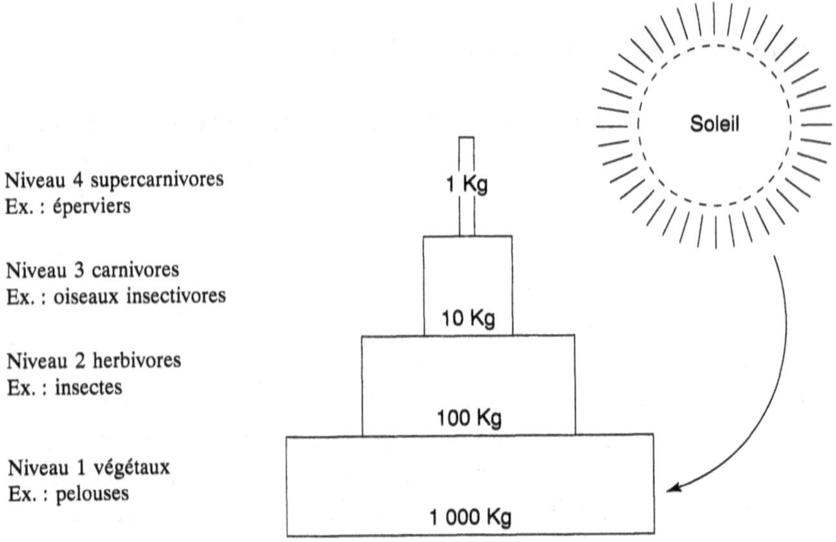

Fig. 43 — Transfert énergétique dans la chaîne trophique

brute (PB – RA), on obtient la productivité nette des autotrophes, c'est-à-dire PN, d'où la formule générale :

$$PNE = PN - RH$$

Or, de même qu'une biocénose, un écosystème évolue jusqu'au climax. À ce stade, le nombre d'hétérotrophes devient très grand, leur respiration (RH) équivaut à la productivité nette (PN) des autotrophes et la productivité de l'écosystème tend vers zéro, ce qui fait dire à Paul Duvigneaud que « la matière qui naît est égale à la matière qui meurt ».

En d'autres termes, la productivité des écosystèmes, importante lorsqu'ils sont jeunes, diminue puis s'annule avec leur évolution vers l'équilibre climacique. Eugène P. Odum a dressé un bilan d'où il ressort que la somme d'énergie perdue par respiration, accumulée dans l'écosystème et exportée, est rigoureusement égale à celle fixée par la photosynthèse.

Il est important d'étudier et de chiffrer la productivité des divers écosystèmes, ce que l'on fait actuellement, après les avoir classés.

Classement des écosystèmes et productivité comparée

Il est habituel de classer les écosystèmes par référence aux biotopes concernés. Ainsi, distingue-t-on les écosystèmes continentaux, localisés sur les continents, des écosystèmes océaniques, qui constituent le milieu marin.

Les écosystèmes continentaux sont les écosystèmes terrestres parmi lesquels on peut citer les forêts, ou écosystèmes forestiers, les prairies, steppes et savanes, ou écosystèmes prairiaux, et enfin les cultures de l'homme, dites écosystèmes agricoles ou agrosystèmes par contraction d'« agro » et d'« écosystème ».

Ce sont aussi les écosystèmes des eaux continentales, c'est-à-dire des eaux douces ou écosystèmes limniques. On distingue en leur sein les eaux non courantes (lacs et étangs), qui forment les écosystèmes lenthiques (de *lenis* : « calme »), des eaux courantes (rivières, fleuves...) qui forment les écosystèmes lotiques (de *lotus* : « en mouvement »).

Enfin, les écosystèmes océaniques concernent les mers et les océans, dont l'étude relève de l'océanographie. Depuis les littoraux jusqu'aux grands fonds marins (11 000 mètres), les écosystèmes sont marqués par les marées, les courants, les vagues, la pénétration de la lumière, etc.

Une autre classification des écosystèmes se fait par référence à la biocénose. Quand on parle d'écosystème forestier, c'est l'arbre qui est pris comme référence. Si l'on s'intéresse aux insectes, on parle d'écosystème entomologique. Enfin, nous parlerons (voir *infra*) d'écosystème humain !

Pour comparer la productivité des écosystèmes, Paul Ozenda propose (cf. tableau ci-dessous) de les regouper en trois ensembles terrestres, couvrant à peu près la même superficie, et un ensemble aquatique immense (océans, mers et eaux continentales).

	S 10^6 km²	m t/ha	M 10^9 t	p t/ha/an	P 10^9 t/an
Forêts	57	300	1 720	13,5	77
Groupements herbacés et cultures	40	25	102	7	28
Végétation aride ou très froide	50	3,7	18,5	0,4	2
Mers et lacs	375	0,1	3,3	1,5	56

S = surface occupée ; m = biomasse par hectare ; M = biomasse totale sur la surface S ; p = productivité ; P = production totale annuelle dans le monde

Fig. 44 — Productivité comparée des écosystèmes
(d'après P. OZENDA, *Les Végétaux dans la biosphère*, Doin, 1982, p. 354).

De ce tableau il ressort que :

— les forêts, avec un tiers de la surface des terres émergées, représentent une forte biomasse et une forte productivité. La production totale de matière végétale constitue, à elle seule, la moitié du bilan photosynthétique du globe ;

— les groupements herbacés (savanes, prairies, marais) et cultures, équivalents à 30 % des surfaces émergées, ont une faible biomasse, mais une bonne productivité par renouvellement annuel (d'agrosystèmes toujours jeunes) ;

— les groupements terrestres vivant dans des conditions limites (steppes, déserts, toundras, prairies alpines), soit un tiers de la surface continentale, ont une biomasse, une productivité et des productions très faibles ;

— les océans et les mers, soit trois quarts de la surface du globe, et les eaux continentales, soit un centième, représentent une biomasse très faible (surtout constituée de plancton) en dehors des zones côtières ; l'océan est un immense désert dont la productivité est médiocre, mais la production totale est importante, du fait de l'énormité des surfaces.

Gardons en mémoire ces quelques chiffres globaux, car ils sont à même d'intéresser l'homme qui souhaite exploiter la productivité de certains écosystèmes (chap. XIII).

Quelques écosystèmes caractéristiques

Il n'est pas question de passer ici en revue tous les écosystèmes précédemment cités, mais seulement d'en retenir quelques-uns parmi les plus caractéristiques. L'idée directrice est qu'en fonction des contraintes environnementales la richesse en espèces, ou biodiversité (voir *infra* chap. XIII), est plus ou moins grande. L'eau et la température sont des facteurs déterminants, à telle enseigne que les forêts tropicales — humides et chaudes — sont riches d'une extrême diversité biologique, alors que les régions très froides ou très sèches sont désertiques, donc plus pauvres.

Les forêts tropicales et leur canopée

De part et d'autre de l'équateur, localisées en Amérique du Sud et en Afrique, les forêts tropicales — sempervirentes et caducifoliées — représentent une biomasse considérable de très grands arbres auxquels sont associées de très nombreuses espèces. Tout en ne recouvrant que

7 % de la surface de la planète, ces forêts abritent environ la moitié des espèces décrites.

Philippe Leroy, président de la commission permanente du Conseil supérieur de la forêt, précise qu'un hectare de ces forêts peut porter jusqu'à trois cents essences d'arbres, contre seulement une dizaine dans la forêt tempérée. À côté de ces arbres, les autres plantes sont nombreuses. « Sur un quart de kilomètre carré de forêt colombienne, on recense mille cent espèces différentes. Presque autant que la totalité des plantes dénombrées dans les îles Britanniques, pourtant un million de fois plus vastes ! »

Longtemps, il fut difficile d'identifier les espèces végétales et animales de ces forêts, du fait de leur difficulté d'accès, mais aussi de l'impossibilité de récolter les espèces vivant à la cime de ces arbres, cet endroit que l'on appelle la canopée, d'un terme franglais *canopy* désignant en anglais la cime des arbres.

La canopée est peuplée d'une multitude d'espèces que les chercheurs découvrent actuellement grâce à des moyens élaborés tels que le « radeau des cimes », un ballon qui les dépose sur la cime des grands arbres. Cette méthode est plus écologique que celle utilisée autrefois, qui consistait à pulvériser des insecticides sur la zone étudiée et à récolter au sol une multitude d'espèces d'insectes méconnues.

Quelles que soient les méthodes employées par les scientifiques, ceux-ci ont mis en évidence la prodigieuse richesse de la biodiversité présente dans la canopée, richesse qui reste encore à préciser, en particulier en ce qui concerne les invertébrés, dont les insectes. On a d'ores et déjà répertorié un million d'espèces d'insectes dans le monde et, comme indiqué précédemment (voir chap. VIII), c'est en étudiant les insectes de la canopée des forêts tropicales que Terry Erwin et Nigel Stock avancent les chiffres faramineux de trente, voire quatre-vingts millions d'espèces d'arthropodes et d'invertébrés.

Les mangroves : des forêts aquatiques

À la limite entre les océans et les continents, dans les régions intertropicales, existent des associations végétales baptisées mangroves. Il s'agit de forêts aquatiques se développant sur des sédiments vaseux des mers chaudes, dans la zone littorale de balancement des marées. Leur superficie mondiale est estimée à cent mille kilomètres carrés, dont la moitié concerne trois pays : le Brésil (25 000 km^2), l'Indonésie (21 000 km^2) et l'Australie (11 000 km^2).

Les conditions écologiques les plus favorables à leur développement sont réalisées, entre autres, dans les grands deltas tropicaux de l'Orénoque, de l'Amazone, du Gange et du Mékong.

Cette végétation arborée vit les racines dans l'eau salée. Les espèces sont adaptées au temps de submersion liée à la marée, à la salinité de l'eau, ainsi qu'à l'alternance d'hydratation et de dessiccation. De ce fait, elles sont distribuées en bandes parallèles au littoral de manière tout à fait caractéristique. Selon la localisation géographique, le nombre d'essences d'arbres varie d'une dizaine (mangroves de l'Atlantique, en Afrique occidentale et aux Antilles...) à une cinquantaine (mangroves de l'océan Indien, en Afrique orientale, et du Pacifique, dans le Sud-Est asiatique...), même si on les appelle couramment des « palétuviers » (genres principaux : *Avicennia, Rhizophora...*).

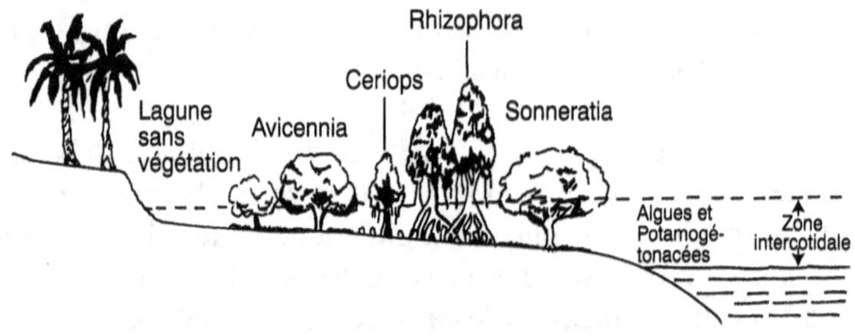

Fig. 46 — Zonation d'une mangrove : à gauche le continent, à droite, la mer, en pointillé le niveau des hautes marées qui atteint la base du feuillage (d'après Walter, in P. OZENDA, *Les Végétaux dans la biosphère*, Doin, 1982).

Ces végétaux témoignent d'une double adaptation relativement originale. D'une part, comme ils ne peuvent respirer par leurs racines, qui sont sous l'eau, ils dressent des racines verticales, les pneumatophores, et développent des racines aériennes (ou racines échasses) qui leur permettent une respiration aérienne et leur donnent une morphologie caractéristique. D'autre part, la salinité marine pose un problème physiologique de circulation d'eau à l'intérieur du végétal. Celui-ci règle la question en absorbant sélectivement les ions (potassium, K), dont l'accumulation entraîne une augmentation de la pression osmotique et assure la circulation de l'eau dans la plante. De plus, du sel est parfois excrété au niveau des feuilles des *Avicennia,* qui possèdent dans leurs tissus des glandes à sel.

Ainsi, adaptations morphologiques et physiologiques permettent à quelques espèces végétales, peu nombreuses dans ces régions tropicales, de vivre les pieds dans une eau dont la salinité varie en fonction de l'arrivée d'eau douce du continent. Mais, et c'est là toute l'originalité de la mangrove, ces quelques arbres avec leurs systèmes racinaires complexes abritent un monde animal d'une grande richesse. Ces animaux trouvent là de la nourriture (matières organiques) mais aussi des lieux de reproduction.

Les mangroves représentent des « nurseries animales » d'une très grande biodiversité. François Blasco estime que plus de 80 % des espèces marines d'une région tropicale donnée passent une partie de leur vie en leur sein. Parmi ces espèces marines, poissons, mollusques et crustacés abondent. Certaines sont caractéristiques des mangroves, tels les « poissons promeneurs », ou périophtalmes, qui marchent sur la vase grâce à leurs nageoires pectorales adaptées, ou les « crabes violonistes » (genre *Uca*) et les mollusques (genre *Neritina*) qui y pullulent. Mais la mangrove abrite aussi une multitude d'oiseaux qui se nourrissent d'insectes et de mollusques abondants. Quelques mammifères menacés de disparition y trouvent encore refuge : c'est le cas du tigre du Bengale et du nasique, un singe de Bornéo.

Les mangroves font actuellement l'objet de recherches intensives, d'autant que, situées le long des côtes et des grands deltas tropicaux, elles sont directement menacées par les activités humaines.

La Grande Barrière de corail

L'Australie, immense île faisant partie de l'Océanie, constitue à elle seule un continent, vu sa superficie (7 703 000 km^2). Son isolement — comme pour toutes les îles — se traduit par des caractéristiques biologiques qui lui sont propres. Elle héberge un ensemble original d'espèces endémiques constituant un ordre des mammifères : les marsupiaux, dont les kangourous, les koalas, etc. Ce sont les plus anciens des mammifères, qui ont développé tous les régimes alimentaires : ils sont insectivores, herbivores ou carnivores.

De surcroît, l'Australie abrite une construction animale très spectaculaire : la Grande Barrière de corail. Celle-ci représente en effet une bande presque ininterrompue de deux mille kilomètres de long sur cent quarante-cinq kilomètres de large et cent vingt mètres de haut que les spationautes voient de leurs vaisseaux. Les Australiens la considèrent comme la huitième merveille du monde ; les aborigènes l'appellent le « Jardin des rêves ». Du point de vue des biologistes, il s'agit d'une biocénose originale puisque construite par des animaux, les coraux ou madréporaires, c'est-à-dire des cnidaires. Dans tous les exemples cités, on a vu que les végétaux dominaient. C'est ici l'exception qui confirme la règle !

Les coraux sont des animaux constructeurs de roche (ils fabriquent du calcaire) dans des eaux chaudes et bien éclairées : ils bénéficient, pour cela, comme indiqué précédemment (voir chap. XII), de l'aide d'algues unicellulaires vivant en symbiose dans leurs tissus. Il s'agit de zooxanthelles localisées dans leurs cellules digestives et qui ont besoin de lumière pour assurer leur photosynthèse. C'est la raison pour laquelle les coraux ne peuvent prospérer que dans des eaux dont la profondeur ne dépasse pas cent mètres (cinquante à soixante mètres dans la Grande Barrière), d'autant qu'il leur faut une température supérieure à 20 º C.

La symbiose avec les zooxanthelles se révèle d'une très grande efficacité quant à la fabrication de calcaire : la croissance du squelette est quatorze fois plus rapide à la lumière solaire qu'à l'obscurité. Les zooxanthelles fixent du gaz carbonique en grande quantité et de plus libèrent de l'énergie utilisable pour la formation du calcaire.

Ces constructions récifales sont aussi réalisées par des algues calcaires vertes et rouges, lesquelles participent en outre à la cohésion du récif. D'autres algues le protègent de l'érosion.

Le récif est donc à la fois minéral, végétal et animal. Beaucoup d'auteurs s'accordent pour dire que cette très grande biodiversité équivaut à celle de la forêt tropicale humide.

Dans la Grande Barrière on a dénombré plus de cinq cents espèces de coraux encroûtants ou arborescents (en corne de cerf, en feuille de chou, etc.), ces derniers servant alors de support à des végétaux (des algues), mais aussi à des animaux fixés, tels que les éponges ou les vers... L'ensemble forme un lieu de vie d'une fascinante diversité biologique. Crustacés (crabes, langoustes), échinodermes (oursins, concombres de mer, étoiles de mer), poissons, etc., trouvent là à la fois de quoi s'alimenter (par prédation) et des abris pour assurer leur reproduction.

Véritable aquarium à ciel ouvert, d'une extraordinaire complexité de fonctionnement, mais aussi d'une extrême fragilité, la Grande Barrière est menacée par le pullulement d'étoiles de mer appelées « coussins de belle-mère » (*Acanthaster planei*). Elles sont carnassières et broutent le corail, qui en meurt. Mais qui est à l'origine de cette croissance exponentielle du nombre des étoiles de mer ? C'est l'homme, responsable de la disparition de leurs prédateurs, des mollusques de grande taille, dont les tritons conques, pêchés pour être vendus aux collectionneurs.

Des algues filamenteuses, des champignons, des éponges (du genre *Cliona*), des vers, des mollusques (dont les tarets), des crustacés participent eux aussi, en le perforant, à l'érosion biologique du récif, en général compensée par l'édification et la recolorisation, grâce à une reproduction efficace du corail.

Plus catastrophique sans doute est l'augmentation de la température des eaux liée à l'aggravation de l'effet de serre. On constate alors que les algues microscopiques fuient le corail, qui blanchit (d'où le nom de « maladie blanche ») et qui, sans cette symbiose, meurt...

Il existe, en fait, trois types de récifs coralliens dans les eaux chaudes et ensoleillées des mers tropicales. Des récifs frangeants se développent en bordure de côtes, dans des eaux peu profondes. Les récifs barrières — comme la Grande Barrière australienne — sont parallèles aux côtes et constituent un élément protecteur de celles-ci. Enfin, les atolls sont des îles coralliennes, en anneau, qui entourent un lagon central. Les coraux s'étant fixés sur d'anciens volcans sous-marins qui s'enfoncent graduellement au fur et à mesure que l'épaisseur des coraux augmente, l'atoll a la configuration du cratère du volcan.

Des oasis au fond des océans ou la vie sans lumière

Au début des années 1980, on découvrit, contre toute attente, l'existence d'une faune exubérante, proliférant à des profondeurs de 2 000 à 3 000 mètres et baptisée « les oasis du fond des océans ». Ils sont situés à proximité de sources chaudes, les « fumeurs noirs », alors qu'alentour règne le grand désert.

La vie est ainsi apparue dans une zone où n'arrive pas la lumière du soleil. Elle s'est développée sans l'énergie solaire et donc sans la photosynthèse, habituellement indispensables au fonctionnement des écosystèmes.

Au fond des océans, des surélévations montagneuses, les dorsales océaniques, ont été mises en évidence. Sur celle des Galapagos, des chercheurs américains découvrirent dès 1977 une vie abondante au niveau de sources hydrothermales. Ce phénomène fut retrouvé par des chercheurs français sur une portion de la dorsale du Pacifique, puis sur sa totalité en 1982.

La vie qui a colonisé ces sites est exubérante et les formes géantes d'animaux, notamment des vers, constituent une biomasse importante. Cette vie est liée à la présence des sources hydrothermales en activité. D'ailleurs, selon leur tolérance à la température, les espèces sont réparties en auréoles concentriques, la température de l'eau variant de quelques dizaines de degrés à 350 $^{\circ}$ C. Cette eau est de plus très riche en sulfures, dont l'hydrogène sulfuré (H_2S), à l'origine du fonctionnement de l'écosystème.

Les chercheurs ont montré que des bactéries autotrophes, chimio-synthétiques, existant en grande quantité, sont capables d'utiliser l'hydrogène sulfuré pour transformer le gaz carbonique en sucres, selon la formule :

$$CO_2 + H_2S \longrightarrow (CH_2O) + S$$
$$\text{sucres}$$

Ces bactéries sont des thiobactéries. Le déchet de leur métabolisme est le soufre (S). Elles sont adaptées à des températures élevées ainsi qu'à de très fortes pressions hydrostatiques (250 à 260 bars).

Les sucres qu'elles forment sont ainsi à la base des processus énergétiques qui font fonctionner la biocénose et cet écosystème du fond des océans.

D'ailleurs, ces mêmes chercheurs ont montré que non seulement les bactéries étaient libres, mais que, de plus, nombreuses étaient celles associées aux tissus des vers, crustacés et autres invertébrés peuplant ces zones. Il s'agit d'associations de type symbiotique entre ces bactéries productrices d'énergie (sucres) et les invertébrés qui leur offrent un abri.

Un écosystème du même type a été décrit récemment à propos de la grotte de Movilé, en Roumanie. Cette caverne, découverte en 1986 par un spéléologue roumain, Christian Lascu, présente la particularité d'être noyée dans sa partie inférieure par une eau thermominérale sulfureuse. Mais, son originalité la plus grande réside dans le fait qu'elle recèle des êtres vivants dont la biocénose fonctionne, dans l'obscurité, à partir de la chimiosynthèse de bactéries autotrophes.

Si l'on sait expliquer le fonctionnement de tels écosystèmes, en l'absence de lumière, la question de leurs mode et date d'installation reste posée. D'après Lucien Laubier, l'hypothèse généralement admise, pour les fonds marins, est que les espèces qu'on y trouve sont issues d'espèces littorales qui ont fui la trop forte pression exercée sur elles par des prédateurs. Ces espèces ont migré vers les grandes profondeurs en suivant les zones actives géologiquement. Elles se seraient finalement installées autour des sources hydrothermales, où des bactéries chimiosynthétiques abondaient et constituaient de véritables producteurs. Elles ont pu être mangées par des espèces qui ont trouvé là un refuge, ou devenir symbiotiques de certaines autres.

L'isolement de ces espèces, dont certaines sont de véritables fossiles vivants, conduit à un endémisme des espèces de mollusques, de vers, de crustacés, etc., qui ont été recensées dans ces zones hydrothermales.

Grâce à des études paléogéographiques et géologiques, on peut situer l'isolement de la grotte de Movilé vers la fin du miocène, il y a environ 5,2 millions d'années. L'assèchement de la mer Noire aurait entraîné l'établissement d'un nouveau profil d'équilibre des eaux souterraines, à l'origine de nouvelles cavernes, dont celle de Movilé. Les eaux sulfureuses du sous-sol ont envahi ces cavités naturelles et des espèces terrestres y ont trouvé refuge. Isolées depuis plusieurs millions d'années, celles-ci se sont adaptées au milieu cavernicole par la perte des yeux et de la pigmentation. L'endémisme affecte 75 % des espèces décrites (dont toutes les espèces nouvelles) dans la grotte de Movilé.

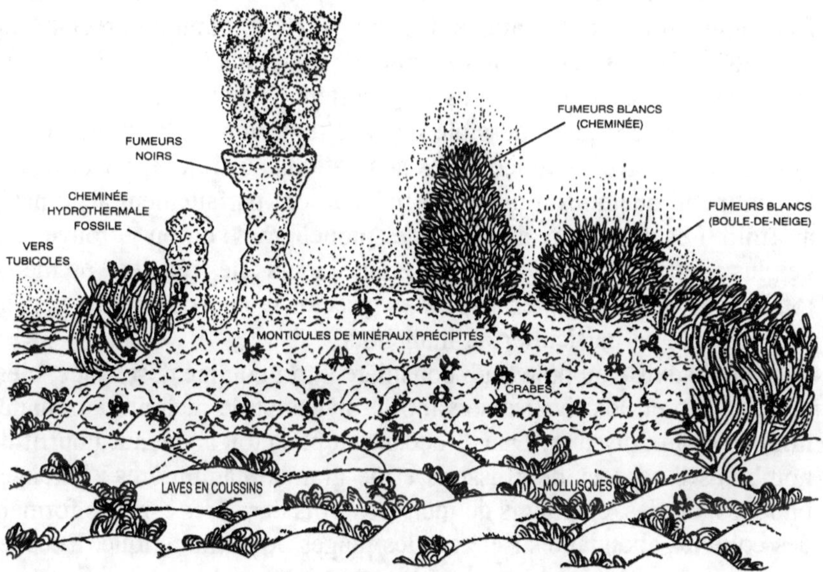

Fig. 46 — Biocénose du fond des mers
Reconstitution du champ hydrothermal près des « fumeurs noirs » due à T. Juteau et C. Rangin (d'après K. MacDonald et B. Luyendyk, « La crête de la dorsale du Pacifique-Est », *Pour la science*, juillet 1981, n° 45, p. 35)

L'Antarctique : la vie au froid

Arctique et Antarctique sont les deux pôles opposés de la planète Terre, le premier au nord, le second au sud. Rappelons pour mémoire que le pôle Nord est une mer gelée bordée de terres, alors que le pôle Sud est un continent, c'est-à-dire de la terre. Cette terre est gelée, couverte de glace et entourée par l'océan Antarctique, situé au sud de trois autres océans, l'Atlantique, le Pacifique et l'Indien. De cette différence géographique fondamentale, il résulte que le pôle Nord, entouré de terres habitées par des populations diverses, est considéré par toutes les nations qui se le partagent comme une zone stratégique et est donc militarisé, alors que le pôle Sud, non habité, non militarisé, est « abandonné » aux scientifiques de toutes les nations...

Géographiquement, l'Antarctique est un continent de treize millions de kilomètres carrés (contre 10,2 millions pour l'Europe) recouvert par une énorme masse de glace, dont l'épaisseur dépasse 2 000 mètres. L'altitude au pôle est de 2 804 m et le volcan Erebus culmine à 3 794 m. Ce glacier, dont la surface peut atteindre vingt millions de kilomètres carrés au plus fort de l'hiver, est lié à un climat froid, sec, venteux. Même l'été, la température ne dépasse pas 0 $^\circ$ C et l'on enregistre fréquemment des températures de – 60 $^\circ$ C (le minimum enregistré est de – 88° 3 C). Les vents sont extrêmement violents (jusqu'à 320 km/h) et forment, avec la neige qu'ils transportent, le blizzard.

La vie est cependant possible dans cette région — la moins hospitalière de la Terre — grâce à des adaptations au froid et au vent. Sur le continent, quelques mousses et lichens sont parfaitement acclimatés au froid. Les nombreux diptères (des moucherons) qu'on y trouve sont de plus adaptés aux vents violents grâce à leurs ailes réduites, ou même totalement absentes (aptérisme). Ces insectes se nourrissent aux dépens de cadavres, en particulier de manchots.

Si la vie existe au pôle Sud, considéré à tort comme désertique, c'est grâce à la mer, les rivages servant de plages et de nichoirs aux mammifères et aux oiseaux. Dans l'océan, un plancton abondant nourrit de nombreuses espèces de poissons et de grands mammifères : baleines, phoques, otaries, éléphants de mer. Ces trois dernières espèces forment des colonies abondantes l'été sur les plages de l'Antarctique. Elles les partagent avec des oiseaux, dont les manchots, qui par leurs fientes et leurs cadavres notamment, contribuent au fonctionnement de l'écosystème terrestre antarctique.

Paul Tréhen indique « qu'une seule colonie de manchots royaux de 300 000 couples apporte 20 000 tonnes de fientes, 1 100 tonnes de cadavres, 350 tonnes de plumes et duvets. Les 25 millions d'oiseaux de l'archipel Crozet contribuent de manière significative aux flux énergétiques ainsi qu'à la dynamique des communautés végétales et animales de ces êtres et des autres îles subantarctiques : Kerguelen, Amsterdam, Saint-Paul ». Qu'ils vivent dans l'eau (température voisine de 0 $^\circ$ C) ou sur terre, les animaux ont développé des mécanismes adaptatifs qui leur permettent de supporter le froid : les poissons ont « inventé » des protéines antigel, les manchots, grâce à des réserves lipidiques, résistent au froid et au jeûne pour assurer leur reproduction ;

leur colonie est parfois séparée par 200 kilomètres de la mer, où ils doivent aller pour s'alimenter.

Finalement, grâce à des mécanismes adaptatifs nombreux et précis, la vie est possible dans l'Antarctique et, de ce fait, toute modification de ce milieu est synonyme de mort.

Les déserts ne sont pas désertés !

Selon le Larousse encyclopédique, les déserts sont de « vastes régions inhabitées ». L'Antarctique, dont nous venons de parler, est donc désertique, au sens de cette définition...

Mais les déserts dont nous voulons parler ici sont ceux liés non au froid, mais à l'aridité. Biologistes et géographes considèrent comme désertiques des régions où la pluviosité annuelle est inférieure à 200 millimètres. Plus précisément, en fonction du niveau d'aridité, on distingue les semi-déserts (ou steppes désertiques), qui reçoivent entre 100 et 200 millimètres de précipitations, les déserts atténués, entre 100 et 50 millimètres et les déserts extrêmes, où elles atteignent moins de 50 millimètres.

Ces déserts couvrent le cinquième des terres émergées, soit trente millions de kilomètres carrés. Le Sahara, avec neuf millions de kilomètres carrés, est le plus étendu d'entre eux et la moitié de sa superficie forme un désert extrême. Des déserts sont également présents en Amérique du Nord, en Amérique du Sud (Chili), en Arabie, en Asie centrale et en Australie.

Les déserts ont été colonisés par des espèces originaires des régions peuplées avoisinantes, qui ont développé des mécanismes adaptatifs performants. Ainsi, le Sahara, d'après Henri Elhaï, héberge près de mille deux cents espèces végétales, soit venues du nord (régions méditerranéennes) ou du sud (régions sahéliennes), soit restées en place lorsque cette région est devenue aride (quaternaire récent). Dans le Sahara occidental, jusqu'à 20 % des espèces végétales sont endémiques. La faune qui y est associée comprend des vertébrés (une vingtaine de reptiles, environ soixante-dix oiseaux sédentaires et soixante-cinq mammifères) et des invertébrés (dont des arthropodes : myriapodes, scorpions, araignées, et insectes). Toutes ces espèces sont bien adaptées à la sécheresse.

D'une région désertique à l'autre, la nature du sol, en plus de l'aridité, conditionne le développement des associations végétales. Ainsi, sur les sables (dunes et sols ensablés), les groupements psammophytes (croissant sur les sables) sont dominés par une graminée, le drinn

(*Aristida pungens*) à rhizome traçant, équivalente à l'oyat des dunes d'Europe. Des buissons d'éphédra (un gymnosperme des sables) et divers genêts (g. *Retama* et *Genista*) y sont associés.

Du fait de l'évaporation, les sols deviennent salés ; s'y développent alors des plantes dites halophytes (du grec *halo* : « sel » et *phuton* : « plantes »), comme les tamaris, les salicornes...

Des plateaux rocheux ou hamadas, couvrant de très grandes surfaces, ont un sol très mince, voire inexistant, et présentent une flore d'une grande pauvreté qui comprend des espèces endémiques. Parfois, le sol est nu sur des kilomètres. Sous la pierre se cache cependant une faune encore mal connue, composée d'invertébrés (arthropodes). Même dans ce cas extrême, les déserts ne sont pas désertés !

L'homme peut-il être assimilé à un écosystème ?

Le concept d'écosystème est maintenant admis, au même titre que le concept cellulaire. Il est utilisé et appliqué à des ensembles de tailles extrêmement différentes, à telle enseigne que l'on parle de micro-écosystème, de méso-écosystème et de macro-écosystème.

Peut-on l'appliquer à l'homme ? Sans doute, ainsi que nous allons le démontrer.

D'abord admettons que le corps humain constitue en lui-même un biotope, c'est-à-dire un ensemble physico-chimique. Un squelette, formé d'osséine (une protéine) durcie par imprégnation de sels calcaires, et des muscles donnent sa stature au corps. Des articulations rendues fonctionnelles par d'autres muscles assurent le mouvement de l'individu. C'est également grâce à la contraction musculaire que les aliments transitent dans le tube digestif et que l'air entre dans les poumons et en sort, poumons enfermés dans la cage thoracique, dont des muscles augmentent ou diminuent le volume.

Mais cet individu qui à première vue paraît isolé est en fait à lui seul un vrai zoo, le « zoo humain », pour reprendre la formule de Desmond Morris. Nous dirons une biocénose pour reprendre la terminologie écologique.

Sur la peau et dans l'organisme pullule une multitude de bactéries. Certaines sont commensales de l'homme mais peuvent devenir parasites, d'autres sont symbiotiques, par exemple dans le tube digestif.

À côté de ces organismes microscopiques cohabitent des espèces de plus grande taille, souvent parasites : insectes (poux, puces...), acariens, vers (ténias, ascaris...). Les nutritionnistes considèrent qu'en Afrique, continent où sévissent de nombreux vers parasites, l'homme consacre 50 % de son alimentation à les nourrir !

Biotope et biocénose nous conduisent à l'écosystème humain, qui fonctionne grâce à de l'énergie et en homéostasie par rapport au milieu environnant.

L'homme, étant un être hétérotrophe, doit trouver dans son alimentation, l'énergie nécessaire au fonctionnement de l'écosystème humain ; elle lui est fournie sous forme de sucres, d'origine végétale, mais aussi de protides et de lipides, d'origine animale. L'homme est un omnivore ! Cet apport d'énergie lui permet, en particulier, de maintenir constante la température de son corps : c'est l'homéothermie, première homéostasie de l'homme. Mais ce n'est pas la seule.

Claude Bernard (1813-1878) l'avait compris, puisqu'il écrivait : « L'organisme est un équilibre. Aussitôt qu'un changement survient dans l'équilibre, un autre arrive pour le rétablir. » Il est le premier à avoir mis en évidence la constance du glucose dans le milieu intérieur de l'homme. On sait de plus qu'existe une homéostasie de l'eau et de l'air, les deux fluides importants de l'écosystème. Par exemple, entrée et sortie d'eau s'équilibrent selon les chiffres du tableau ci-dessous.

Nature	Entrée d'eau en litres	Sortie d'eau en litres	Mode
Boisson	1,2 à 1,5	1 à 1,5	Excrétion (urine)
Aliments	1 à 1,3	0,4 à 0,5	Respiration
Eau métabolique (oxydation des aliments)	0,3	0,3	Transpiration (sueur)
		0,2	Digestion (fèces)
Total	2,5 à 3,1	1,9 à 2,5	Total

Fig. 47 — Entrée et sortie d'eau d'un homme de 70 kg, au repos et en région tempérée

On a démontré que ces diverses homéostasies sont contrôlées par des neuro-hormones produites par le cerveau. Le système nerveux de l'homme lui permet d'appréhender le milieu environnant et ses changements, grâce à des organes sensoriels très élaborés. Mais l'homéostasie met en jeu, en plus du cerveau, le système immunitaire qui assure la défense de l'organisme contre les agents extérieurs.

L'organisme humain réagit à chaque maladie. La fièvre en est la traduction la plus claire. Elle résulte d'une modification du réglage cérébral de l'homéostasie thermique par des substances (cytokinines ou interleukines) produites par le système immunitaire. Fièvre et anticorps contribuent à réduire l'état infectieux. Vaincre la maladie, c'est finalement revenir à l'état d'équilibre antérieur.

Ainsi, l'homme, tel un écosystème, naît, grandit pour atteindre son état d'équilibre, le climax, et après une phase de stabilité d'une durée variable selon les individus, décline au fil de la sénescence et meurt...

CHAPITRE XIII

La biosphère et la biodiversité

Les écosystèmes ne sont pas isolés et, même si, pour des raisons didactiques évidentes, nous les avons étudiés séparément, ils sont interdépendants.

Les deux grands fluides que sont l'eau et l'air assurent cette interdépendance. Par exemple, l'eau qui circule entre les trois compartiments de la Terre fait vivre des écosystèmes différents. Grâce à elle, les espèces peuvent migrer d'un milieu à l'autre : les saumons, poissons marins, viennent se reproduire en eau douce, alors que les anguilles d'eau douce de l'hémisphère Nord vont se reproduire dans la mer des Sargasses (Atlantique Nord).

Ainsi, non seulement le milieu, ici liquide, mais aussi les espèces qui y vivent s'échangent. Les écosystèmes s'interpénètrent. Leur association était inévitable. Les botanistes ont proposé de regrouper les grands types de végétation sous l'appellation de biomes. À partir d'eux, en y associant la faune, les écologistes ont créé les macro-écosystèmes. Biomes et macro-écosystèmes, tous sont maintenant réunis au sein de la biosphère, terme ultime de la complexification écologique.

Les grands biomes et leurs zonations

Quand on parle d'écosystème forestier, l'arbre est pris comme objet de référence pour classer les écosystèmes (voir chap. XII). Par extension, et souvent par rapport à un ensemble floristique caractéristique, on parle de grands biomes.

Ces grands biomes sont répartis latitudinalement, de l'équateur vers les pôles, en fonction du climat et des adaptations des espèces au froid ou à la sécheresse.

Eau et température sont les deux facteurs écologiques qui permettent de définir les climats. Ceux-ci présentent à la surface de la Terre une répartition latitudinale. Prenons l'exemple le plus probant, celui de la température ; celle-ci se distribue en isothermes (courbes qui réunissent les points ou régions de même température) parallèles à l'équateur et va croissant des pôles à l'équateur.

Or, on constate une bonne coïncidence entre les isothermes et les formations végétales homogènes que sont les biomes. Ceux-ci se succèdent des pôles à l'équateur en larges bandes parallèles qui coïncident avec les grandes zones climatiques de la biosphère.

Ainsi, de la zone méditerranéenne au cap Nord (Norvège), l'observateur attentif constatera une évolution de la végétation, depuis la forêt sempervirente (toujours verte grâce à ses feuilles persistantes) méditerranéenne jusqu'à la toundra nordique. Entre les deux, il verra la forêt des feuillus caducifoliés de la zone tempérée, qui perdent leurs feuilles pendant la saison froide, faire place à la forêt boréale de conifères.

Le botaniste danois Christen Raunkiaër en a déduit que le végétal a tendance à réduire sa partie aérienne soumise au froid, et à développer sa partie souterraine (bulbes, rhizomes), qui résistera mieux dans le sol couvert de neige. Il donne ainsi une nouvelle classification morphologique de la végétation. Elle mène des grands arbres, les phanérophytes, aux plantes à bulbes ou à rhizomes, les cryptophytes ou hémicryptophytes, et enfin aux herbes (telles les graminées), les thérophytes. Ces dernières passent l'hiver à l'état de graines résistantes.

Aussi démonstrative serait la migration en Afrique, de l'équateur vers le Sahara. Dans ces contrées, la forêt sempervirente équatoriale fait place à la forêt tropicale caducifoliée (où les arbres perdent leurs feuilles en saison sèche), puis à la savane, zone à strate herbacée continue où résistent quelques arbres et arbustes, à la steppe, zone de touffes clairsemées de graminées résistant à la sécheresse, et en dernier lieu au désert.

Cette distribution planétaire latitudinale des grands biomes est certes schématique, mais elle recouvre une réalité climatique manifeste. Lui est généralement associée une autre idée, établie depuis longtemps, selon laquelle la richesse en biodiversité va en croissant des pôles vers l'équateur, qu'il s'agisse des espèces végétales mais aussi des espèces animales qui y sont associées. Retenons-en les grandes lignes, car à entrer dans le détail de la biodiversité on y perdrait la vue d'ensemble !

Une autre zonation nous est plus facilement accessible. Il s'agit de celle que l'on peut observer en montagne : une zonation altitudinale de la végétation, liée au jeu des deux grands facteurs que sont l'eau et la température.

Ainsi, du piémont aux sommets de la montagne se succèdent plusieurs étages caractérisés par une végétation bien adaptée. Celle-ci a tendance à se réduire au fur et à mesure que l'on s'élève. Les grands arbres se rabougrissent et peuvent même devenir encroûtants en haute altitude, car soumis à des variations importantes de température.

La zonation altitudinale est d'autant plus marquée que les montagnes sont élevées. Le point culminant de l'Afrique, le Kilimandjaro (Tanzanie), est d'une telle richesse que non seulement il a rang de parc national mais qu'il a été classé comme territoire mondial par l'Unesco (voir *infra*). François Ramade pense que l'on peut, pour l'ensemble de la biosphère, des plus hauts sommets aux plus grandes profondeurs des milieux marins, observer une zonation altitudinale. En effet, au sein du milieu marin, avec la profondeur s'établit une zonation du monde vivant liée à la lumière disponible (algues par exemple), à la température, à la pression, etc.

En résumé, latitude et altitude permettent de se faire une représentation globale de la répartition de la biodiversité au sein de la biosphère. Mais qu'est-ce au juste que la biosphère ?

Biosphère et biodiversité : contenant et contenu

Biosphère et biodiversité sont des termes à la mode depuis le congrès de Rio de Janeiro en 1992, dit « sommet de la Terre ». Figure dans chacun d'eux le mot grec *bios* (« vie »).

La biosphère est, littéralement parlant, la sphère du vivant, alors que la biodiversité en est la variété. La sphère est donc le contenant, la diversité le contenu. Il ne saurait y avoir de biosphère sans biodiversité, les deux termes sont indissociables. Voyons pourquoi.

Dans les trois compartiments de la Terre que sont l'hydrosphère (sphère de l'eau), la lithosphère (sphère du sol) et l'atmosphère (sphère des gaz), la vie n'est possible que dans certaines limites, d'où le vocable générique de biosphère, forgé par le géologue autrichien Eduard Suess en 1875 et dont le concept fut formalisé en 1929 par le Russe Vladimir Vernadsky.

La sphère du vivant, la biosphère, associe l'hydrosphère très peuplée dans les cent premiers mètres de la zone photique (celle où arrive la lumière) et la zone terrestre émergée (sol et atmosphère), qui comprend des espèces jusqu'à cent mètres au-dessus du sol dans les très grands arbres des forêts. La limite supérieure de ces grands arbres, la canopée, présente, comme nous l'avons vu, la plus grande diversité biologique au sein des forêts tropicales.

La biosphère se réduit en gros à une enveloppe de vie de deux cents mètres d'épaisseur : cent mètres au-dessous du niveau de la mer, cent mètres au-dessus du niveau du sol. Dans ces limites se trouve la grande majorité des espèces, la plus grande biodiversité. Cela ne signifie pas qu'en deçà et au-delà de ces limites, il n'y ait pas de vie. Des espèces peuvent vivre dans le milieu marin au-dessous de la zone photique, dans les grandes plaines abyssales (jusqu'à onze kilomètres), et dans l'atmosphère, certaines espèces (spores, germes...) transportées par les courants aériens — véritables planctons aériens — se déplacent à très haute altitude (jusqu'à quinze kilomètres).

Biosphère et biodiversité indissociables sont caractéristiques de la planète Terre, dont elles assurent l'originalité, par rapport aux autres planètes, d'où la vie est absente. Les deux grandes fonctions du vivant, photosynthèse et respiration, sont à l'origine de l'atmosphère que nous respirons et contribuent à l'effet de serre. Celui-ci maintient sur terre une température moyenne de 15 $^\circ$ C qui garde l'eau à l'état liquide, ce qui rend la vie possible.

Avant d'étudier plus en détail le fonctionnement de la biosphère, voyons comment la biodiversité s'y est installée. Nous n'envisagerons ici que la biodiversité des espèces, ou diversité spécifique, les autres formes de biodiversités intraspécifiques (population) et écologiques (biocénose, écosystème) ayant été abordées précédemment (voir chap. X à XII).

La biodiversité à la conquête de la biosphère

Des plus grands fonds marins, jusqu'aux plus hauts sommets, la vie est présente, plus ou moins exubérante selon les conditions environnementales rencontrées.

Cette conquête de la biosphère est une longue histoire, dont nous ne retracerons ici que les grandes lignes déjà évoquées (voir chap. IX).

La vie fut d'abord aquatique : elle apparut en bordure des côtes, ces zones littorales agitées où les molécules prébiologiques s'associèrent voilà près de quatre milliards d'années pour former les premiers êtres vivants unicellulaires. Ceux-ci, du type des bactéries, allaient devenir des cyanobactéries, des algues bleues unicellulaires capables de former le phytoplancton, qui colonisa l'immensité du milieu aquatique. Ce plancton ayant besoin de lumière pour réaliser sa photosynthèse, il ne vit que dans une tranche d'eau inférieure à 100 mètres : au-dessous règne l'obscurité.

À côté de ces formes aquatiques planctoniques — espèces de petite taille flottant passivement dans l'eau — sont apparus ensuite des êtres pluricellulaires végétaux et animaux. Les formes végétales sont des algues du bord des côtes, elles aussi incapables de vivre en eaux trop profondes par suite de leur besoin de lumière. En revanche, les animaux, mobiles pélagiques, sont devenus benthiques et ont colonisé les fonds marins, réservoir de nourriture. Nous avons indiqué (voir chap. XII) comment des espèces se sont réfugiées dans les dorsales océaniques qui forment les oasis du fond des mers, d'une étonnante diversité. Ailleurs, il faut le répéter, l'océan est un immense désert. Certes, on y trouve des poissons, mais leur biomasse est relativement faible par rapport à l'immensité des étendues marines (voir à ce sujet les chiffres de Paul Ozenda, p. 251).

La vie terrestre n'a été possible qu'à la faveur de la formation de la couche d'ozone à partir de l'oxygène, couche protectrice de la Terre. Les algues des bordures côtières ont gagné la terre ferme. Certains animaux aquatiques sont devenus amphibiens, puis totalement terrestres pour donner les reptiles, les oiseaux et les mammifères. Des crustacés aquatiques se sont transformés en insectes essentiellement terrestres. Ils ont d'ailleurs coévolué avec les plantes, en assurant la pollinisation et donc la conquête de la Terre.

Cette conquête est récente, entre un milliard et 500 millions d'années, et s'est produite sur un continent que l'on imagine unique avant sa fragmentation en cinq continents. Celle-ci s'est s'accompagnée d'une diversification des espèces qui a profité à la biodiversité (voir chap. IX).

Ainsi la Terre et la vie, la biosphère et sa biodiversité, sont intimement liées quant à leur histoire. Elles dépendent du soleil qui les fait exister et fonctionner de concert.

Le fonctionnement de la biosphère

La Terre, avec ses quatre enveloppes — biosphère, hydrosphère, atmosphère et lithosphère —, est donc une entité originale âgée de quatre milliards d'années.

Son fonctionnement est lié à l'action du soleil et nous avons vu précédemment comment les écosystèmes convertissent l'énergie solaire en énergie chimique (sucres) grâce à la photosynthèse. L'oxygène produit, dont la concentration est maintenant de 21 %, est par conséquent un gaz produit par la vie, et dit à ce titre biogène. Cet oxygène permet, grâce à la respiration, de brûler les sucres, ce qui libère du gaz carbonique et de l'eau.

Ainsi, l'atmosphère terrestre et ses gaz constitutifs doivent beaucoup aux êtres vivants par le jeu des deux grands mécanismes physiologiques de la photosynthèse et de la respiration. L'énergie solaire emmagasinée dans cette atmosphère et qui peut représenter près de 14 % en assume la dynamique : les grands courants aériens font circuler l'atmosphère. Par exemple, l'ozone, produit en abondance au niveau équatorial, se trouve transporté vers les pôles. Ces grands courants aériens furent utilisés par Bertrand Piccard et Brian Jones pour faire le tour du monde en ballon en vingt jours, battant ainsi tous les records. Le 21 mars 1999, leur ballon (*Breathing Orbiter 3*) atterrissait à 6 heures du matin dans le désert égyptien, après 19 jours 21 heures et 55 minutes de vol.

L'eau s'échange également entre ces quatre enveloppes et l'énergie solaire est indispensable à l'évaporation de l'eau des océans, comme elle l'est aux végétaux qui assurent le pompage de l'eau du sol et l'envoient dans l'atmosphère par évapotranspiration.

Qui plus est, l'océan est une extraordinaire machine thermique qui stocke de l'énergie et la restitue ensuite vers l'atmosphère : il chauffe dans les zones tropicales et se refroidit vers les plus hautes latitudes ; ainsi se trouvent engendrés les grands courants océaniques. Ceux-ci assurent le transport d'éléments chimiques, comme le carbone (dont le CO_2), l'oxygène, les nitrates, les sels...

L'océan contribue à la régulation des climats. En fait, c'est le couple océan-atmosphère qu'il faut prendre en compte et en particulier ses fluctuations. L'une d'entre elles, el Niño, et son inverse, la Niña, ont fait couler beaucoup d'encre. El Niño affecte l'océan Pacifique ; les vents changent de direction et une grande masse d'eau de surface, habituellement localisée le long des côtes asiatiques, se déplace vers les côtes américaines, provoquant cyclones et tornades : l'ouragan Mitch, en novembre 1998, a ravagé le Honduras et le Nicaragua, tuant plus de 10 000 personnes.

Mais ces phénomènes catastrophiques ne doivent pas nous faire oublier l'essentiel, à savoir l'effet de serre. Il s'agit d'un phénomène naturel dû à des gaz atmosphériques (vapeur d'eau, CO_2, O_3...) qui captent les radiations lumineuses (dont les infrarouges) réfléchies sur le sol et font augmenter la température, comme cela se produit dans une serre. Nous avons déjà indiqué (voir chap. II) que ces gaz à effet de serre sont responsables de la température de 15 º C qui règne sur terre, température où l'eau est liquide et la vie possible.

Ainsi, la Terre et ses quatre composantes, dont la biosphère, forment une entité unique dans le système solaire, où tout est en équilibre. L'homéostasie de ce méga-écosystème est menacée — comme le sont les grands cycles biogéochimiques de la matière — par l'homme, dernière espèce apparue sur terre. Mais avant de mettre l'homme en accusation, voyons comment la Terre a été perçue au fil du temps.

La Terre, un être vivant : l'hypothèse Gaia

La mythologie grecque avait personnifié la Terre sous le nom de Gaia, la Terre mère, et des religions, des croyances s'appuient encore sur ce concept.

Mais, lorsque les scientifiques s'intéressent à la Terre, à la physique du globe, pour reprendre la terminologie actuelle, l'aspect mécanique l'emporte. Initialement placée au centre du système solaire — le Terrien est ainsi le nombril du monde —, elle perd cette place privilégiée pour n'être qu'une planète, parmi les autres, tournant autour du Soleil.

Avec la conquête de l'espace, les spationautes nous apportent une autre vision de la Terre, la « planète bleue ». Les images de plus en plus précises, fournies par les satellites, montrent que la Terre évolue : des forêts disparaissent, des déserts s'agrandissent,...

Les écologistes, enfin, s'interrogent quant à ces changements : la Terre serait-elle malade des hommes ?

James Lovelock, un scientifique atypique — « chercheur indépendant » il a rompu avec la NASA, dont il fut le conseiller, et avec l'université anglaise de Reading, où il enseigna la cybernétique —, publie en 1979 *Gaia, a New Look at Life on Earth*, livre qui paraîtra en français en 1990 sous le titre *La terre est un être vivant*.

Il s'agit d'une double révolution conceptuelle.

D'abord, selon la formule de l'auteur, « la biosphère est une entité autorégulatrice dotée de la capacité de préserver la santé de notre planète en contrôlant l'environnement chimique et physique ». Pour Lovelock, la Terre est une entité, à savoir un super-organisme. Il faut donc l'appréhender dans son ensemble : la biosphère devient objet d'étude, et une science nouvelle est à créer pour ce faire.

Ensuite, cette science nouvelle doit s'affranchir des traditionnels clivages disciplinaires : mathématiques, physique, chimie, biologie, géologie... C'est là une véritable révolution scientifique, qui touche de plein fouet les sciences de la Terre et celles de la vie, chasses gardées traditionnelles des géologues et des biologistes.

Rien d'étonnant dès lors à ce que cette hypothèse, transformée en science potentielle, n'ait recueilli que des critiques souvent acerbes.

Comme pour la sociobiologie de Wilson, on a voulu faire dire à Lovelock ce qu'il n'avait pas dit, ou écrit !

Les écologistes eux-mêmes l'ont vertement critiqué... Certains, refusent de prendre en compte la biosphère comme objet d'étude écologique ! Pour nous qui avons osé comparer l'homme à un écosystème, assimiler, comme le fait Lovelock, la biosphère à un super-organisme ne saurait être gênant. Nous proposerions même volontiers de la rapprocher d'un super ou méga-écosystème.

Mais n'épiloguons pas sur la terminologie. C'est l'idée générale qui compte. Même si elle peut paraître simpliste, cette comparaison simplificatrice eut l'avantage d'être comprise du grand public.

D'ailleurs, l'avenir proche allait donner raison à Lovelock. À la conférence internationale sur les climats tenue à Kyoto, en 1997, les experts ont reconnu que la biosphère est malade des hommes. Elle fait de la fièvre, liée à l'augmentation de l'effet de serre due aux gaz émis par les activités humaines qu'elles soient domestiques, industrielles ou agricoles.

Qu'adviendra-t-il de la biodiversité si la température de la Terre augmente démesurément ? L'espèce humaine menace-t-elle la biodiversité et par conséquent la biosphère ? Il est urgent de s'interroger avec notre Candide qui n'observe plus de coquelicots dans les champs de céréales, qui ne voit plus de papillons voletant dans son jardin, qui n'entend plus d'oiseaux et d'insectes chanter. La prédiction de Rachel Carson dans *Le Printemps silencieux* serait-elle en train de se réaliser ?

De la biosphère à Biosphère II

Pour comprendre les dysfonctionnements de la biosphère dus aux activités humaines, encore faut-il en connaître le fonctionnement normal. Pour ce faire, un groupe de scientifiques et de concepteurs américains ont imaginé de réaliser, sous serre, un modèle réduit de la biosphère qu'ils ont baptisé Biosphère II.

Il s'agit d'une serre longue de cent cinquante-quatre mètres, large de cent dix, et dont la hauteur maximale est de vingt-six mètres. Grâce à un système de ventilation et climatisation y sont reconstitués les différents climats de la planète et y poussent les végétaux caractéristiques de ces biomes. Désert, savane, forêt tropicale, marécage, océan, barrière de corail... y ont été fréquentés en plus des animaux (singes, oiseaux, insectes...) par huit bionautes ou biosphériens (quatre hommes et quatre femmes). Implantée dans l'Arizona, au nord de Tucson, Biosphère II a servi de biosphère expérimentale aux huit scientifiques qui y ont vécu en autarcie pendant dix-huit mois, de septembre 1991 à mars 1993.

Biosphère II ne comprend que trois mille espèces végétales et animales. Comme dans l'arche de Noé, cela représente un choix bien restreint pour leur sauvegarde. Que sont-elles devenues ? D'après les premiers résultats publiés, les plantes ont bien supporté l'expérimentation et leur biomasse a même progressé. Les huit biosphériens ont vécu de leur production agricole, une agriculture biologique !

Pour Mark Nelson, le concepteur de Biosphère II, celle-ci représente un nouveau type de laboratoire expérimental qui devrait permettre de mieux comprendre le fonctionnement de notre biosphère.

Après avoir été fortement critiquée par la communauté scientifique, Biosphère II est louée depuis janvier 1996 par l'université de Columbia, dont les chercheurs ont décidé d'utiliser ce laboratoire, unique au monde, pour étudier les changements climatiques induits par l'activité humaine (effet de serre, diminution de l'ozone...) et leurs conséquences sur la biosphère, en particulier sur les coraux.

Grâce à Biosphère II, les chercheurs espèrent modéliser le fonctionnement de la biosphère. Ce qui n'était qu'un jouet de milliardaire texan deviendra-t-il le plus grand laboratoire de biosphérologie expérimentale ?

L'homme en accusation

Au sein de la diversité du vivant est apparue, il y a près de cent mille ans, une espèce nouvelle : l'espèce humaine.

L'histoire du genre humain permet de révéler les caractéristiques qui le différencient des autres espèces animales et qui ont eu, et ont encore, un impact important sur la diversité du vivant et sur la biosphère. Elle comprend deux périodes, une de nomadisme, l'autre de sédentarisation.

L'homme nomade

Les neuf dixièmes de l'histoire de l'homme moderne, soit quatre-vingt-dix mille ans, sont marqués par le nomadisme. Au paléolithique (âge de la « vieille pierre »), le chasseur-cueilleur vivait en société, et maîtrisait le feu et l'outil. Il se déplaçait à la recherche de points d'eau et de nourriture.

Du berceau africain, il gagna l'Asie par le Proche-Orient, il y a cinquante mille ans, les Australiens se séparèrent des Asiatiques et colonisèrent l'espace du Pacifique. D'Asie, un groupe d'hommes modernes envahit l'Europe, voilà trente-cinq mille ans. Puis, il y a moins de vingt mille ans, profitant d'une glaciation et de la baisse du niveau des océans, des hommes passèrent à pied le détroit de Béring et atteignirent l'Amérique, qu'ils peuplèrent du nord au sud.

Ainsi, contrairement aux autres espèces animales, qui ont un biotope bien délimité, l'homme moderne a quitté son berceau originel et s'est affranchi de tous les biotopes, qu'il s'approprie et modèle à sa guise. Depuis près de vingt mille ans, il est en effet présent sur les cinq continents.

Cette première grande colonisation des continents s'est accompagnée de la destruction de nombreuses espèces. Pour ne citer qu'un seul exemple, les populations humaines qui envahirent l'Amérique du Nord, puis l'Amérique du Sud, anéantirent toute la faune mammalienne de grande taille, dont les mammouths.

L'homme sédentaire

Puis, il y dix mille ans, pour des raisons encore discutées, ce chasseur-cueilleur est devenu sédentaire. Agriculture et élevage ont constitué pour lui une révolution culturelle (dite du néolithique, le « nouvel âge de pierre »), apparue simultanément en plusieurs sites géographiques différents, éloignés les uns des autres de milliers de kilomètres.

Les espèces végétales, comme le blé, l'orge, le pois, la lentille, ont été domestiquées au Proche-Orient, le maïs et les haricots en Amérique, le mil et le sorgho en Afrique. Dans ces mêmes régions du globe, quelques espèces animales ont été domestiquées et, à partir de ces zones, de proche en proche, les agriculteurs-éleveurs ont remplacé les chasseurs-cueilleurs. L'Europe fut atteinte il y a sept mille ans par cette nouvelle culture venue du Proche-Orient.

Les cultures ont d'abord été réalisées le long des cours d'eau, dans des zones fertiles et inondables. Puis, l'homme a étendu ses zones de culture et d'élevage vers les collines avoisinantes en les déboisant. La déforestation grâce au feu, que l'homme maîtrise depuis déjà quatre cent mille ans, a détruit l'habitat de nombreuses espèces, qui ont fui ou disparu. Or, selon les spécialistes, nous sommes toujours dans cette ère agricole, où la culture sur brûlis est pratiquée dans les pays en développement. Elle serait responsable de la déforestation à 70 % en Afrique, 50 % en Asie et 35 % en Amérique latine. Phénomène ancien, dont nous prenons aujourd'hui conscience par l'intermédiaire des médias qui nous alertent, en particulier, sur le cas de la forêt amazonienne.

Pourtant en Europe, selon le géographe britannique Henry Dakby (cité par George Woodwell), la forêt, qui représentait 90 % de la couverture végétale en l'an 900, est passée à 20 % en 1900. Les conséquences de la déforestation vont bien au-delà de la disparition de quelques espèces végétales dont les grands arbres. Par la destruction de l'habitat que représente la forêt, elle porte atteinte à de nombreuses espèces végétales et animales, tout particulièrement en région tropicale.

Comme nous l'avons vu, les forêts tropicales abritent le plus grand nombre d'espèces végétales et animales. Nombreuses sont celles qui restent à décrire, mais au rythme où se poursuit la déforestation, elles risquent de s'éteindre avant même d'avoir été répertoriées... La biodiversité est donc particulièrement menacée dans ces régions, notamment les primates.

Tel est aujourd'hui le cas des lémuriens à Madagascar (quatorze espèces de grande taille ont déjà disparu), des grands singes dont les gorilles en Afrique. L'homme lui-même est victime de ces ruptures d'équilibre en raison de la survenue de nouvelles maladies, dites maladies émergentes, dues à de nouveaux virus — mais sont-ils vraiment nouveaux ? — tels que ceux du sida, d'Ebola (au Zaïre), de Machupo (en Bolivie), originaires des zones où la forêt a été détruite.

Ce qui est vrai pour les forêts tropicales s'applique tout autant aux forêts tempérées de plaine ou de montagne qui abritent des espèces bien adaptées, mammifères et oiseaux, qui y trouvent refuge et alimentation. La liste des espèces éteintes par suite de la déforestation est fort longue et ne cesse de s'allonger depuis que l'on s'intéresse, en plus des vertébrés, aux invertébrés (vers, insectes...) abondants dans les sols. Ces derniers sont victimes de ce processus au même titre que les sols qui les hébergent.

Une conséquence inéluctable de la déforestation est l'érosion des sols et la perte d'une quantité importante de terre arable. L'érosion est un phénomène naturel normalement compensé par la formation du sol. Quand la couverture sylvestre est enlevée, quand les haies sont détruites (lors des remembrements), quand le surpâturage sévit, alors l'érosion éolienne ou hydrique agresse les horizons superficiels, les plus riches en matière organique.

In fine, dans les régions arides, semi-arides ou encore tropicales subhumides — (mais où existe une saison sèche prolongée) —, la dégradation des sols est telle qu'ils deviennent impropres à toutes productions végétales ou à l'élevage, même intensif. On parle alors de désertification.

Dans les années 1990, l'ONU évaluait à 14 millions de kilomètres carrés la surface déjà désertifiée par l'homme, 30 millions de kilomètres carrés étant en danger de désertification. C'est dire si la biodiversité dans ces régions (Afrique, Asie, Inde, Moyen-Orient) est menacée.

L'effet de la domestication

Ajoutons que la domestication des espèces végétales et animales n'est pas sans conséquences sur la biodiversité. Le maïs et le ver à soie sont exemplaires à cet égard. Domestiqués par l'homme, ils n'existent plus à l'état sauvage. Sans aller jusqu'à cette extrémité, la sélection génétique pratiquée dans le seul but d'obtenir des espèces fournissant le meilleur rendement possible menace différemment les espèces en cause. Ainsi, la chèvre, le mouton, le bœuf et le cochon sont respectivement issus de la chèvre sauvage, du mouflon, de l'aurochs et du sanglier. Or, les aurochs ont totalement disparu, les chèvres sauvages et les mouflons sont en très forte régression, alors que les sangliers sont toujours abondants.

L'ère industrielle et l'explosion démographique

De plus, la sédentarisation s'accompagne de la construction d'habitations regroupées en villages. Elle a pour conséquence une augmentation de la population humaine (à moins que ce ne soit l'inverse !). Le problème est insoluble. Sédentarisés, pratiquant agriculture et élevage, les hommes prospèrent, augmentent, se sédentarisent encore plus afin de produire davantage de nourriture, en un cercle vicieux.

Alors que l'on estime à quelque dix mille à trente mille individus la population originaire d'Afrique qui colonisa les cinq continents, elle avait atteint sept à huit millions dix mille ans avant notre ère. L'agriculture amène, selon les régions, une multiplication par dix ou trente de la présence humaine.

Il faudra attendre la révolution industrielle des XVIIIe et XIXe siècles, avec la domestication de l'énergie sous toutes ses formes, pour que se manifeste une nouvelle explosion démographique, liée à la transition démographique. Nous avons indiqué (voir chap. X) qu'il s'agit là du passage d'une population où mortalité et natalité sont fortes à une population où elles sont faibles. Comme la mortalité baisse la première, la natalité restant élevée plus ou moins longtemps, la population augmente très rapidement.

Rappelons quelques chiffres : la population mondiale, qui était d'un milliard d'individus au début du XIXe siècle, de deux milliards et demi en 1950, de cinq milliards en 1987, de six milliards en 1999, atteindrait douze milliards en 2100. Ce dernier doublement résulterait de la transition démographique dans les derniers pays concernés en Afrique, en Asie et en Amérique latine.

La transition démographique, commencée en Écosse dès 1750 (début de l'industrialisation), s'est accompagnée de l'augmentation de l'espérance de vie. Ce phénomène est responsable d'une forte émigration des Européens vers les autres continents (Amérique, Australie, Afrique...). Cette seconde vague d'invasions s'est faite aux dépens des populations indigènes, mais aussi de nombreuses espèces animales et végétales.

En Amérique, le bison a failli être victime d'une extermination systématique, de nombreux marsupiaux australiens ont disparu, des oiseaux ont subi le même sort par suite d'une chasse abusive (citons entre autres le dodo, sorte de dindon sans ailes de l'île Maurice, et le pigeon voyageur d'Amérique).

La pollution et ses effets

L'ère industrielle a eu pour autre conséquence une pollution dont les effets sur la biodiversité sont encore mal évalués. Les pluies acides affectent les forêts et seraient responsables (en Scandinavie, aux États-Unis et au Canada) de l'acidification des lacs, dans lesquels la diversité en espèces de poissons baisse.

L'effet de serre augmente la température et modifie les climats. Cette hausse des températures, prévue par les experts, pourrait atteindre entre 1,5 º et 3 º C d'ici à 2100 : on prévoit qu'un accroissement de 3 º C en un siècle entraînerait un déplacement des isothermes vers les pôles de 500 kilomètres (soit cinq par an). Cette élévation de température affecterait de nombreux écosystèmes et agrosystèmes qui, privés de conditions climatiques favorables, et incapables de migrer, périraient. D'autres, les grands biomes, migreraient vers le nord : tel serait par exemple le cas des forêts tempérées boréales. De plus, les bordures des côtes, les îles et les atolls (ainsi que les espèces terrestres qu'ils abritent) seraient menacés par la remontée du niveau des mers.

Enfin, le trou dans la couche d'ozone laisserait passer des radiations ultraviolettes (UVB), pouvant induire des mutations génétiques aux conséquences imprévisibles.

Le doublement de la population humaine d'ici à 2100 ne fera qu'amplifier les phénomènes déjà enclenchés. Il faudra produire quatre fois plus d'aliments qu'actuellement et l'on risque consommer six fois plus d'énergie, si l'on souhaite aligner les consommations alimentaires et énergétiques de l'humanité future sur celles des populations actuelles des pays industriels. La biodiversité sera menacée, directement par la prédation, et indirectement par la pollution.

Ainsi l'homme contribue-t-il d'une manière importante et souvent involontaire à la sixième et prochaine extinction des espèces. Il s'agit d'un phénomène naturel, mais amplifié par son action. L'homme réussira-t-il à survivre, ou sera-t-il au nombre des espèces qui disparaîtront ?

Les actions de conservation, de préservation et de protection

Ayant fini par prendre conscience des conséquences de ses actes, l'homme, chez qui le meilleur côtoie le pire, s'est décidé de mettre en œuvre une politique de conservation, de préservation, et de protection des espèces et de l'être humain lui-même.

Des parcs, des réserves, des conservatoires sont créés. En Europe, sites et espèces protégés doivent être inclus dans le réseau Natura 2000. Au niveau international, l'Unesco a mis en place des « réserves de biosphère », patrimoine commun de l'humanité.

Hélas ! on connaît aujourd'hui les effets pervers et les limites de ces pratiques de conservation-préservation-protection, tant pour ce qui concerne les superficies concernées que pour le nombre d'espèces protégées. En France, par exemple, parcs et réserves ne représentent que 8 % du territoire national. Peu d'espèces sont protégées ; mais, parmi celles qui le sont, la population des cormorans par exemple a grandi au point de devenir difficile à supporter pour les pêcheurs et les pisciculteurs... L'homme peut certainement mieux faire, et il le doit, s'il veut préserver cette biodiversité dont il est issu.

Limiter l'effet de serre

C'est sûrement là l'enjeu du XXIᵉ siècle, car de l'augmentation de l'effet de serre viennent tous les maux de la biosphère et de la biodiversité. Or, que s'est-il passé depuis la conférence internationale sur les climats tenue à Kyoto en 1997 ?

Après un bilan très réaliste dressé par les climatologues, les chefs d'État devaient signer un protocole d'accord exigeant que chaque pays réduise son émission de gaz à effet de serre. Un an plus tard, lors de la conférence de Buenos-Aires (du 2 à 13 novembre 1998), ce protocole n'était toujours pas signé par les plus gros pollueurs, dont les États-Unis qui, s'ils ne représentent que 1 % de la population mondiale, produisent 20 % des gaz à effet de serre émis sur la planète.

À Bonn, du 25 octobre au 5 novembre 1999, lors d'une réunion plus technique, préparatoire à une réunion politique qui s'est tenue à La Haye en novembre 2000, les États-Unis faisaient toujours planer la menace d'une non-ratification du protocole de Kyoto... Ils sont favorables à la création d'échanges de crédits d'émission, baptisés par les uns « permis négociables », et « droit à polluer » par les autres ! La France, en Europe, a été la première à annoncer les « 100 mesures pour réduire l'effet de serre » qu'elle allait présenter à La Haye en novembre 2000. Elle a été bien timide quant aux mesures prises en faveur des transports en commun (train, tramway...), sûrement pour ne déplaire ni au lobby automobile ni à celui des transporteurs routiers.

Entre ceux qui ne veulent rien faire, pour ne pas nuire à leur économie, ceux qui proposent des demi-mesures et ceux qui jouent l'attente, en espérant que les autres prendront pour eux les décisions qui s'imposent, l'effet de serre peut continuer à augmenter, non sans risque pour la biosphère et la biodiversité.

L'écologie humaine, une nouvelle science

Il y a dix ans paraissait un livre où nous développions l'idée, depuis lors fort exploitée, que l'homme n'a rien inventé mais que, en revanche, la nature est intelligente, d'où le titre de l'ouvrage, *L'Intelligence de la nature.*

Nous voudrions reprendre ici cette idée, car il est facile d'accuser l'homme de tous les maux dont souffrent la biosphère et la biodiversité. Il est aisé de tomber dans l'écocatastrophisme, mais il est possible aussi de le relativiser. L'homme n'a, là encore, rien inventé. Il ne fait qu'amplifier, accélérer des phénomènes naturels. Reprenons quatre exemples déjà cités.

L'atteinte à la biodiversité peut se faire par extermination ou par création d'espèces. L'extermination a eu lieu par le passé alors que l'homme n'existait pas encore : il s'est déjà produit cinq grandes périodes dites d'extinction d'espèces et une sixième a commencé, sans l'homme, au quaternaire, voilà un million d'années. Cette période très courte a été marquée par des glaciations et l'avènement de l'homme. Les changements climatiques ont éliminé les espèces incapables de s'adapter, et l'homme a contribué et contribue encore à la disparition de celles qui étaient en voie d'extinction. E.O. Wilson estime que « les activités humaines ont accru l'extinction d'un facteur mille à dix mille »...

La création d'espèces nouvelles, remplaçant les anciennes est un processus très long. Il faut de dix à cent millions d'années pour que la biodiversité se reconstitue à la suite d'une extinction. La sexualité contribue activement à la transmission des gènes et à la transformation d'une espèce en une autre. Or l'homme est devenu manipulateur de gènes. Les espèces transgéniques qu'il crée depuis près de vingt ans ont demandé quelques années de tâtonnements là où l'évolution en requérait des millions. Mais ne nous faisons pas plus géniaux que nous ne sommes : nous ne réalisons en fait qu'une modification bien modeste. Un gène introduit ne donne pas une nouvelle espèce... Seule inquiétude, et elle n'est pas négligeable, le devenir de ce transgène, s'il avait la fâcheuse idée d'aller s'installer dans une espèce qui ne lui était pas destinée. Les conséquences seraient catastrophiques pour la biodiversité s'il s'agissait du gène « Terminator » de triste mémoire (voir chap. VII), qui empêche les graines de germer...

La biosphère, quant à elle, est physiquement menacée par les activités humaines, amplificatrices de phénomènes naturels qui créent les conditions mêmes de la vie. C'est le cas pour la destruction de la couche d'ozone et l'augmentation de l'effet de serre.

Comme déjà indiqué, le « trou dans la couche d'ozone » est un abus de langage médiatique. Il ne s'agit pas d'un trou dans l'épiderme de la Terre, mais seulement d'une diminution de la concentration de ce gaz rare, gaz dont la concentration varie dans l'espace et dans le temps. La production de l'ozone, à partir de l'oxygène, se réalise en grande quantité au niveau de l'équateur, et cet ozone migre vers les pôles. Ceux-ci, très éloignés du lieu où il prend naissance, présentent une concentration moindre de ce gaz. De plus, comme la production d'oxygène est saisonnière, la concentration d'ozone aux pôles est plus ou moins grande selon la saison. On a donc baptisé « trou » cette diminution de concentration, et l'on s'inquiète depuis que l'on constate que, d'année en année, elle s'accentue par la faute des hommes.

Il en va de même de l'effet de serre, un effet naturel qui maintient sur la Terre une température de 15 °C et qui se trouve amplifié par des gaz à effet de serre : gaz carbonique produit par la combustion des carbones fossiles, méthane de l'agriculture et de l'élevage, et bien d'autres gaz générés par l'activité humaine. Mais d'ores et déjà, l'augmentation de 1,5 ° à 3 °C dû à l'effet de serre aurait pour résultat un réchauffement des eaux des océans. On constate de manière concomitante la « maladie blanche » des coraux.

Tom Goraux interprète ce phénomène de hausse des températures comme un stress qui fait fuir les algues symbiotiques qui colorent les coraux. Faute d'algues, les coraux deviennent blancs, et si le phénomène dure, alors le corail meurt. Depuis 1998, on a mis en évidence de nombreuses disparitions de coraux de par le monde. Or, si l'on considère l'histoire des coraux, on constate qu'une extinction les avait déjà affectés voilà 60 à 65 millions d'années. Durant la même période disparurent les dinosaures (cinquième grande extinction d'espèces), aussi pense-t-on qu'à cette époque le taux de gaz carbonique augmenta de manière importante, peut-être par suite de nombreuses éruptions volcaniques.

Ainsi les coraux, qui avaient recolonisé les mers chaudes, sont-ils de nouveau en voie de disparition. Figurent-ils au nombre des espèces vouées à périr dans le cadre de la sixième extinction en cours ? Leur dégradation est-elle accélérée par l'accroissement de l'effet de serre d'origine anthropique ? C'est vraisemblable et les études en cours dans Biosphère II permettront peut-être d'apporter une réponse à cette inquiétante détérioration.

Quoi qu'il en soit, il est patent, désormais, que l'homme, par ses actions multiples, agit sur la biodiversité et sur la biosphère.

Les écologistes, qui ont très longtemps négligé d'incriminer l'homme — comme s'il s'agissait d'une espèce taboue —, doivent maintenant le faire. L'homme nous apparaît comme un facteur écologique nouveau à prendre en considération au même titre que les autres facteurs écologiques, qu'il s'agisse des facteurs abiotiques (physico-chimiques) du milieu ou/et des facteurs biotiques des biocénoses.

Car l'homme agit sur son environnement, qu'il modèle à sa guise, comme il interfère avec les autres espèces qui partagent son lieu de vie.

L'écologie humaine nous apparaît comme incontournable. Elle doit étudier les relations qui s'établissent entre l'homme et son environnement, selon la formule simplifiée suivante :

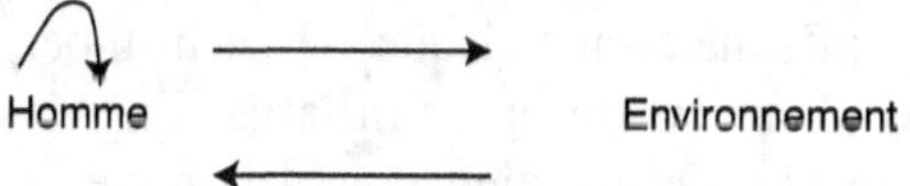

Nous avons développé par ailleurs ce concept nouveau — il date d'à peine vingt-cinq ans — qui a du mal à s'imposer. La science écologique accepte difficilement la prise en compte de l'espèce humaine. L'écologie humaine ne saurait être une science comme les autres, l'objet d'étude étant l'homme, et l'écosystème étant humain. En tant que science, elle essaie de s'affranchir des barrières disciplinaires, non sans difficultés ! Mais, de plus, l'homme appartient à la biosphère et n'est qu'une espèce parmi les millions qui constituent la biodiversité. Espèce sans frontières, et la mondialisation ne fait qu'amplifier ce phénomène naturel, l'espèce humaine intéresse, de même que son impact sur la biosphère et la biodiversité, ceux qui gèrent les sociétés humaines et les États. L'écologie humaine devrait être considérée comme susceptible d'apporter à la biosphère autant que la médecine apporte à l'homme, c'est-à-dire de fournir les connaissances nécessaires pour soigner la biosphère malade des hommes.

Encore faudrait-il que les chefs d'État — ils se réunissent régulièrement depuis le sommet de la Terre organisé à Rio, en 1992 — conscients des méfaits de l'homme prennent les mesures qui s'imposent. L'écologie humaine devient écologie politique et échappe aux scientifiques. Les hommes politiques de leur côté sont confrontés aux enjeux économiques : économie et écologie sont difficilement conciliables. Sauf si le concept de « développement durable » s'impose aux uns comme aux autres et si, en cas de doute, on applique le « principe de précaution ».

L'écologie humaine devrait pouvoir contribuer au XXIᵉ siècle, de la science à l'éthique de l'environnement, à cette prise de conscience collective, garante de la survie de la biosphère et de la biodiversité.

Quelle espérance de vie pour la biosphère ?

Sans verser dans l'écocatastrophisme, il est permis de se demander quelle est l'espérance de vie de cette biosphère sur laquelle l'homme fait peser tant de menaces.

Reprenons l'analogie de Lovelock. Le super-organisme qu'est la Terre est âgé de quatre milliards d'années. Or, le Soleil, dont nous avons dit qu'il était la centrale énergétique de la biosphère, a encore quatre milliards d'années d'existence.

On peut donc affirmer, sans risque de se tromper, que l'espérance de vie de la biosphère est de huit milliards d'années et qu'elle est à mi-parcours de sa vie. On dit bien pour l'homme de quarante ans, et d'une espérance de vie de quatre-vingts ans, qu'il est au « milieu de sa vie ».

En fait ce quadragénaire peut mourir d'un infarctus, d'un cancer, d'une maladie virale, d'un accident de la route... sans atteindre le terme escompté de son existence.

Qu'en est-il pour la biosphère ? Elle est déjà malade des hommes. Ceux-ci peuvent-ils porter atteinte irrémédiablement à sa survie ? Nous ne le croyons pas, pour deux raisons majeures. D'abord parce que l'espèce humaine, dont viendraient tous les maux, n'est présente sur terre que depuis quelques millions d'années — deux à quatre ? — (voir chap. VIII), alors que nous parlons de milliards d'années pour la biosphère. Ensuite, la diversité du vivant est telle — comme l'a montré le passé — que même si l'homme, pris de folie, essayait de tout détruire sur terre, dont lui-même, il resterait toujours quelques espèces susceptibles de recoloniser les espaces laissés vacants par l'holocauste anthropique...

La biosphère et la biodiversité survivront donc à l'homme. Mais pour combien de temps ? On pourrait répondre quatre milliards d'années, et c'est en tout cas ce que beaucoup d'auteurs ont déjà écrit. Ils ont tort... En effet, le Soleil évolue et, s'il lui reste quatre milliards d'années à briller, les astrophysiciens estiment que dans un milliard d'années il sera encore plus brillant et chauffera tellement la Terre que l'eau des océans s'évaporera et que la température, par effet de serre, sera celle qui règne actuellement sur Vénus, soit plus de 460 º C. À cette température, la vie disparaîtra...

Biosphère et biodiversité dépendent du Soleil et de son fonctionnement. L'homme n'aura été qu'un simple grain de sable, lui qui se croyait si important !

La vie artificielle

De l'origine du vivant à la colonisation de la biosphère, nous avons bouclé la grande boucle de la vie. Les molécules prébiologiques se sont agencées en individus capables de coloniser et de former la biosphère. L'évolution de ces êtres n'a été comprise et imaginée qu'au XIXe siècle et les preuves en ont été apportées par l'anatomie comparée, puis au XXe siècle par la génétique.

Après la thèse de l'évolution darwinienne du XIXe siècle, première grande révolution de la pensée biologique, le néodarwinisme qui y fait suite au XXe siècle est marqué au sceau d'une deuxième révolution biologique, celle qui plonge dans l'infiniment petit de la biologie moléculaire.

L'ADN, cette molécule de la vie, dont la structure et le rôle n'ont été compris que dans la seconde moitié du XXe siècle, est maintenant synthétisée, manipulée à travers les techniques du génie génétique. Manipuler le vivant grâce à l'approche moléculaire des gènes sera possible au XXIe siècle, qu'il s'agisse de transformer des espèces ou même d'en créer de nouvelles afin qu'elles produisent des substances dont l'homme aura besoin, soit à titre personnel (domestique ou prophylactique), soit pour son agriculture ou pour son industrie...

Nous sommes entrés dans l'ère des biotechnologies.

Il a fallu attendre la fin du XXe siècle pour que l'on s'intéresse à l'infiniment grand : la biosphère et son contenu, la biodiversité, et aussi pour que l'on s'aperçoive que l'une et l'autre, indissociables, sont malades des hommes et de ses activités.

Le XXIe siècle sera donc écologique ou ne sera pas, car si l'on n'y prend garde, le doublement de la population humaine et les conséquences qu'il entraîne accéléreront la sixième grande extinction d'espèces et il se pourrait que l'espèce humaine figure au nombre des espèces disparues. En effet, on sait que l'homme dispose, actuellement, ne serait-ce qu'en bombes atomiques, de quoi détruire quinze fois plus d'êtres humains qu'il y en a actuellement sur terre.

Ne nous faisons pas d'illusions. Les espèces disparues sont une perte irréparable pour l'humanité tout entière, car elle ne sera pas compensée par les créations d'espèces nouvelles dues au génie génétique. Il ne s'agira dans ce cas que du bricolage de quelques gènes, jamais d'un ensemble de gènes susceptibles de donner naissance à une espèce nouvelle et a fortiori faire revivre une espèce disparue, comme on peut le voir dans les films de science-fiction !

À côté de ces révolutions biologiques, le XXᵉ siècle a été marqué par la révolution industrielle sans précédent qu'ont induite la science informatique et son outil, l'ordinateur. Adapté à la science biologique et adopté par elle, celui-ci a permis, entre autres, d'accélérer le décryptage des génomes et en particulier celui du génome humain. Ce qui demandait des années de travail a pu être réalisé en quelques mois. La connaissance du génome humain a progressé à pas de géant, à telle enseigne qu'en ce tout début du XXIᵉ siècle on annonce le décryptage complet de ce génome, tant convoité par l'industrie pharmaceutique. Bill Clinton et Tony Blair n'ont-ils pas déclaré qu'il fallait en faire le « patrimoine de l'humanité » ? Il est vrai que connaître les lettres d'un alphabet ne suffit pas pour savoir lire un livre. Or, on en est là quant au décryptage du code génétique humain : trois milliards de bases déchiffrés représentent mille livres de mille pages chacun, dont quelques-unes seulement sont lisibles.

Qui plus est, l'ordinateur a généré la « vie artificielle ». De quoi s'agit-il exactement ?

Si l'on en croit Jean-Claude Heudin, l'homme a de tous temps voulu créer la vie artificielle. Des statuettes animées à la main sont devenues des boîtes à musique, des jouets mécaniques, des automates. L'ordinateur a permis de les transformer en robots. Des robots intelligents ont vu le jour et l'« intelligence artificielle » — un nouvel abus de langage médiatique ! — s'est développée avec les progrès de cette technique.

« Pour une majorité d'entre nous, l'Intelligence Artificielle ressemble autant à l'intelligence naturelle que les fleurs artificielles aux fleurs de nos jardins », ironise J.-C. Heudin !

Il est vrai que l'ordinateur, machine intelligente, n'a pas remporté le championnat du monde d'échecs, ni réussi à écrire de la musique comme Mozart ou d'autres compositeurs de génie.

Alors peut-il créer la vie artificielle ? L'intelligence étant l'apanage de l'homme, du moins si l'on en croit celui-ci, les pionniers de l'informatique et de l'intelligence artificielle, en particulier Alan Mathison Turing (1912-1953), ont établi une analogie entre le cerveau humain et la machine intelligente. « Une machine peut-elle penser ? »...

Mais il s'agit que d'une analogie. Le cerveau de l'homme peut par lui-même réparer des dégâts consécutifs à un accident. Des neurones endommagés seront remplacés par de nouvelles liaisons synaptiques recréant la fonction momentanément perdue. L'ordinateur en panne, lui, reste en panne... il ne sait pas se réparer !

Mais l'intelligence n'est pas la seule manifestation de la vie. D'autres caractéristiques ont fait et font encore l'objet de simulations sur ordinateur. Il s'agit en particulier des trois fonctions fondamentales de la vie : l'autoconservation, l'autoreproduction et l'autorégulation. À ces trois caractéristiques de base viennent s'en ajouter d'autres qui peuvent également permettre de définir la vie : huit ont été identifiées et testées par l'ordinateur. C'est sûrement là l'intérêt des études conduites par des chercheurs représentant des disciplines aussi diverses que la biologie, l'informatique, la physique, la chimie, les mathématiques, l'art et la philosophie. Quoi qu'il en soit, pourra-t-on créer la vie artificielle ? Un grand pas reste à franchir.

Il s'agit de passer du support carboné de la vie au support silicone de l'ordinateur, en quelque sorte une « silicone-vie » issue de la Silicone Valley.

Mais est-ce bien raisonnable ? Il est permis d'être sceptique. J.-Claude Heudin nous y invite quand il indique que : « Personne ne peut admettre qu'une simulation d'une centrale électrique sur ordinateur produira effectivement de l'énergie. » De la même façon, simuler quelques fonctions de la vie, sur ordinateur, ne produira pas la vie... et encore moins des organismes vivants artificiels.

Nous savons en revanche fabriquer des machines intelligentes, mais même celles-ci, comme l'indique Jean-Gabriel Ganascia, ont leurs limites : « Peuvent-elles écrire des vers, jouer ou composer de la musique, rire aux éclats, sourire, souffrir, éprouver des sentiments, du plaisir ou du chagrin ? » Le biologiste ne s'interroge même pas pour savoir si ces robots intelligents seront, un jour, capables de se reproduire. Fût-ce par clonage !

Ne nourrissons pas d'inquiétudes inutiles à propos de ce nouveau champ disciplinaire — et même transdisciplinaire — de la « vie artificielle » et des êtres nouveaux qu'il produirait et qui viendraient enrichir la biodiversité... Même s'il nous arrive de lire des prophéties de

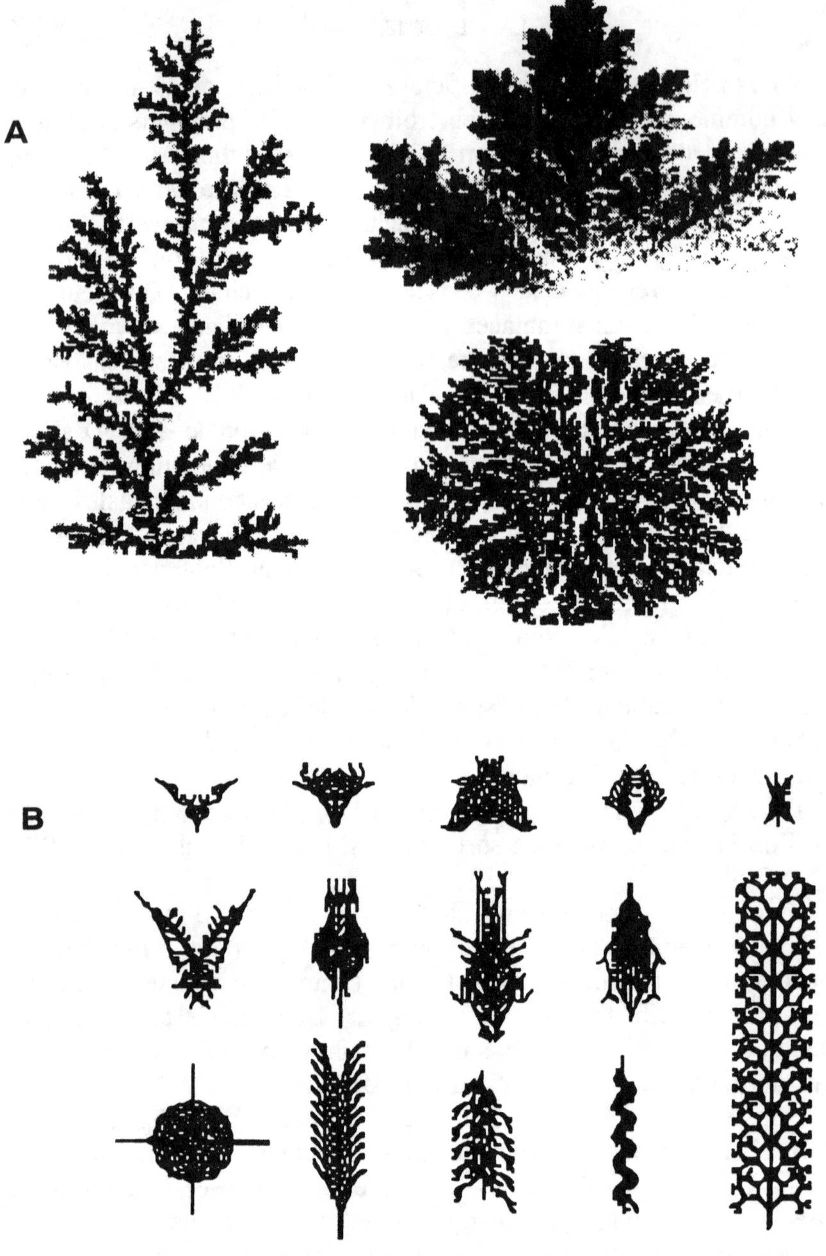

Fig. 48 — Images informatiques simulant le vivant
(d'après J.-C. HEUDIN, *La Vie artificielle*, Hermès, 1994).

A — Flore fractale : « Les ensembles fractals permettent de reproduire graphiquement les formes naturelles. Ainsi, cette figure montre trois exemples de courbes fractales qui imitent à la perfection la structure de certaines plantes réelles. »

B — Sélection de biomorphes : « Cette figure montre une sélection parmi la grande diversité des formes engendrées par l'"horloger aveugle" de R. Dawkins. Leurs formes troublantes nous rappellent celles de certains insectes et organismes microscopiques. »

ce type : « L'impact sur l'humanité et la biosphère peut être énorme, plus important que la révolution industrielle, les armes nucléaires ou la pollution de l'environnement. »

Vie artificielle et intelligence artificielle ont en commun le même outil : l'ordinateur. Il est partie intégrante de la révolution industrielle et les progrès réalisés dans sa conception — en particulier quant à sa puissance et sa miniaturisation — ont permis d'automatiser, de robotiser, le travail manuel de l'homme. La machine a remplacé l'homme ; elle s'est substituée à lui pour effectuer des tâches pénibles ou répétitives.

Le travail intellectuel s'est trouvé facilité par cet outil — qui pour autant ne l'a pas remplacé — qu'il s'agisse des calculs, des dessins, des traitements de texte, des aides à la décision (systèmes experts)...

Puisse Jean-Gabriel Ganascia avoir raison lorsqu'il affirme : « Le surcroît de puissance des ordinateurs n'est pas destiné à asservir l'homme, mais à le servir. »

Mais l'ordinateur est lui-même malade... Les virus informatiques, produits par l'homme, sont de petits morceaux de programmes qui peuvent se dupliquer dans un autre programme, qu'ils parasitent ! Le dernier en date, « I love you », apparu en mai 2000, s'est propagé comme une pandémie. La raison en est simple. Les ordinateurs sont reliés en réseau : Internet est l'un d'entre eux, le plus célèbre mais aussi le plus convoité.

Le grand réseau planétaire qui relie les hommes grâce à l'ordinateur et à Internet constitue un « cerveau planétaire » bien inquiétant, tant pour ceux qui sont connectés que pour ceux qui en sont exclus. Que deviendront les exclus de la communication ? Qu'adviendra-t-il de l'homme neuronal dans ce nouvel environnement du « cerveau planétaire » ?

Ces questions nous semblent bien plus préoccupantes que l'avenir de la vie artificielle et des organismes artificiels créables par l'homme de science.

L'ordinateur est un outil inventé par l'homme, doué d'un langage simple, binaire, le langage informatique. Le cerveau de l'homme est un organe complexe, fait d'une multitude de neurones établissant entre eux des liaisons multiples et changeantes, communiquant par un langage chimique qui reste encore bien mystérieux, même pour les neurobiologistes.

La comparaison entre les deux était inévitable, et la collaboration entre informaticiens et neurobiologistes fut fructueuse, en particulier dans l'étude des réseaux (approche cybernétique ou connectionniste).

« Néanmoins, à mesure que leur succès s'amplifiait et que la neuro-biologie élucidait les mécanismes en jeu dans les cellules nerveuses, on devait se rendre à l'évidence : pour obtenir des résultats efficaces, le modèle informatique s'éloignait de plus en plus de la réalité biologique. » Et J.-G. Ganascia d'ajouter : « Dans cette modélisation, la référence au biologique n'est plus qu'une métaphore. »

Et dire que l'on a voulu assimiler le cerveau à un ordinateur...

Le point commun est sûrement le langage, c'est-à-dire la mise en communication. Nous sommes entrés dans l'ère de la communication et le cyberespace créé par l'ordinateur vient compléter le dispositif. Des signaux échangés forment, au-delà de la technosphère — cette sphère des techniques mises en œuvre par l'homme — une sphère baptisée sémiosphère ou sphère des signes.

Or, le cerveau de l'homme a évolué au cours des temps sous l'influence d'outils de plus en plus performants. Du silex taillé à l'ordinateur, les progrès techniques ont été fulgurants. L'ordinateur lui-même a tellement progressé en quelques dizaines d'années qu'il révolutionne les techniques auxquelles il s'applique, et en particulier celles de la communication et de l'information. Mais trop d'informations tuent l'information !

Notre cerveau évoluera-t-il aussi vite que les progrès techniques qu'il a générés ? Dans ce nouvel environnement de villes devenues mégalopoles et de l'information sous toutes ses formes, qu'adviendra-t-il de l'homme de la société planétaire ?

Il ne faudrait pas que cet homme, animal urbain du XXIe siècle, soit amené à dire, comme le serpent au Petit Prince : « On est seul aussi chez les hommes. »

L'homme entre nature et culture ?

Tout au long de cet ouvrage, en filigrane, se devine l'homme, composé des mêmes substances que les autres êtres vivants, des mêmes cellules, mais si différenciées qu'elles font de lui un animal d'exception.

Animal, il l'est comme les autres espèces, car il doit trouver dans son environnement l'alimentation nécessaire à l'entretien de son corps, cet ensemble cellulaire dit somatique, et assurer sa reproduction, c'est-à-dire la transmission de ses gènes à sa descendance. C'est la période dite du paléolithique où, chasseur-cueilleur-pêcheur, pendant quatre-vingt-dix mille ans, (soit les neuf dixièmes de son histoire), il se déplace en nomade et en petits groupes à la recherche des points d'eau, de la nourriture et des abris.

Et puis, voilà 10 000 ans, il se sédentarise, invente agriculture et élevage, domestiquant des espèces végétales et animales : c'est la période dite du néolithique. Sa population mieux nourrie s'accroît. Les villages qu'il construit s'agrandissent pour devenir des villes. L'agriculteur se fait constructeur. Des métiers se diversifient. L'homme transmet ses gènes à sa descendance mais aussi sa culture, et c'est sûrement ce dernier trait qui le différencie le plus de l'animal.

Ce qui est vrai pour l'homme l'est-il pour l'animal ?

Nous avons, en 1990, écrit sur l'intelligence de la nature et des êtres vivants. Aujourd'hui, tous les éthologistes s'accordent pour dire qu'il existe des formes d'intelligence extrêmement variées et que chaque espèce présente une forme d'intelligence qui lui est propre.

L'intelligence n'est donc pas le propre de l'homme. En va-t-il de même de la culture ? Peut-on parler de culture animale ?

Il semble que oui en ce qui concerne les macaques et les chimpanzés, dont on a montré qu'ils étaient capables d'apprendre, par exemple à aller au bord de l'eau pour laver les patates douces dont ils s'alimentent ou à casser des noix de coco avec une certaine technique. Ils inculquent ces pratiques à leur progéniture qui à son tour les transmettra à sa descendance. Cette communication d'un savoir est bien culturelle...

Mais au-delà des chimpanzés — qui sont, rappelons-le, nos plus proches parents —, que dire du ver de terre ? A-t-il, comme l'affirme Boris Cyrulnik, une représentation neuronale de son environnement ? Certes, il perçoit bien son proche environnement, la terre, dans laquelle il vit en aveugle. Mais au-delà, il n'y a bien que le poète pour imaginer « le ver de terre amoureux d'une étoile »...

La culture, pour l'homme, ce sont les pratiques agricoles (agriculture et élevage), puis industrielles. Car après avoir domestiqué les espèces végétales et animales, l'homme domestique l'énergie sous toutes ses formes. Mais ce nouvel acquis dans une phase récente de son histoire, le milieu du XVIIIᵉ siècle, a pour corollaire la transition démographique, c'est-à-dire l'augmentation très forte de la population. Celle-ci, d'abord rurale, a gagné les villes, qui se sont agrandies démesurément : nous sommes actuellement plus nombreux à vivre en milieu citadin qu'à la campagne. L'homme est devenu, selon la formule de Jacques Vicari, un animal urbain.

L'ère industrielle, celle de la maîtrise de l'énergie est, selon François Caron, caractérisée par trois révolutions de mise en réseau : le chemin de fer, l'électricité et Internet.

En Angleterre, James Watt invente en 1776 la machine à vapeur. Il réussit à transformer la chaleur en mouvement. Les premiers chemins de fer apparaissent en 1830 ; ils vont relier les hommes.

Aux États-Unis, Thomas Edison ouvre en 1882 la première centrale électrique. Le transport à distance de l'énergie est assuré. La fée électricité, à son tour, relie les hommes ; les grandes usines se développent, ainsi que le travail à la chaîne.

Enfin, le XXe siècle est marqué par la révolution électronique, la naissance des ordinateurs et leur mise en réseaux tels qu'Internet (le Web, la Toile, apparaît en 1990 et deviendra Internet). Bill Gates, de Microsoft, succède à Watt et à Edison. C'est l'ère de la communication, du « cerveau planétaire » et, selon l'heureuse formule de Pierre Lévy, on passe insensiblement du néolithique au noolithique.

« Chaque fois, lors de l'apparition de ces grands réseaux qui caractérisent ces trois grandes révolutions industrielles, un imaginaire se développe qui voit, grâce à ces transformations, émerger une humanité nouvelle » (F. Caron).

Que sera l'humanité nouvelle, tiraillée entre la révolution biologique des biotechnologies et la révolution informatique ? Et si toutes deux accéléraient l'évolution de l'homme, c'est-à-dire l'hominisation... Mais c'est là une autre histoire...

Saint-Georges-de-Didonne, le 25 décembre 2000

Bibliographie

INTRODUCTION

Aufray, C. et Houdebine, L.-M., *Qu'est-ce que la vie* ? Le Pommier-Fayard, 1999.

Berkaloff, A., Naquet, R., et Demaille, J., *Biologie 1990, enjeux et problématiques*, CNRS, 1987.

Bernard, J., *De la biologie à l'éthique*, Buchet-Chastel, 1990 ; *La Bioéthique*, Dominos-Flammarion, 1994.

Buican, D., *Histoire de la biologie*, coll. « Sciences », nº 128, Nathan Université, 1994.

Duris, P., et Gohau, G., *Histoire des sciences de la vie*, Nathan Université, 1997.

Gros, F., Jacob, F., et Royer, P., *Sciences de la vie et Société* (rapport au président de la République), La Documentation française, 1979.

Lamy, M., *La Biosphère*, Dominos-Flammarion, 1996.

Lamy, M., *La Diversité du vivant*, coll. « Quatre à quatre », Le Pommier-Fayard, 1999.

Langaney, A., *La Philosophie biologique*, Belin, 1999.

Puytorac, P. de, *Panorama de la biologie*, Ellipses, 1998.

Raulin, F., *La Vie dans le cosmos*, Dominos-Flammarion, 1994.

« Trente ans de recherche au département des Sciences de la vie du CNRS. Quels enjeux pour la biologie de demain ? » *Médecine-Sciences (M/S)*, John Libbey éd., nº spécial, vol. 12, octobre 1996.

Vincent, J.-D., « Le devenir de la biologie », *BIO*, CNRS, nº 72, juillet-août 1997, pp. 1-7.

CHAPITRE I

Allègre, C., *Dieu face à la science*, Fayard, 1997.

Brack, A., et Raulin, F., *L'Évolution chimique et les Origines de la vie*, coll. « Les grands problèmes de l'évolution », Masson, 1991.

Buican, D., *Histoire de la biologie, hérédité, évolution*, coll. « Sciences », n° 128, Nathan, 1994.

Crick, F., *La vie vient de l'espace*, Hachette, 1982.

Darwin, C., *L'Origine des espèces [...]*, Flammarion, 1992.

De Duve, C., *Construire une cellule : essai sur la nature et l'origine de la vie*, Inter Éditions, 1990.

Florkin, M., *L'Origine de la vie, quelques aspects du problème*, Gauthiers-Villars, Paris, 1962.

Lecointre, G., « Le créationnisme », *Pour la science*, n° 265, nov. 1999, p. 8.

Maurel, M.-C., *La Naissance de la vie : de l'évolution prébiotique à l'évolution biologique*, coll. « Arts et Sciences », Diderot Éditeur, 1997.

Oparin, A.I., *L'Origine de la vie sur la Terre*, Masson, 1965.

Orgel, L., « L'origine de la vie sur terre », *Pour la science*, n° 206, 1994, pp. 80-88.

Raulin, F., *La Vie dans le cosmos*, Dominos-Flammarion, 1994.

Raulin, F., Raulin-Cerceau, F., et Schneider, J. ; *La Bioastronomie*, « Que sais-je ? » n° 3316, Presses universitaires de France, 1997.

Reeves, H., Rosnay, J. de, Coppens, Y., Simonnet, D., *La Plus Belle Histoire du monde*, Éditions du Seuil, 1996.

Reisse, J., « Origine de la vie », in *Les Origines*, sous la direction de Ph. Brenot, coll. « Conversciences », L'Harmattan, 1988.

Rosnay, J. de, *L'Aventure du vivant*, Éd. du Seuil, 1988.

CHAPITRE II

Heidmann, J., *Intelligences extraterrestres*, coll. « Opus », Odile Jacob, 1996.

Heidmann, J., Vidal-Madjar, A., Prantzos, N., et Reeves, H., *Sommes nous seuls dans l'univers ?* Fayard, 2000.

Lagrange, P., *La Rumeur de Roswell*, La Découverte, 1996.

Laskar, J., « La Lune et l'origine de l'homme », *Pour la science*, n° 186, 1993.

McKay, C.P., « La vie sur Mars », *La Recherche*, n° 225, 1990, pp. 1216-1224.

Les ovnis et la défense, à quoi doit-on se préparer ? rapport sous la direction du général Denis Letty, 1999.

Rasool, I., *Système Terre*, Dominos-Flammarion, 1993.

Raulin, F., *La Vie dans le cosmos*, Dominos-Flammarion, 1994

Raulin, F., Raulin-Cerceau, F., et Schneider, J., *La Bioastronomie.* « Que sais-je ? » n° 3316, Presses universitaires de France, 1997.

CHAPITRE III

Brack, A., et Mathis, P., *La Chimie du vivant*, coll. « Quatre à quatre », Le Pommier-Fayard, 2000.

De Duve, Ch., *Poussière de vie*, Fayard, 1998.

Guillotin, M, et Quintard, B., *Biochimie*, Masson, 1996.

Hennen, G., *Biochimie*, 1er cycle, Dunod, 1995.

Koolman, J., et Rohm, K.H., *Atlas de poche de biochimie*, « Médecine-Sciences », Flammarion, 1995.

Van Gansen, P., et Alexandre, H., *Biologie générale*, Masson, 4e éd., 1997.

Lamy, M., *L'Eau, de la nature et des hommes*, Presses universitaires de Bordeaux, 1995.

Lœwy, A.G., et Siekevitz, P., *Biologie cellulaire*, Masson, 1973.

Maurel, M-C., *La Naissance de la vie*, coll. « Arts et sciences », Diderot Éditeur, 1997.

Monod, J., *Le Hasard et la Nécessité*, Ed. du Seuil, 1970.

CHAPITRE IV

Degos, L., *Promenade à l'intérieur de la cellule*, coll. « Quatre à quatre », Le Pommier-Fayard, 1999.

Durand, M., et Favard, P., *La Cellule*, Hermann, 1968.

Margulis, L. et D., *L'Univers bactériel*, coll. « Sciences d'aujourd'hui », Albin Michel, 1989.

Prusiner, S., « Les prions », *Pour la science*, déc. 1984, n° 86, pp. 92-103.

Rosnay, J. de, *L'Aventure du vivant*, Éditions du Seuil, 1988.

Swanson, C.P., *La Cellule*, PUF, 1966.

CHAPITRE V

Anselme, B., *L'Énergie dans la cellule*, coll. « 128 », Nathan, 1996.

Berkaloff, A., Bourguet, J., Favard, P. et T., et Lacroix, J.-C., *Biologie et Physiologie cellulaire*, Hermann, 1981.

Cordoliani, H., *Les Acides nucléiques*, coll. « 128 », Nathan, 1994.

Dausset, J., *Clin d'œil à la vie*, Odile Jacob, 1998.

Degos, L., *Promenade à l'intérieur de la cellule*, coll. « Quatre à quatre », Le Pommier-Fayard, 1999.

Durand, M., et Favard, P. *La Cellule*, Hermann, 1968.

Gallien, C.-L., *Biologie I. Biologie cellulaire*, P.U.F., 1980.

Maftah, A., et Julien, R., *Biologie moléculaire*, Masson, 1996.

Maillet, M., *Biologie cellulaire*, Masson, 7ᵉ éd., 1995.

CHAPITRE VI

Berkaloff, A., Bourguet, J., Favard, P. et T., Lacroix, J.-C., *Biologie et Physiologie cellulaire*, Hermann, 1981.

Degos, L., *Promenade à l'intérieur de la cellule*, coll. « Quatre à quatre », Le Pommier-Fayard, 1999.

Frydman, R., *L'Irrésistible Désir de naissance*, P.U.F., 1986.

Gallien, C.-L., *Biologie 1 — Biologie cellulaire*, PUF, 1980.

Hourdry, J., Cassier, P., D'Hondt, J.-L., et Porchet, M., *Métamorphoses animales*, Hermann, 1995.

Kahn, A., et Papillon, F., *Copies conformes : le clonage en question*, Pocket, 1999.

Lamotte, M., et L'Héritier, P., *Biologie générale*, Doin, 1965.

Le Moigne, A., *Biologie du développement*, Masson, 4ᵉ éd., 1997.

Maillet, M., *Biologie cellulaire*, Masson, 7ᵉ éd., 1995.

Sachs, L., « Prolifération, différenciation et inversion de malignité », *Pour la science*, mars 1986, n° 101, pp. 66-75.

Les Sociétés cellulaires, dossier hors série, *Pour la science*, avril 1998.

Testart, J. *L'Œuf transparent*, Flammarion, 1986.

Testart, J. *et al.*, *Le Magasin des enfants*, F. Bourin, 1990.

CHAPITRE VII

Allais, C., *Génétique et Éthique*, « coll. Qui, quand, quoi ? », Hachette, 1995.

Atlan, H., Augé, M., Delmas-Marty, M., Pol-Droit, R., et Fresco, N., *Le Clonage humain*, Éditions du Seuil, 1999.

Auffray, C., *Le Génome humain*, Dominos-Flammarion, 1996.

Bounhiol, J.-J., *Larves et métamorphoses*, PUF, 1980.

Gallien, C.-L., *Biologie. 2. Génétique*, coll. « Biomed », PUF, 1981.

Jacquard, A., *Les Hommes et leurs gènes*, Dominos-Flammarion, 1993.

Jordan, B., *Génétique et Génome, la fin de l'innocence*, Flammarion, 1996.

Kahn, A., et Papillon, F., *Copies conformes, Le clonage en question*, Pocket, 1999.

Lévy, I., *Le Dictionnaire des prix Nobel*, Ville de Sevran — Éditions Josette Lyon, 1996.

Munnich, A., *La Rage d'espérer*, Plon, 1999.

Pelt, J.-M., *Plantes et Aliments transgéniques*, Fayard, 1998.

Pichot, A., *Histoire de la notion de gènes*, Champs-Flammarion, 1999.

Prochiantz, A., *Les Anatomies de la pensée*, Odile Jacob, 1997.

Rosnay, J. de, *L'Aventure du vivant*, Seuil, 1988.

Salmon, C., *Des groupes sanguins aux empreintes génétiques*, Dominos-Flammarion, 1998.

CHAPITRE VIII

Duris, P., et Gohan, G., *Histoire des sciences de la vie*, Nathan-Université, 1997.

Carton, Y., « La co-évolution », *La Recherche*, n° 202, septembre 1988, pp. 1022-1031.

Eldredge, N., « La macroévolution », *La Recherche*, n° 133, mai 1982, pp. 616-626.

Jolivet, P., *Curiosités entomologiques*, Chaband, 1991.

Langaney, A., *La Philosophie... biologique*, Belin, 1999.

Ozenda, P., *Les Végétaux dans la biosphère*, Doin, 1982.

Rosenthal, G., « Les adaptations d'un coléoptère à une nourriture toxique », *Pour la science*, n° 75, 1984, pp. 50-58, et commentaire de M. Lamy, p. 59.

Rubiliani, C., « La co-évolution », in *Actes de l'université d'été : Environnement, santé, développement*, Niort, juillet 1994.

Wilson, E.O., *La Diversité de la vie*, Odile Jacob, 1993.

CHAPITRE IX

Bonis, L. de, *La famille de l'homme. Des lémuriens à Homos sapiens*, *Pour la science*, 1999.

Coppens, Y., *Le Singe, l'Afrique de l'homme*, Fayard, 1983.

Id., « Une histoire de l'origine des hominidés », *Pour la science*, n° 201, juillet 1994. Id., *Le Genou de Lucy*, Odile Jacob, 1999.

Corner, E.J.H., « La vie des plantes », in *La Grande Encyclopédie de la nature*, Rencontre, 1970.

Darwin, C., *L'Origine des espèces*, 1859, Flammarion, 1992.

Duris, P., et Gohan, G., *Histoire des sciences de la vie*, Nathan-Université, 1997.

Gheerbrant, E., « L'essor des mammifères à l'aube de l'ère tertiaire, » *Pour la science*, nº 213, juillet 1995, pp. 36-43.

Lamy, M., *La Biosphère, la biodiversité et l'homme*, Ellipses, 1999.

Langaney, A., *La Philosophie biologique*, Belin, 1999.

Margulis, L. et D., *L'Univers bactériel*, coll. « Sciences d'aujourd'hui », Albin Michel, 1989.

Picq, P., *L'Origine de l'homme. L'odyssée de l'espèce*, Éditions Tallandier-Historia, 1999.

Roland, J.-C., et Vian, B., *Atlas de biologie végétal*, Masson, 1996 (4ᵉ éd.).

Taquet, P., *L'Empreinte des dinosaures. Carnets de piste d'un chercheur d'os*, Éditions Odile Jacob, 1997.

Tassy, P., *L'Arbre à remonter le temps. Les rencontres de la systématique et de l'évolution*, Christian Bourgeois, Paris, 1991.

CHAPITRE X

Barbault, R., *Des baleines, des bactéries et des hommes*, Odile Jacob, 1994.

Chauvin, R., *Les Société animales, de l'abeille au gorille*, Plon, 1963.

Chesnais, J.-C., *La Démographie*, PUF, Paris 1990.

Combes, C., « Perdrix, impalas et schistosomes. Le rôle des parasites dans la faune sauvage », *Pour la science*, nº 169, 1991, pp. 18-21

ID., *Interactions durables : écologie et évolution du parasitisme*, Masson, 1995.

Dugatkin, L.-A., et Godin, J.-G., « Comment les femelles choisissent leur partenaire », *Pour la science*, juin 1998, nº 248, pp. 100-107.

Fischer, J.-L., et Henrotte, J.-G., « Le mimétisme chez les papillons », *Pour la science*, nº 251, septembre 1998, pp. 56-62.

Gauthier, J.-Y., Lefeuvre, J.-C., Richard, G., et Trehen, P., *Éthoécologie*, Masson, 1978.

Jacquard, A., *Les Hommes et leurs gènes* et *L'Explosion démographique*, coll. « Dominos », Flammarion, 1993.

Lamy, M., *Les Insectes et les Hommes*, coll. « Sciences d'aujourd'hui », Albin Michel, 1997.

Langaney, A., *Les Hommes : passé, présent, conditionnel*, Armand Colin, 1988.

Lassonde, L., *Les Défis de la démographie*, La Découverte, 1996.

Le Bras, H., *Les Limites de la planète*, Flammarion, 1994.

Lebrun, D., *La Vie des insectes sociaux*, Éditions Ouest-France, 1991.

Trinkaus, N., et Shipman, P., *Les Hommes de Neandertal*, Éditions du Seuil, 1996.

Vallin, J., *La Population mondiale*, La Découverte, 1995.

Wilson, E.O., *La Diversité de la vie*, Odile Jacob, 1993.

CHAPITRE XI

Barbault, R., *Écologie des peuplements : structure, dynamique et évolution*, Masson, Paris, 1992.

Le Bassin d'Arcachon, milieu biologique, CRDP de Bordeaux, 1986.

Brouhon, M., *Symbiose, commensalisme, parasitisme*, court-métrage ; (28 min), Service du film de recherche scientifique, MEN-CNDP.

Chararas, C., « Les insectes parasites des forêts », *La Recherche*, n° 132, 1982, pp. 440-451.

Comps, C., « Perdrix, impalas et schistosomes. Le rôle des parasites dans la faune sauvage », *Pour la science*, n° 169, novembre 1991, pp. 18-21.

Dajoz, R., *Précis d'écologie*, Dunod (1970), 5ᵉ éd., 1985.

Duvigneaud, P., *La Synthèse écologique : population, communauté, écosystème, biosphère, noosphère*, Doin, 1974 et 1984.

Fischer, J.-L., et Henrotte, J.-G., « Mimétisme chez les papillons », *Pour la science*, n° 251, septembre 1998, pp. 56-62.

Grant, P., « La sélection naturelle et les pinsons de Darwin », *Pour la science*, n° 170, déc. 1991, pp. 114-121.

Heslop-Harrison, Y., « Les plantes carnivores », *Pour la science*, n° 6, 1978, pp. 63-73.

Kuhnelt, W., *Écologie générale*, Masson, 1969.

Lamy, M., *Les Insectes et les Hommes*, Albin Michel, 1997.

ID., *La Biosphère, la biodiversité de l'homme*, Ellipses, 1999.

ID., La Diversité du vivant, coll. « Quatre à quatre », Le Pommier-Fayard, 1999.

Pasteur, G., *Biologie et Mimétisme*, Éditions Nathan, 1995.

Rosnay, J. de, *L'Aventure du vivant*, Éditions du Seuil, 1988.

CHAPITRE XII

Blasco, F., « Les mangroves », *La Recherche*, n° 231, avril 1991, pp. 445-453.

Duvigneaud, P., *La Synthèse écologique : populations, communautés, écosystèmes, biosphère, noosphère*, Doin, 1974 et 1984.

Elhaï, H., *Biogéographie*, Armand Colin, 1978.

Goreau, T-F., Goreau, N., et Goreau, T-J., « Coraux et récifs coralliens », *Pour la science*, n° 24, 1979, pp. 77-88.

Lamy, M., *Introduction à l'écologie humaine*, Ellipses, 2001.

Lascu, C., Popa, R., Sarbu, S.M., Vlaceanu L., et Prodan, S., « La grotte de Movilé : une faune hors du temps », *La Recherche*, n° 258, octobre 1993, pp. 1092-1098.

Laubier, L., *Des oasis au fond des mers*, Éditions du Rocher, 1986.

ID., *Vingt Mille Vies sous les mers*, Odile Jacob, 1992.

ID. et Desbruyères, D., « Les oasis du fond des océans », *La Recherche*, n° 161, décembre 1984, pp. 1506-1517.

Lemée, G., *Précis d'écologie végétale*, Masson, 1978.

Leroy, P., *Des forêts et des hommes*, Presses Pocket, 1991.

Lorius, C., et Gendrin, R., *L'Antarctique*, Dominos-Flammarion, 1997.

Ozenda, P., *Les Végétaux dans la biosphère*, Doin, 1982.

Tréhen, P., « Particularités biologiques en Antarctique », *Courrier du C.N.R.S.*, n° 72, 1989, pp. 80-81.

CHAPITRE XIII

Barbault, R., *Écologie générale, structure et fonctionnement de la biosphère*, Masson, Paris, 3ᵉ éd., 1996.

Bullock, M., et Grinspoon, D., « Le climat variable de Vénus », *Pour la science*, mai 1999, n° 259, pp. 35-41.

Carson, R., *Le Printemps silencieux*, Plon, 1963.

Cavalli-Sforza, L. et F., *Qui sommes-nous ?*, coll. « Sciences d'aujourd'hui », Albin Michel, 1994.

Elhai, H., *Biogéographie*, Armand Colin, 1978.

Helmer, D., *La Domestication des animaux par les hommes préhistoriques*, coll. « Préhistoire », Masson, 1992.

Lamy, M., *L'Intelligence de la nature*, Éditions du Rocher, 1990.

ID., *Introduction à l'écologie humaine*, Ellipses, 2001.

L'Atmosphère, dossier hors série, *Pour la science*, juin 1995.

Les Humeurs de l'océan, dossier hors série, *Pour la science*, octobre 1998.

Lovelock, J.E., *La Terre est un être vivant*, Éditions du Rocher, 1990.

Minster, J.-F., *Les Océans*, Dominos-Flammarion, 1994.

Ozenda, P., *Les Végétaux dans la biosphère*, Doin, 1982.

Ramade, F., *Éléments d'écologie appliquée*, Mc Graw-Hill Inc., 1978.

ID., « Le processus de désertification », *Douze questions d'actualité sur l'environnement*, ministère de l'Environnement, 1996, pp. 63-68.

Ruellan, A, « La dégradation des sols », *Douze questions d'actualité sur l'environnement*, ministère de l'Environnement, 1996, pp. 69-74.

Saugier, B., *Végétation et Atmosphère*, Dominos-Flammarion, 1996.

Tattersall, J., « Les lémuriens de Madagascar », *Pour la science*, n° 185, mars 1993, pp. 66-73.

Vernadsky, W., *La Biosphère*, Librairie Félix Alcan, 1929, réédité par Diderot éditeur, coll. « Arts et sciences », 1997.

Wilson, E.O., *La Diversité de la vie*, Odile Jacob, 1993.

Woodwell, G.W., « Le problème du gaz carbonique », *Pour la science*, n° 5, 1978, p. 12-22.

CONCLUSION

Caron, F., *Les Deux Révolutions industrielles du XX° siècle*, Albin Michel, 1999.

ID., entretien avec Sabine Delanglade, « Internet, c'est la troisième révolution industrielle », *L'Express*, 27 avril 2000.

Ganascia, J.-G., *L'Intelligence artificielle*, Dominos-Flammarion, 1993.

Heudin, J.-C., *La Vie artificielle*, Hermès, 1994.

Lévy, P., *World philosophy*, Odile Jacob, 2000.

Picq, P., Digard, J.-P., Cyrulnik, B. Matignon, K., *La Plus Belle Histoire des animaux*, Édition du Seuil, 2000.

Rosnay, J. de, *Le Cerveau planétaire*, Olivier Orban, 1986, et coll. « Points essais », Éditions du Seuil, 1988.

ID., L'Homme symbiotique, coll. « Points », Éditions du Seuil, 1995.

Glossaire

Acide aminé. Substance carbonée qui possède une fonction acide (COOH) et une fonction amine (NH2) ; est l'élément constitutif des peptides, des polypeptides et des protéines. L'acide aminé est un monomère.

Acide gras. Substance carbonée énergétique, constituant majeur des lipides simples dont les triglycérides ; insolubles dans l'eau.

Acide nucléique. Macromolécule formée par enchaînement polymérique de nucléotides. Un nucléotide est constitué d'une base azotée (purique ou pyrimidique), d'un sucre (pentose, sucre à cinq atomes de carbone) et d'un groupement phosphate. Selon la nature du sucre, ribose ou désoxyribose, on parle d'acide ribonucléique (ARN) ou d'acide désoxyribonucléique (ADN).

Actine. Protéine de structure présente uniquement chez les eucaryotes ; elle est un constituant fondamental du cytosquelette des cellules. Elle participe, avec la myosine, à la contraction musculaire.

ADN. Acide désoxyribonucléique. Matériau héréditaire de tous les êtres vivants ; se présente sous forme double : deux brins (on dit qu'il est bicaténaire) associés en double hélice grâce à des liaisons hydrogènes.

Aérobiose. Mode de vie qui exige de l'oxygène, par opposition à l'anaérobiose où la vie s'effectue sans oxygène.

Agrosystème. Contraction de agro-écosystème. Il s'agit d'un écosystème aménagé par l'homme pour produire des matières végétales ou animales : un champ cultivé, une forêt plantée, sont des agrosystèmes.

Albinisme. Absence partielle ou totale de pigments colorés suite à une mutation. L'individu est dit albinos.

Allèle. Différents états d'action d'un gène.

Amétaboles. Insectes primitifs se développant en faisant des mues mais sans métamorphose ; le type en est le collembole.

Amibe. Être unicellulaire (protiste, protozoaire) se déplaçant grâce à des pseudopodes, le mouvement amiboïde est également pratiqué par les globules blancs (leucocytes). Des amibes pathogènes de l'homme sont responsables d'amibiases (dysenterie amibienne).

Aminoacide. Synonyme de acide aminé.

Anaérobiose. Mode de vie en absence d'oxygène.

Anatomie. Partie de la biologie accessible par la dissection. Organes et appareils constitutifs d'un organisme sont décrits ; leur fonctionnement fera l'objet de la physiologie.

Angiosperme. Sous-embranchement du règne végétal qui regroupe les plantes à fleurs et à fruits.

Angstrom (Å). Unité de mesure de longueur valant 1/10 000 de micron (micromètre) soit 1/10 000 000 mm.

Anthropique. Dû à l'action de l'homme.

Anthropologie. (Du grec *anthrôpos* : « homme » et *logos* : « étude »), partie de la biologie qui prend comme objet d'étude l'homme et par extension l'humanité d'hier à demain.

Antibiose. Relation biotique entre deux espèces, l'une empêchant l'autre de se développer par l'émission dans le milieu de substances antibiotiques.

Antibiotique. Substance chimique produite par des champignons ou des bactéries qui inhibe ou tue des microorganismes.

Anticodon. Groupe de trois nucléotides consécutifs (triplet) sur l'ARNt (de transfert) qui, en s'appariant avec le codon correspondant de l'ARNm (messager), amène l'acide aminé transporté à la place appropriée de la chaîne protéique en formation.

Anticorps. Protéine (immunoglobuline) élaborée par les cellules sanguines (leucocytes) en présence d'une substance étrangère appelée antigène.

Antigène. Toute substance étrangère susceptible de stimuler la production d'un anticorps spécifique.

Apoptose. Mort programmée de la cellule.

Appareil de Golgi. Du nom du biologiste italien qui l'a découvert. Cet appareil cellulaire est constitué d'un empilement de sacs membranaires, les dictyosomes. Il participe à la finition (changement de forme) des protéines synthétisées par le réticulum endoplasmique et l'ergastoplasme.

Aptérisme. Absence partielle ou totale d'ailes chez des animaux qui généralement en possèdent. Ces insectes ou oiseaux sont dits aptères. Cet état est soit ancestral (génétique), soit lié aux conditions environnementales (vents violents), par ex : les insectes sans ailes ou les oiseaux aux ailes réduites (manchots) de l'Antarctique.

Aptérygotes. Subdivision des insectes primitifs sans ailes. Ils sont également amétaboles comme le collembole.

ARN. Acide ribonucléique. Contrairement à l'ADN, le sucre est le ribose et la thymidine (base pyrimidique) est remplacée par l'uracile. De plus, il se présente sous forme d'un brin simple : on dit qu'il est monocaténaire.

ARNm. ARN messager. Molécule qui code pour une protéine grâce à une séquence de codons.

ARNr. ARN ribosomal, qui entre dans la composition des ribosomes.

ARNt. ARN de transfert. Molécule d'ARN servant de transporteur pour un acide aminé déterminé. Il porte un anti-codon qui sera reconnu par le codon de l'ARNm.

Arthropodes. (De *arthros* : « articulé » et *podos* : « pattes »). Ensemble des invertébrés à appendices articulés. Ce sont en particulier les classes des insectes, des crustacés et des myriapodes. L'embranchement des arthropodes représente à lui seul la moitié des espèces actuellement décrites, soit un million d'espèces.

Ascidie. Organisme marin, fixé à l'état adulte. De ce fait, elle entre en compétition avec les éponges, par exemple dans le bassin d'Arcachon, où elle a été introduite avec les larves d'huîtres (ascidie japonaise). La larve d'ascidie ressemble à un têtard, appelé têtard d'ascidie. Il possède une queue natatoire contenant les rudiments d'organes fondamentaux des vertébrés (dont la corde). On dit de l'ascidie que c'est un procordé, l'ancêtre des cordés donc des vertébrés.

Atoll. Îlot souvent volcanique, corallien, dans les mers tropicales, en forme d'anneau autour d'un lagon.

ATP. Adénosine triphosphate. Molécule énergétique de la cellule formée d'une base, l'adénine, d'un sucre, le ribose, et de trois groupements phosphates. La rupture d'une liaison phosphate libère de l'énergie utilisable par la cellule.

Autosome. Ensemble des chromosomes d'une cellule à l'exclusion des chromosomes sexuels ou hétérochromosomes (XY du mâle, XX de la femelle).

Autotomie. Action d'amputation réflexe spontanée d'appendices ou de membres chez de nombreux animaux invertébrés (patte ou pince du crabe) ou vertébrés (queue du lézard).

Autotrophe. Se dit d'un être vivant capable de faire la synthèse de substances organiques à partir de substances minérales (eau, gaz carbonique...) et ce grâce à l'énergie lumineuse. C'est le cas des végétaux chlorophylliens réalisant la photosynthèse.

Axone. Prolongement principal d'une cellule nerveuse ou neurone. L'influx nerveux s'y propage dans un sens centrifuge du corps cellulaire vers la terminaison axonique ou synapse.

Bactérie. (Du grec *bactêria* : « bâton »), organisme microscopique ou microorganisme, visible au microscope, constitué d'une seule cellule sans noyau (procaryote) se divisant par scissiparité (division simple) et devenant envahissante, voire pathogène. La bactériologie est la science qui étudie les bactéries.

Bactériophage. Virus parasitant exclusivement des bactéries ; on l'appelle également un phage.

Balancier. (Ou haltère). Nom donné aux ailes postérieures réduites des insectes diptères (les mouches). Il s'agit d'organe d'équilibration lors du vol assuré par les deux ailes membraneuses (d'où le nom de diptères donné à ces insectes).

Bases puriques (ou purines). Bases azotées entrant dans la composition des acides nucléiques (nucléotides) : il s'agit de l'adénine et de la guanine.

Bases pyrimidiques (ou pyrimidines). Bases azotées entrant dans la composition des acides nucléiques (nucléotides). Il s'agit de la cytosine et de la thymine. Dans l'ARN, la thymine est remplacée par l'uracile.

Benthique. Se dit d'êtres vivants sur le fond des océans ; végétaux et animaux fixés ou se déplaçant peu, formant le benthos par opposition au plancton.

Benthos. Ensemble du monde vivant végétal et animal qui peuple le fond de l'océan. Ces êtres dits benthiques sont fixés ou se déplacent très peu et localement.

Biocénose. Ensemble des êtres vivants (microorganismes, végétaux et animaux) qui peuplent une aire géographique (biotope) à un moment déterminé.

Biochimie. Partie de la chimie prenant comme objet d'étude les composants de la matière vivante ; appelée autrefois chimie biologique.

Biodiversité. Terme équivalent mais qui tend à remplacer celui de diversité du vivant, c'est-à-dire l'ensemble du monde vivant (microorganismes, végétaux et animaux) qui peuple la biosphère.

Biomasse. Masse totale des êtres vivants par unité de surface ou de volume dans un territoire et à un instant donnés. Ces êtres vivants sont pris dans leur ensemble ou par groupe systématique : biomasse végétale (pour l'ensemble des végétaux), biomasse des insectes...

Biome (ou macroécosystème). Regroupement d'écosystèmes à la surface du globe et correspondant à une zone climatique bien définie : forêt équatoriale, forêt boréale, toundra...

Biosphère (ou sphère du vivant). C'est la partie de la terre (atmosphère, lithosphère et hydrosphère) où se trouve localisé l'ensemble du monde vivant.

Biotechnologie. Ensemble des techniques de transformation réalisées par l'industrie à partir de la matière et/ou d'organismes vivants. Depuis la fermentation (pain, bière, fromage...) faisant intervenir les microorganismes, jusqu'au génie génétique mettant en action les gènes.

Biotope. Aire géographique limitée caractérisée par des conditions climatiques particulières, et colonisée par un ensemble d'êtres vivants formant la biocénose.

Blastomère. Cellule embryonnaire en cours de division lors de la segmentation de l'œuf.

Blastula. Nom donné à l'embryon ayant terminé la segmentation. La blastula est formée d'un ensemble de blastomères répartis autour d'une masse de vitellus ou d'une cavité, le blastocœle. Dans le cas des mammifères, la blastula creuse est aussi appelée blastocyte.

Botanique. (Du grec *botanikos* : « herbe »), partie de la biologie ayant pour objet d'étude les végétaux ; elle est pratiquée par les botanistes.

Bouturage. Procédé utilisé par les jardiniers et les horticulteurs pour reproduire une plante à partir d'une pousse mise dans la terre : ex. bouture de géranium. Des plongeurs pratiquent également le bouturage des éponges marines dites de toilette, en les cassant en morceaux ; chaque morceau régénérera une éponge entière. Ces procédés de reproduction à l'identique équivalent à un clonage.

Caducifoliée. Se dit d'une espèce ou d'un ensemble d'espèces végétales qui perdent leurs feuilles à la saison froide ou sèche, selon les continents.

Canopée. Cime des arbres (de l'anglais *canopy*).

Carcinome. Une certaine forme de cancer : cancers épithéliaux ou glandulaires.

Catalyse. Accélération d'une réaction chimique à l'aide d'un composé ajouté dans le milieu réactionnel et qui reste inchangé jusqu'à la fin de la réaction ; ce composé est le catalyseur.

Cellulose. Polymère du glucose (sucre à six carbones), caractéristique du monde végétal, dont les parois cellulaires squelettiques sont cellulosiques.

Centriole. Organite cellulaire caractéristique des cellules animales eucaryotes. Une paire de centrioles forme le centrosome impliqué dans la division cellulaire.

CFC. Chloro-fluoro-carbone ou fréons. Gaz produits par l'industrie chimique dans les années 1930 et qui avaient toutes les qualités. Ils étaient inodores, incolores et ininflammables. Ils furent donc largement utilisés comme aérosols, comme réfrigérants, pour l'isolation thermique, pour l'emballage... Depuis 1974, ils sont suspectés d'être destructeurs de la couche d'ozone. De ce fait, leur production est réduite et elle devrait s'arrêter au nom du « principe de précaution ».

Chaîne trophique (ou chaîne alimentaire). Suite d'êtres vivants dans laquelle les uns mangent ceux qui les précèdent dans la chaîne avant d'être mangés eux-mêmes par ceux qui les suivent : l'insecte mange l'herbe avant d'être mangé par un oiseau insectivore, lui-même étant dévoré par un rapace.

Charge biotique. Nombre maximum d'individus d'une espèce supportable par le milieu.

Chloroplaste. Organite des cellules végétales contenant de la chlorophylle et au sein duquel se réalise la photosynthèse : l'énergie lumineuse y est transformée en énergie chimique (sucre).

Choanocyte. Cellule à collerette cytoplasmique munie d'une flagelle et constituant la cavité digestive de l'éponge. Elle rappelle, par sa structure, un protiste choanoflagellé.

Chromatine. Substance constitutive des chromosomes formée essentiellement d'acides nucléiques et de protéines.

Chromosome. Structure cellulaire en forme de bâtonnet visible dans le noyau des cellules d'eucaryotes en cours de division ; il contient l'ADN associé à des protéines. Par comparaison, le chromosome bactérien (procaryote) est plus simple : filament circulaire d'ADN.

CITES. Convention on International Trade in Endangered Species of Wild Fauna and Flore, ou Convention de Washington : elle réglemente depuis 1975 le commerce international des espèces sauvages menacées.

Cladisme. Théorie explicative de la formation des espèces. Une espèce mère se divise en deux espèces filles ; on parle aussi de cladogenèse. Elle est devenue une méthode de classification des êtres vivants basée sur la construction de cladogrammes et appelée aussi cladistique.

Cladome. (Du grec *klados* : « rameau »), thalle des algues rouges à structure en rameau.

Classe. Une des subdivisions du monde vivant utilisée pour la classification (par ex. : la classe des insectes, la classe des crustacés... constituent l'embranchement des arthropodes.

Climax. Stade d'équilibre d'une biocénose ou d'un écosystème ; on dit aussi stade climacique.

Clonage. Processus de reproduction à l'identique de cellules en culture ou d'individus d'une même espèce sans l'intervention de la sexualité. Le bouturage est la forme ancestrale du clonage. Par extension, le clonage d'un gène est également pratiqué dans un clone de bactéries.

Clone. Ensemble de cellules ou d'organismes vivants identiques dérivant les uns des autres par reproduction asexuée : par ex. le clone de bactéries.

Cnidaires. Embranchement d'invertébrés essentiellement marins à structure simple : un endoderme interne (digestif) et un ectoderme externe présentant des cellules urticantes (cnidoblastes ou nématocystes). Ils existent généralement sous deux formes : une forme fixée, le polype, se reproduisant par multiplication asexuée et une forme libre, la méduse, à reproduction sexuée. Les polypes fixés peuvent être coloniaux et envahissants : ce sont les coraux. Les méduses, bien connues des baigneurs, ainsi que les physalies, sont urticantes.

Codon. Groupe de trois nucléotides consécutifs (triplet) de l'ARN messager (ARNm) auquel correspond un acide aminé, dans la protéine codée par l'ensemble de l'ARNm. Chaque codon est complémentaire d'un anticodon de l'ARN de transfert (ARNt) porteur de l'acide aminé correspondant.

Cœlome (ou cavité cœlomique). Se creuse dans le mésoderme des animaux au cours de leur développement embryonnaire.

Coévolution. Évolution conjointe de deux espèces dans un environnement donné et qui met en jeu leurs gènes.

Colibacille. Bactérie saprophyte de l'intestin (colon) de l'homme. Peut, dans certaines conditions, devenir pathogène de l'intestin mais aussi des voies uro-génitales : par ex. le colibacillose urinaire. Le colibacille est « la bactérie de laboratoire » par excellence.

Commensalisme. Relation biotique entre deux espèces, l'une tirant un avantage de l'association, l'autre étant indifférente. Beaucoup d'espèces sont commensales de l'espèce humaine. L'hirondelle des toits est commensale de l'homme (mais qui peut dire qu'il est indifférent au vol d'une hirondelle !).

Compétition. Relation biotique entre deux espèces qui se nuisent réciproquement. La compétition se fait pour la place, la nourriture, lorsque les deux espèces ont des besoins identiques.

Conjugaison. Mécanisme d'échange de matériel génétique entre deux bactéries ; on parle aussi de parasexualité des bactéries. Le terme de conjugaison est aussi employé dans le cas de la reproduction sexuée des protistes dont la paramécie ; la conjugaison se traduisant par un échange de matériel génétique : échange des micronucléus.

Consommateurs. Êtres hétérotrophes, animaux herbivores se nourrissant de végétaux (ce sont les producteurs), ou carnivores mangeant d'autres animaux de la chaîne trophique.

Coopération. Relation biotique au sein d'une même espèce. Il peut s'agir soit d'une simple coopération par le nombre d'individus (proto-coopération), soit d'un partage des tâches et des fonctions conduisant au phénomène social (organisation en société).

Coraux. Nom général donné à l'ensemble des polypes coloniaux ou madréporaires (cnidaires, anthozoaires ou polypiers) constructeurs des récifs calcaires : récifs coralliens. Il s'agit soit d'un récif frangeant, le long des côtes, soit d'un récif-barrière ou d'un atoll (en mer).

Créationnisme (ou déisme). Philosophie ou religion selon laquelle Dieu a créé les êtres vivants, il y a six mille ans. S'oppose à toute notion d'évolution du vivant ; théorie appelée également fixisme.

Crossing-over (ou recombinaison). Échange au cours de la méiose de segments d'ADN homologues entre chromosomes.

Cuticule. Substance organique chitineuse (chitine et protéines) constituant tant chez les végétaux que chez les animaux (dont les insectes) un revêtement imperméable.

Cyanobactérie. Anciennement appelée algue bleue (cyanophycée), proche des bactéries, quant à son organisation, elle contient de la chlorophylle et un pigment bleu (phycocyanine) et produit de l'oxygène. Ce sont des espèces pionnières colonisant les nouveaux milieux.

Cycle bio-géochimique. Circulation ininterrompue de matière, alternativement minérale et organique, entre le milieu (biotope) et les êtres vivants (biocénose).

Cyclose. Mouvement observable à l'intérieur de la cellule entraînant des organites comme les chloroplastes. Il est lié au changement d'état physico-chimique du cytoplasme (viscosité : gel ou sol).

Cytologie. Partie de la biologie qui étudie l'unité de base du vivant, la cellule.

Cytoplasme. Milieu intérieur de la cellule.

Cytosquelette. Architecture de l'intérieur de la cellule réalisée par des filaments et des microtubules.

Darwinisme. Théorie évolutionniste basée sur la sélection naturelle, énoncée par Darwin.

Décomposeurs. Dans un écosystème, l'ensemble des êtres vivants participant à la décomposition de la matière organique et contribuant à la réalisation des cycles bio-géochimiques. Il s'agit des microorganismes et de nombreux invertébrés (vers, insectes...) ; on les appelle aussi les détritivores.

Déisme. Voir *créationnisme*.

Dendrite. Prolongement ramifié d'un neurone. Issus du corps cellulaire, les dendrites sont généralement à l'opposé de l'axone.

Desmosome. Différenciation de la membrane plasmique assurant la cohésion des cellules entre elles ; observable en grand nombre dans les cellules épithéliales de la peau des animaux.

Désoxyribose. Sucre à cinq carbones (pentose) caractéristique de l'ADN ; c'est du ribose moins un atome d'oxygène.

Détritivores. Voir *décomposeurs*.

Diagnostic prénatal. Ensemble des techniques mises en œuvre afin de savoir si l'enfant à naître sera normal ou non, c'est-à-dire s'il risque de présenter des malformations et/ou des prédispositions à certaines maladies génétiques. Dans le cas de fécondation in vitro (Fiv) on pratique un diagnostic pré-implantatoire (DPI) sur une ou deux cellules prélevées sur le jeune embryon (stade des premiers blastomères) : détermination du sexe, recherche de maladies génétiques dites à risque (une trentaine actuellement testée) et dont le nombre augmentera avec la connaissance du génome humain.

Dictyosome. Voir *appareil de Golgi*.

Diploblastique. Ensemble des animaux dont le développement embryonnaire met en jeu deux feuillets : l'ectoderme et l'endoderme. C'est le cas des éponges et des cnidaires (dont les méduses).

Diploïde. État d'une cellule comportant deux jeux de chromosomes (2n).

Diversité génétique. Au sein d'une population, les individus sont différents génétiquement. Ils ont reçu de leurs parents (père ou mère) deux gènes ayant des actions différentes : ils sont hétérozygotes. L'hétérozygotie traduit cette diversité : elle est de 11 % chez les invertébrés, 5 % chez les vertébrés.

Dominant (gène). Il masque l'activité d'un autre type du même gène dit récessif.

Duplication. Mécanisme par lequel la molécule d'ADN est capable d'en synthétiser deux identiques à la molécule de départ. Elle consiste en la séparation des deux brins de l'ADN suivie par la reconstitution, nucléotide par nucléotide, des deux brins complémentaires ; on dit aussi qu'il y a réplication de la molécule d'ADN.

Écologie. Science qui étudie les écosystèmes.

Écosystème. Système fonctionnel comprenant des êtres vivants (formant la biocénose) en interaction et leur milieu de vie (le biotope).

Écotoxicologie. Partie de l'écologie s'intéressant au devenir des substances toxiques introduites par l'homme dans les écosystèmes.

Ectoderme. Feuillet externe de l'embryon des animaux pluricellulaires. Il formera la peau et les organes dérivés de celle-ci, ainsi que le système nerveux.

Embranchement. Une des plus importantes subdivisions du monde vivant utilisée pour la classification : l'embranchement des arthropodes, l'embranchement des phanérogames.

Embryologie. Partie de la biologie qui a pour objet d'étude l'embryon et son développement à partir de l'œuf fécondé (ou zygote).

Empreinte génétique. Par analogie avec les empreintes digitales, les gènes caractérisent chacun d'entre nous, constituant notre carte d'identité génétique ; certains auteurs la comparent au code-barres des produits dans les supermarchés.

Endémisme. Phénomène biologique qui caractérise les espèces végétales ou animales à aire géographique localisée (îles, montages...).

Endocytose. Mécanisme de capture de matériel extracellulaire par une invagination de la membrane, qui se referme en une vésicule intracellulaire, contenant ledit matériel.

Endoderme. Feuillet interne de l'embryon des animaux pluricellulaires. Il formera l'appareil digestif et ses annexes.

Entéromorphes. Algues marines vertes de quelques centimètres de longueur, fixées sur un support solide qu'elles colorent.

Enzyme. Protéine facilitant une réaction chimique du métabolisme (catalyse).

Éobionte. Premier être vivant apparu sur Terre. Synonyme : protobionte, progénote...

Épiphyte. Du grec *epi* : « sur » et *phuton* : « plante », se dit d'une plante se développant sur une autre lui servant de support (par ex. les orchidées).

Éponges. Ensemble des invertébrés généralement marins appartenant à l'embranchement des spongiaires. Les éponges sont des diploblastiques : l'épiderme est percé de trous ou pores (on les appelait autrefois les porifères) par lesquels l'eau parvient à l'endoderme où s'effectue la capture des proies par des cellules spécialisées, les choanocytes. La digestion est extracellulaire ; les produits de la digestion sont entraînés par l'eau et expulsés par un gros orifice, l'oscule. Sur l'éponge de toilette, on pratique le bouturage.

Équilibre climacique. Voir *climax*.

Équilibres ponctués. Une des nombreuses hypothèses explicatives de l'évolution qui, contrairement à la théorie de Darwin préconisant une évolution lente et progressive, imagine que des évolutions successives se sont produites, ponctuées par de grandes extinctions d'espèces et leur remplacement par d'autres (N. Eldredge et J. Gould, 1970).

Eucaryote. Se dit de la très grande majorité des êtres vivants dont les cellules ont un véritable noyau : matériel nucléaire (génome) entouré par une membrane nucléaire.

Évolution. Théorie allant à l'encontre des théories anciennes de fixité des espèces (fixisme ou/et créationnisme), énonçant que les espèces changent, se transforment (tranformisme) finalement, évoluent lorsque les conditions environnementales changent.

Exocytose. Inverse de l'endocytose. Rejet à l'extérieur de la cellule du contenu d'une vésicule intracellulaire ; ce rejet est réalisé par fusion de la membrane vésiculaire avec la membrane plasmique cellulaire.

Exondation (ou émersion). Dans nos régions, deux fois par jour, du fait des marées, des espèces vivantes émergent pendant plusieurs heures ; elles présentent des mécanismes adaptatifs pour survivre à l'air.

Facteur abiotique. Facteur écologique physico-chimique qui ne fait pas intervenir les êtres vivants. Eau, température, lumière sont quelques-uns de ces facteurs abiotiques ; ils existaient avant l'apparition de la vie sur Terre.

Facteur biotique. Facteur écologique faisant intervenir les êtres vivants. À l'intérieur d'une même espèce, entre individus, s'établissent des relations intraspécifiques : compétition, coopération. Entre espèces, il s'agit des relations interspécifiques : prédation, parasitisme...

Facteur écologique. Tout élément du milieu susceptible d'agir directement sur les êtres vivants durant une phase de leur cycle de développement. Les facteurs écologiques sont classés en *abiotiques* ou *biotiques* (voir ci-dessus).

Famille. En biologie, correspond à une subdivision dans la classification des êtres vivants : par ex., la famille des bombycidés, dont fait partie le ver à soie (*Bombyx mori*), la famille des renonculacées dont fait partie le bouton d'or (*Ranunculus repens*).

Fécondation. Union d'un gamète mâle (ou spermatozoïde) avec un gamète femelle (ou ovule) ; le résultat est un œuf fécondé ou zygote.

Fiv. Fécondation in vitro. Obtention d'un œuf fécondé, en éprouvette, par mise en contact d'un ovule et des spermatozoïdes ; par extension médiatique : « bébé éprouvette ». La fécondation déclenche la segmentation : stade 2, 4, 8... blastomères.

Fivete. Fécondation in vitro et transfert d'embryon. Après la Fiv (voir ci-dessus), l'œuf en début de segmentation (embryon) doit être transplanté dans un utérus maternel, traité par des hormones, afin qu'il puisse s'y fixer (nidation) et poursuivre son développement.

Fixisme. Voir *créationnisme*.

Fréons. Voir *CFC*.

Gamète. Cellule germinale ou cellule reproductrice mâle (spermatozoïde) ou femelle (ovule) dont la fusion produira un nouvel organisme.

Gamétogenèse. Ensemble des processus qui conduisent à la production des gamètes. Dans la gonade (testicule du mâle et ovaire de la femelle), les cellules sexuelles primordiales diploïdes (à 2n chromosomes, spermatogonies et ovogonies) subissent une division réductionnelle, la méiose, pour devenir des spermatozoïdes et des ovules. Spermatogenèse du mâle et ovogenèse de la femelle produisent des gamètes haploïdes (à n chromosomes).

Gastrula. Nom donné à l'embryon, après que la blastula a été profondément modifiée par une série de mouvements cellulaires. On nomme *gastrulation* ce processus de transformation. La gastrula apparaîtra alors comme un sac à double paroi s'ouvrant à l'extérieur par un orifice, la blastopore.

Gène. Partie du matériel génétique (ADN) qui détermine la structure d'une chaîne protéique.

Généalogie. En biologie, filiation entre espèces du passé qui ont précédé une espèce actuelle. La représentation est appelée l'arbre généalogique. On parle aussi de phylogénie.

Génétique. Partie de la biologie qui s'intéresse à l'hérédité, c'est-à-dire à la transmission des caractères, de génération en génération, dont on sait qu'ils sont régis par les gènes.

Génie génétique. Ensemble des techniques permettant d'isoler et de caractériser les gènes, puis de les transférer dans un autre organisme afin que celui-ci produise les protéines codées par ces gènes.

Génome. Ensemble du matériel génétique (gènes) d'une cellule, d'un organisme ou d'une espèce (population). Pour cette dernière, on parle aussi de potentiel génique ou pool génique.

Génotype. Ensemble de tous les gènes d'un organisme.

Genre. En biologie, plusieurs espèces présentant des caractères communs sont regroupées en genre. Dans la famille des bombycidés, le genre *Bombyx* comprend plusieurs espèces, dont le ver à soie, *Bombyx mori*.

Géotropisme. Mécanisme comportemental d'orientation sur Terre qui se produit en fonction, en particulier, de la pesanteur : la racine du grain de haricot, en cours de germination, s'enfonce dans le sol ; il s'agit d'un géotropisme positif.

Germen. Ensemble des cellules de la lignée sexuelle aboutissant à la formation des cellules sexuelles ou gamètes. Elles sont considérées comme potentiellement immortelles (transmission de génération en génération) par opposition aux cellules somatiques (du soma) mortelles (disparaissant à la mort de l'organisme).

Glucides ou sucres. Voir *ose*.

Glycolyse. En l'absence d'oxygène, processus de dégradation du glucose, libérant de l'énergie sous forme d'ATP.

Gonade. Glande génitale mâle (testicule) ou femelle (ovaire) au sein de laquelle se forment les gamètes (par gamétogenèse).

Gradualisme. Une des théories explicatives d'une évolution lente, progressive, graduelle, par opposition à une évolution par saut en avant, le saltationisme.

Gymnosperme. Sous-embranchement du règne végétal à « ovule nu », c'est-à-dire porté par des écailles plus ou moins ouvertes ; par opposition, les angiospermes ont un ovule enfermé dans l'ovaire (exemple : le pin maritime avec sa pomme de pin).

Halophyte. Se dit de plantes se développant sur des sols salés.

Haploïde. Cellule ou organisme ne possédant qu'un seul jeu de chromosomes (n chromosomes). C'est le cas des gamètes formés grâce à la méiose à partir de cellules diploïdes (à 2n chromosomes).

Hétérosomes. Chromosomes sexuels, XY du mâle et XX de la femelle, par opposition à l'ensemble des autres chromosomes ou autosomes.

Hétérotrophe. Se dit d'un être vivant incapable de faire la synthèse de substances organiques que doit lui apporter son alimentation. Les animaux, les champignons et certaines plantes sont hétérotrophes.

Hétérozygote. Cellule ou individu diploïde, possédant deux allèles différents d'un gène donné. Quand les deux allèles de la cellule ou de l'individu sont identiques, on dit qu'ils sont homozygotes.

HLA. Human Leucocyte Antigens. Système de groupe sanguin et tissulaire intervenant dans l'histocompatibilité ; sorte de carte d'identité biologique dont la connaissance est indispensable pour la réussite des greffes d'organes.

Homéobox. Séquence de 180 nucléotides bien conservée au cours de l'évolution et commune à beaucoup de gènes régulateurs. Ces gènes dits homéotiques — ou homéogènes — sont impliqués dans l'organisation en segment (métamère) de l'organisme.

Homéogène. Famille de gènes participant au plan d'organisation des êtres vivants, à l'exclusion des procaryotes et des protistes.

Homéostasie. Capacité que possèdent les organismes vivants à maintenir constantes certaines de leurs caractéristiques physiques ou chimiques.

Homéothermie. Capacité que possèdent certains animaux à maintenir constante la température de leur corps, indépendamment de la température du milieu environnant. Les oiseaux et les mammifères sont homéothermes.

Hominidés. Famille des primates comprenant les ancêtres de l'homme et l'homme moderne.

Homoncule (*homunculus*). Petit de l'homme dont on a imaginé l'existence à l'intérieur du spermatozoïde.

Homozygote. Voir *hétérozygote*.

Hyaloplasme. Cytoplasme et différentes inclusions et organites cellulaires contenus dans la cellule, à l'exclusion du noyau.

Hydre. Invertébré d'eau douce (cnidaire, hydrozoaire) existant sous forme d'un polype solitaire de quelques millimètres muni, autour de l'unique orifice qui lui sert de bouche et d'anus, de tentacules urticants. Très grande capacité de régénération.

Hydrolyse. Scission d'une liaison chimique grâce à une molécule d'eau ; l'enzyme intervenant dans cette réaction est appelé hydrolase.

Hydrophile, hydrophobe. Suivant qu'une substance a une affinité, ou une répulsion, pour l'eau, on dit qu'elle est hydrophile, ou hydrophobe.

Hydrosphère. Compartiment aqueux de la planète Terre, la planète bleue : l'hydrosphère couvre sept dixièmes de la superficie de la Terre.

Immunoglobuline. Voir *anticorps*.

Immunologie. Partie de la biologie qui étudie les phénomènes immunitaires : apparition de l'immunité chez les êtres vivants, mécanismes mis en jeu pour défendre l'organisme, applications prophylactiques et thérapeutiques à l'homme et aux animaux domestiques.

Inquilinisme. Relation biotique de type commensalisme mais tendant vers le parasitisme.

Invertébrés. Ensemble des animaux pluricellulaires ne possédant pas de vertèbres, par opposition à ceux qui en possèdent, les vertébrés. Il s'agit d'un regroupement artificiel sans valeur en termes de classification. Les éponges (spongiaires), les méduses et les polypes (cnidaires), les vers (plats, ronds ou annelés), les insectes, les crustacés (arthropodes), les étoiles de mer, les oursins (échinodermes) sont des invertébrés.

Isotherme. En météorologie et donc en climatologie, l'isotherme est une courbe qui réunit des points ou régions du globe terrestre de même température. Il s'agit généralement de température moyenne annuelle. Les isothermes sont à peu près parallèles à l'équateur ; l'hémisphère Nord étant plus chaud que l'hémisphère Sud.

IVG. Interruption volontaire de grossesse.

Lactose. Sucre du lait. Il s'agit d'un dimère, un disaccharide, dont l'hydrolyse montre qu'il est constitué de glucose et de galactose.

Lécithine. Voir *phospholipide*.

Lémuriens. Mammifères, primates, prosimiens (proches des singes). Les espèces de la famille des lémuridés vivent à Madagascar ; beaucoup ont disparu par le passé et celles qui restent sont menacées par la déforestation.

Leucocyte (ou globule blanc). Cellule du sang possédant un noyau dont l'aspect est à l'origine de leur classement en trois types : les polynucléaires ou granulocytes, les mononucléaires ou monocytes et les lymphocytes.

Lignine. Substance organique (glucoside) imprégnant les parois des cellules végétales et leur conférant une grande résistance mécanique (bois).

Lipides. (De *lipos* : « graisse ». Macromolécules insolubles dans l'eau, constituées à partir d'acides gras combinés à d'autres molécules (voir *phospholipides*). Ce sont des constituants majeurs des membranes cellulaires et des réserves énergétiques des êtres vivants.

Lithosphère. Un des trois compartiments de la Terre, celui de la roche ; atmosphère et hydrosphère sont les deux autres compartiments gazeux et liquide. Grâce à la vie, la roche deviendra sol et la partie superficielle de la lithosphère deviendra la pédosphère.

Locus. Sur un chromosome, emplacement où sont situés les deux gènes contrôlant un caractère.

Lymphocyte. Une des trois catégories de leucocytes (globules blancs) du sang. Les lymphocytes sont des cellules de défense immunitaire cellulaire (lymphocyte T) ou humorale grâce à la production d'anticorps (lymphocyte B).

Lysosome. Organite des cellules des eucaryotes entouré d'une membrane et contenant des enzymes digestifs assurant la dégradation des macromolécules. On les compare souvent aux vacuoles digestives des unicellulaires (protistes).

Macroévolution. Théorie explicative de l'évolution par des transformations (mutations) multiples et profondes des espèces.

Macronucléus/micronucléus. Les deux noyaux des protistes ciliés (type paramécie). Le macronucléus, le plus gros des deux, a un rôle trophique, alors que le micronucléus a un rôle génétique. C'est ce dernier qui s'échangera entre paramécies lors de la reproduction sexuée ou conjugaison.

Madréporaires. Voir *coraux*.

Mammifères. Une des cinq grandes classes de l'embranchement des vertébrés, caractérisée par le fait que les femelles allaitent leurs petits à l'aide de mamelles.

Mangrove. Forêt tropicale du littoral, caractérisée par les palétuviers, menacée par les activités humaines.

Marsupiaux. Ordre de mammifères sans placenta, disposant d'une poche ventrale ou marsupium, dans laquelle le petit, après la naissance, demeure plusieurs mois, fixé aux mamelles maternelles : par ex. le kangourou d'Australie.

Méiose (ou division réductionnelle). Processus de division des cellules germinales aboutissant aux cellules sexuelles ou gamètes ne possédant qu'un seul ensemble de chromosomes (n chromosomes).

Mélanine. Pigment brun de la peau et des phanères fabriqué à partir d'acides aminés comme la tyrosine, dans des cellules spécialisées, les mélanocytes. La mutation affectant cette synthèse s'appelle le mélanisme. Les mélano-carcinomes sont des tumeurs malignes, cancers se développant à partir des mélanocytes.

Membrane plasmique (ou membrane cellulaire). C'est la membrane qui limite et entoure la cellule. Il s'agit d'une différenciation de surface du cytoplasme formée d'une bicouche de lipides (phospholipides) où sont incorporées diverses protéines.

Membrane squelettique. Membrane propre aux cellules du monde végétal, se surajoutant à la membrane plasmique. Très riche en cellulose.

Mésoderme. Feuillet embryonnaire des animaux triploblastiques ; il se dissocie en un mésoderme diffus chez les acœlomates ou se creuse de cavités, le cœlome chez les cœlomates. Il formera les muscles, le squelette, le sang...

Mésoglée. Gelée contenant des cellules libres non organisées en tissus, localisée entre l'ectoderme et l'endoderme des animaux diploblastiques (éponges, méduses...).

Métamère. Segment du corps des animaux, résultant de la différenciation des cavités cœlomiques dans le mésoderme. La métamérisation apparaît chez les annélides, vers annelés (un anneau = un métamère), et évolue chez les arthropodes (dont les insectes) et tous les triblastiques cœlomates (invertébrés et vertébrés).

Métamorphose. Ensemble des changements morphologiques et physiologiques qui affectent un animal au cours de son développement : le têtard se métamorphose en grenouille, la nymphe en papillon.

Métaphyte/métazoaire. Ensemble des êtres vivants constituant le règne végétal, par opposition au règne animal (métazoaire).

Microbiologie. Partie de la biologie qui s'intéresse à tous les organismes microscopiques ou microorganismes ; elle comprend la bactériologie, la protistologie, la virologie...

Microévolution. Théorie explicative de l'évolution par des transformations (mutations) lentes et progressives n'affectant que quelques gènes des espèces concernées.

Micromètre ou micron. Mesure de longueur valant un millionième de mètre, soit un millième de millimètre. Symbole : Ùm.

Microorganisme. Ensemble des organismes microscopiques, qu'ils appartiennent au règne végétal ou animal. Ce sont à la fois les bactéries, les levures, les algues, les champignons, les protistes, les virus et, d'une manière générale, les microbes.

Microtubule. Tubule intracellulaire creux constitué de tubuline (protéine) servant à construire le cytosquelette, l'appareil mitotique (fuseau) et l'appareil locomoteur (cil ou flagelle) des cellules eucaryotes.

Mimétisme. Phénomène de ressemblance de certaines espèces animales ou végétales avec le milieu dans lequel elles vivent. Une espèce peut prendre la même couleur ou avoir acquis la même forme que le support sur lequel elle est posée. Le caméléon est célèbre pour son homochromie, le phasme, qui est un insecte (ou bâtonnet), ressemble au lierre dont il se nourrit.

Mitochondrie. Organite cellulaire cytoplasmique siège de la respiration. Elle est la centrale énergétique de la cellule.

Mitose. Mode de division équationnelle des noyaux des cellules eucaryotes ; les chromosomes sont répartis également entre les deux noyaux à 2n chromosomes.

Monomère. Unité chimique élémentaire simple ou complexe, pouvant s'associer en chaîne plus ou moins longue, appelée polymère : l'acide aminé est le monomère constitutif de peptides ou de protéines.

Morphogenèse. En embryologie, développement des formes et des structures des organismes.

Morphologie. Partie de la biologie qui étudie la forme et la structure des organismes vivants.

Morula. Stade embryonnaire au début de la segmentation chez les animaux dont la division de l'œuf est totale.

Mutation. Changement dans le matériel génétique ou dans la structure d'un gène (mutation génique) qui conduit au changement de plusieurs ou d'un caractère héréditaire. Chez un être vivant, elle est spontanée ou provoquée par des substances dites mutagènes.

Mutualisme (ou symbiose). Association à bénéfice réciproque entre deux espèces.

Mycorhize. Produit de l'association symbiotique (mutualiste) entre le mycélium d'un champignon et la racine d'un arbre. En forêt de chênes, les truffes sont des fructifications du mycélium mycorhizien des racines des chênes dits truffiers.

Myéline. Substance lipo-protéique entourant l'axone d'une cellule nerveuse (neurone) ; il s'agit en fait d'un enroulement de la membrane plasmique de la cellule de Schwann, autour de l'axone.

Myéloblaste. Cellule souche des globules blancs ou leucocytes ; en se multipliant et en se différenciant le myéloblaste est capable de donner les différents types de leucocytes du sang.

Myosine. Protéine-enzyme, capable de scinder l'ATP et de s'associer aux fibres d'actine dans les fibrilles musculaires (myofibrilles). Tous les mouvements cellulaires semblent mettre en jeu une association de type acto-myosine.

Néodarwinisme. Théorie de l'évolution de Darwin revue grâce à la génétique mendélienne et permettant de conforter le gradualisme, c'est-à-dire une transformation progressive des espèces. L'évolution est scientifiquement démontrée, ou presque !

Néolithique : « Âge de la pierre polie ». Il s'agit d'une période préhistorique comprise entre moins 5 000 ans à moins 2 500 ans avant J.-C., période cruciale pour l'histoire de l'humanité. L'homme devient sédentaire et invente l'agriculture et l'élevage.

Néoténie. Conservation de l'état larvaire (juvénile) chez des animaux qui ne font pas leur métamorphose et dont la maturité sexuelle peut apparaître précocement ; le résultat ultime est la reproduction à l'état larvaire : cas fréquents chez les amphibiens urodèles.

Neurobiologie. Partie de la biologie s'intéressant aux cellules nerveuses et par extension au système nerveux ; apparition, développement dans le monde animal jusqu'à l'homme, fonctionnement (neurophysiologie) et dysfonctionnement chez l'homme et l'animal : maladie de Parkinson, tremblante du mouton, encéphalite spongiforme bovine (ESB)...

Neurone (ou cellule nerveuse). Cellule comprenant essentiellement un corps cellulaire, des arborescences nombreuses ramifiées à rôle récepteur, les dendrites, enfin un prolongement émetteur, l'axone. Ce dernier, au contact avec les dendrites d'un autre neurone, forme une jonction : la synapse, assurant la transmission de l'influx nerveux par le biais d'un neurotransmetteur chimique.

Neutralisme. Neutralité entre deux espèces dont les besoins en espace ou en nourriture sont différents : poisson herbivore et oiseau insectivore.

Noolithique. (Du grec *noos* : « esprit ») ; après le paléolithique et le néolithique, l'époque actuelle de communication, époque du cerveau planétaire, et donc de l'esprit, méritait bien, par analogie, d'être baptisée le noolithique.

Noyau. Appareil central caractéristique des eucaryotes, contenant les chromosomes et les enzymes nécessaires à la duplication (réplication) et à la transcription de l'ADN, en faisant le chef d'orchestre du fonctionnement cellulaire.

Nucléole. À l'intérieur du noyau, corpuscule formé d'ARN ribosomal (ARNr) ou futurs ribosomes.

Nucléotide. Monomère des acides nucléiques constitué d'une base (purique ou pyrimidique) d'un sucre (le ribose ou le désoxyribose) et d'une molécule de phosphate.

Océanographie. Science qui étudie les océans et les mers ainsi que les êtres vivants qui les peuplent. Pour ces derniers, on parle aussi d'océanographie biologique.

Œuf (ou ovule fécondé). Voir *zygote*.

OGM. Organisme génétiquement modifié, c'est-à-dire modifié par un transfert de gène, le transgène, susceptible d'améliorer l'organisme en cause ou de lui faire acquérir des propriétés nouvelles. On dit de cet organisme qu'il est transgénique. On a pratiqué la transgenèse.

OMS. Sigle de l'Organisation mondiale de la santé.

Oncogène. Gène normalement impliqué dans la division cellulaire et qui, par suite d'une mutation ou d'une amplification, peut devenir responsable d'un cancer. L'état initial du gène est aussi appelé protooncogène.

Ontogenèse. Réalisation d'un individu adulte à partir de l'œuf fécondé. Elle comporte le développement embryonnaire et le développement post-embryonnaire.

ONU. Sigle de l'Organisation des Nations unies.

Ordre. Dans la classification des êtres vivants, une subdivision de la classe (par ex., la classe des insectes comprend les ordres des lépidoptères (papillons), des coléoptères (cétoines...), des isoptères (termites...) etc.

Organogenèse. Formation des organes au cours du développement embryonnaire. Ce processus s'accompagne de la différenciation cellulaire.

Ose. Composé organique du carbone, de l'hydrogène et de l'oxygène, à la base des sucres ou glucides. Selon le nombre d'atomes de carbone : (3 C) : triose, (5 C) : pentose (dont le ribose et le désoxyribose), (6 C) : hexose (glucose, fructose...).

Osmose/diffusion. Échange spontané d'un atome, d'un ion ou d'une molécule à travers une membrane semi-perméable lorsque la concentration de ces éléments n'est pas la même des deux côtés de la membrane.

Oviparité. Mécanisme de reproduction des animaux par la ponte d'un œuf fécondé qui se développera à l'extérieur du corps de la mère, par opposition à la viviparité : de nombreux invertébrés et vertébrés pondent des œufs.

Oviste. Partisan de la théorie selon laquelle l'œuf (ovule) contient en lui tous les éléments indispensables à la réalisation du petit homme, par opposition au spermatiste (ou séministe) partisan du spermatozoïde.

Ovogenèse. Fabrication de l'ovule ou gamète femelle. Voir *gamétogenèse*.

Ovulation (ou ponte ovulaire). Il s'agit, chez les mammifères, de l'émission de l'ovule par éclatement du follicule qui le contient au niveau de l'ovaire. L'ovule passe alors par la trompe dans l'oviducte où il sera fécondé et poursuivra son développement.

Ozone. Gaz formé de trois atomes d'oxygène (O3), facilement décomposable en oxygène moléculaire (O2) et en atome d'oxygène (O). L'ozone constitue d, dans la haute atmosphère, l'ozonosphère, qui arrête les radiations ultraviolettes (UV.B).

Paléolithique. Période la plus ancienne des temps préhistoriques.

Paléontologie. Science qui s'intéresse aux êtres qui ont vécu sur la planète. Terre au cours des temps géologiques. Certains de ces êtres ont laissé des traces ou restes fossiles qui sont étudiés quant à leur datation et à leur évolution, en fonction des conditions écologiques régnant alors (paléoécologie). La paléontologie est animale, végétale ou humaine, selon l'objet d'étude.

Panspermie. Théorie selon laquelle la vie sur Terre se serait développée à partir de germes venus de l'espace. Cet ensemencement serait involontaire pour les uns, volontaire (dirigé) pour les autres.

Paramécie. Être unicellulaire, protiste cilié (infusoire) d'eau douce, facile à obtenir en réalisant une « infusion de foin ». C'est sûrement l'être unicellulaire qui révèle à l'observateur le maximum de différenciations cellulaires, autrement dit, c'est la cellule-individu la plus spécialisée.

Parasitoïde. Parasite qui tue son hôte.

Parasitisme. Relation biotique entre deux espèces dont l'une, le parasite, vit aux dépens de l'autre, l'hôte. Le parasite ne tue pas son hôte !

Parthénogenèse. Reproduction sans mâle ; l'ovule se développe sans fécondation.

Pélagiques. Se dit des êtres vivants (animaux ou végétaux) de la haute mer, par opposition à ceux qui vivent sur le fond, dits benthiques.

Peptide. Substance formée par l'union de deux ou plusieurs (petit nombre) acides aminés grâce aux liaisons peptidiques : $- CO - NH -$. Il s'agit d'une liaison entre la fonction acide d'un acide aminé et la fonction amine d'un autre, avec perte d'eau. D'ailleurs l'hydrolyse d'un peptide permet d'en séparer les acides aminés constitutifs.

Peuplement. En écologie, ensemble des espèces vivant sur un territoire déterminé et qui présentent entre elles un caractère commun, par ex. le même régime alimentaire : oiseaux insectivores, mammifères granivores...

Phagocytose. Engloutissement de grosses particules par une cellule. Il s'agit d'une endocytose. Ex. : un leucocyte phagocyte une bactérie.

Phanérogames. Chez les végétaux, embranchement des plantes dont les organes reproducteurs sont apparents, par opposition aux cryptogames ; on dit aussi plantes à fleurs ou mieux plantes à graines.

Phénotype. Ensemble des caractéristiques (morphologiques, anatomiques et physiologiques) déterminées par l'ensemble des gènes (génotype) de l'organisme.

Phéromone. Odeur émise par l'un des partenaires et reconnue par l'autre, de la même espèce. Il existe différents types de phéromones, par exemple la phéromone sexuelle favorise la rencontre des sexes pour l'accouplement.

Phorésie. (Du grec *phorêsie* : « transport »), relation de commensalisme entre deux espèces, l'une assurant le transport de l'autre.

Phospholipide. Lipide complexe phosphoré à propriété amphotère : la molécule présente un pôle hydrophile et un pôle hydrophobe. L'exemple type en est les lécithines, constituant les bicouches lipidiques des membranes biologiques.

Photique. Se dit, dans le milieu marin, de la zone où arrive la lumière. Au-dessous de cent mètres, il fait une obscurité totale.

Photosynthèse. Mécanisme biologique de synthèse des matières organiques à partir des éléments minéraux (gaz carbonique et eau) réalisées par les végétaux chlorophylles grâce à l'énergie lumineuse. Le déchet de la réaction est l'oxygène.

$$CO_2 + H_2O \rightarrow CH_2O + O_2$$
sucre

Physalie. Voir *cnidaires*.

Physiologie. Partie de la biologie qui étudie les grandes fonctions du vivant : digestion, respiration, excrétion... ainsi que les appareils et les organes concernés. La physiologie digestive, par exemple, concerne la digestion et l'appareil digestif (tube digestif et glandes annexes) producteur des enzymes digestifs.

Phytoflagellé. Protiste à affinité végétale se déplaçant grâce à un ou plusieurs flagelles.

Phytoplancton. Ensemble des organismes à affinité végétale constitutif du plancton. Ce sont des organismes de petite taille : diatomées, micro-algues, phytoflagellés...

Pinocytose. Engloutissement de petites particules, voire de molécules de protéines ou de lipides par une cellule. Il s'agit d'une endocytose. Par exemple, l'ovocyte de l'insecte pompe par pinocytose la vitellogénine (protéine) qui réalisera le vitellus de l'œuf d'insecte.

Place systématique. Place occupée par une espèce dans la classification du monde vivant. Voir également *systématique, taxinomie*.

Plancton. Ensemble des êtres vivants qui flottent plus ou moins passivement dans les eaux marines ou lacustres, par opposition à ceux qui s'y déplacent activement (comme les poissons) et forment le necton. On distingue généralement dans le plancton une composante végétale, le phytoplancton, et une composante animale, le zooplancton.

Plasmide. Chez certaines bactéries, petit fragment circulaire d'ADN, indépendant du chromosome, susceptible de se transmettre entre bactéries à l'occasion de la conjugaison.

Plaste. Organite cellulaire uniquement présent chez les végétaux, à activité métabolique importante. Les chloroplastes contiennent la chlorophylle, assurent la photosynthèse, et sont les plus caractéristiques du monde végétal producteur de l'oxygène que nous respirons.

Pluricellulaires. Ensemble des êtres vivants formés de nombreuses cellules végétales (métaphytes) ou animales (métazoaires), par opposition aux unicellulaires formés d'une seule cellule.

Pluripotence. Voir *totipotence*.

Pneumatophore. Qui contient de l'air. Ce terme est employé pour désigner les racines aériennes (pleines d'air) du palétuvier, mais aussi le flotteur (plein d'air) des physalies (voir *cnidaires*).

Poïkilotherme. Se dit d'animaux dont la température du corps fluctue comme la température extérieure, par opposition aux homéothermes, à température constante. Tous les invertébrés et les vertébrés, à l'exception des oiseaux et des mammifères, sont des poïkilothermes.

Polymère. Macromolécule formée par association, on dit polymérisation, d'unités moléculaires, les monomères : polypeptide, polysaccharide, acide nucléique...

Polymorphisme. Au sein d'une population, diversité de formes (de phénotype) à mettre en relation avec une diversité de gènes (présence de plusieurs allèles).

Polypeptide. Macromolécule formée par polymérisation de nombreux acides aminés (monomères) unis par des liaisons peptidiques.

Polysaccharide. Macromolécule formée par polymérisation de nombreux sucres (monomères) : la cellulose est un polymère du glucose (sucre à six carbones).

Polysome. Dans le cytoplasme de la cellule, association de nombreux ribosomes avec le filament d'ARN messager (ARNm). Rôle fondamental dans la synthèse des protéines.

Population. Ensemble des individus de la même espèce qui vivent sur un territoire limité.

Potentiel génique (ou pool génique). Ensemble des gènes d'une population et susceptible d'évoluer sous l'influence de l'environnement.

Prédation. Relation biotique fondamentale de type alimentaire : un prédateur mange sa proie.

Primates. Ordre des mammifères comprenant, en plus des lémuriens, les singes (simiens) et les hommes (hominiens).

Prion. De l'anglais « proteinous infection particule », protéine devenue infectieuse par suite d'une mutation ; responsable d'encéphalites (tremblante du mouton, ESB...).

Procaryote. Se dit des êtres vivants primitifs unicellulaires dont la cellule a un matériel nucléaire (génome) non limité par une membrane nucléaire. C'est le cas des bactéries et des cyanobactéries ou cyanophycées.

Producteurs. Ensemble des autotrophes, c'est-à-dire des végétaux chlorophylliens, produisant par la photosynthèse, de la matière végétale : la quantité produite est la production primaire ou productivité primaire brute. Ils constituent la base de la pyramide des biomasses et de la chaîne trophique ; ils sont mangés par les consommateurs.

Protéine. Macromolécule formée par polymérisation de nombreux acides aminés (voir aussi *polypeptide*).

Protéinoïde. Protéine obtenue expérimentalement au laboratoire, par opposition aux protéines naturelles.

Protiste. Être vivant unicellulaire et microscopique. Le déplacement est assuré par un ou plusieurs flagelles chez les flagellés, des cils chez les ciliés... Ils sont à affinité végétale (protophytes) ou à affinité animale (protozoaires). Leur étude constitue la protistologie ; cette discipline est en plein essor car ils sont responsables de nombreuses maladies.

Protozoaire. Protiste à affinité animale, par opposition au protophyte, à affinité végétale.

Psammophile. (Du grec *psammos* : « sable »), plante croissant sur le sable.

Pseudopode. Expansion cytoplasmique d'une cellule servant soit à la locomotion (mouvement de l'amibe), soit à la phagocytose (capture d'une bactérie par un leucocyte).

Ptéridophytes. Ensemble des plantes vasculaires primitives comprenant les fougères et espèces voisines (prêles...).

Récessif (gène). Son activité est masquée par la présence d'un type différent du même gène dit dominant.

Régénération. Processus de reconstitution de tout ou partie d'un organisme, suite à un accident ou à l'autotomie (pince du crabe, queue du lézard).

Réplication. Voir *duplication*.

Respiration. En physiologie, inspiration de l'air apportant de l'oxygène à l'organisme qui expirera du gaz carbonique et de la vapeur d'eau. Au niveau cellulaire, dans la mitochondrie, l'oxygène brûle les sucres et permet la reconstitution de l'ATP.

Réticulum endoplasmique. Dans la cellule eucaryote, système membranaire formant un réseau ou labyrinthe de vésicules et poches dans lesquelles s'accumulent les protéines avant de rejoindre l'appareil de Golgi. Réticulum endoplasmique et polysome forment l'ergastoplasme (plasme de travail), l'usine de fabrication des protéines, par enchaînement des acides aminés.

Ribose. Sucre à cinq atomes de carbone (pentose) entrant dans la constitution de l'ARN ; le désoxyribose constituant l'ADN.

Ribosome. Particule d'ARN et de protéines formée de deux sous-unités de taille inégale et stockée dans le nucléole du noyau. Dans le cytoplasme, les ribosomes s'associent avec l'ARNmessager (ARNm) formant les polysomes intervenant dans la synthèse protéique.

Ribozyme. ARN à action enzymatique.

Saltationisme. L'une des théories explicatives de l'évolution des espèces par saut en avant, par opposition à une évolution lente et progressive (gradualisme).

Saprophyte. Se dit d'un organisme (microorganisme ou végétal) se nourrissant de matière organique en décomposition et contribuant à sa destruction. On l'appelle aussi détritivore. Ce sont des bactéries, des champignons et quelques végétaux supérieurs.

Segmentation. En embryologie, processus qui fait suite à la fécondation de l'œuf. Il s'agit de divisions successives (mitoses) produisant des blastomères s'organisant en morula (massif plein) puis en blastula (massif creux).

Séministe ou spermatiste. Partisan de la théorie selon laquelle le spermatozoïde contient en lui tous les éléments indispensables à la réalisation du petit homme (ou *homunculus*), par opposition aux ovistes partisans de l'ovule.

Sémiosphère (ou sphère des signes). Au sein de la technosphère, les systèmes d'échange d'information par signes variés constituent la sémiosphère.

Sempervirente (ou semper virens). Se dit de plantes qui restent vertes toute l'année, c'est-à-dire qui ne perdent pas leurs feuilles à la mauvaise saison, comme le font les plantes caducifoliées.

Séquençage. Opération qui consiste à déterminer l'ordre d'enchaînement des monomères dans un polymère. Par exemple, l'ordre des acides aminés dans une protéine.

SIDA. Syndrome d'immunodéficience acquise.

Soma. Ensemble des cellulaires ?? ?? ?? ? réalisant un organisme vivant à l'exclusion des cellules sexuelles constituant le germen.

Spéléologie. Science qui a pour objet l'exploration et l'étude des cavités naturelles du sol : grottes ou cavernes. Elle est pratiquée par des spéléologues professionnels et amateurs.

Spermatogenèse. Fabrication des spermatozoïdes ou gamètes mâles. Voir *gamétogenèse*.

Spongiaires. Voir *éponges*.

Stomate. (Du grec *stoma* : « bouche »), ouverture en forme de bouche de l'épiderme des feuilles, servant aux échanges de gaz (dont la vapeur d'eau) entre la feuille et l'extérieur. C'est au niveau des stomates que se fait la transpiration du végétal ; leur ouverture est régulée afin que soit assurée l'homéostasie en eau de la plante.

Sucre (ou glucide). Voir *ose*.

Sulfamide. Composé à activité antibiotique caractérisé par la présence d'un groupement sulfamide, amide dérivant de l'acide sulfonique. Par extension, on nomme aussi sulfamides des composés antibiotiques où l'on a substitué au groupement sulfamide un groupement sulfone, sulfoxyde...

Symbiose. Voir *mutualisme*.

Synapse. Zone de contact entre l'extrémité axonale d'un neurone et un autre neurone ou son dendrite (voir aussi *neurone*).

Systématique ou **taxinomie.** Partie de la biologie qui s'intéresse à la classification des êtres vivants (l'unité de base étant l'espèce ; genre, famille, ordre, classe, et embranchement étant les principales subdivisions) et à la place occupée par chaque espèce dans cette classification. On parle de place systématique.

Taxinomie. Voir *systématique*.

Technosphère. Enveloppe écologique de l'homme réalisée par les techniques.

Télomère. Extrémité d'un chromosome.

Thalle. Appareil végétatif d'une plante lorsqu'il n'est pas différencié en racines, tiges et feuilles. Les plantes à thalle forment l'embranchement des thallophytes : algues, champignons et lichens.

Thérapie génique. Traitement de maladies génétiques (ou cancers) par transfert de gènes ; en tout début d'expérimentation sur l'homme.

Totipotence et **pluripotence.** Capacité d'une cellule de pouvoir être à l'origine de tous les types cellulaires d'un organisme. C'est le cas des premiers blastomères lors de la segmentation de l'œuf. Cette capacité se restreint lorsque la gastrulation conduit à la différenciation cellulaire. Pourtant, il reste encore des cellules souches, à capacité réduite, on dit qu'elles sont pluripotentes : par ex., les cellules souches de la moelle peuvent donner les différents types de cellules sanguines, mais pas celles de la peau.

Traduction. Mécanisme permettant de transformer l'information génétique (code) contenue dans l'ARN messager (ARNm) en protéine.

Transgenèse. Procédé de transfert d'un gène, le transgène, dans la lignée germinale d'une plante ou d'un animal, afin de lui faire acquérir une propriété nouvelle codée par le transgène. Les plantes et animaux ainsi modifiés sont dits transgéniques.

Transcription. Mécanisme permettant à la cellule de transcrire, c'est-à-dire copier l'ADN des gènes en ARN.

Transition démographique. Période pendant laquelle une population humaine à fortes natalité et mortalité devient une population à faibles natalité et mortalité.

Transposon. Gène « baladeur » ou « sauteur » dont l'existence avait été imaginée par Barbara McClintock (prix Nobel en 1983) alors qu'à la suite des travaux de Gregor Mendel, fondateur de la génétique, on croyait à la stabilité de matériel génétique.

Trios. Sucre à trois carbones. Voir *ose*.

Triploblastique. Ensemble des animaux dont le développement embryonnaire met en jeu trois feuillets : ectoderme, endoderme et mésoderme.

Trophallaxis. Chez des insectes sociaux, échange mutuel de nourriture entre adultes et larves ; ex. : les abeilles.

Unesco : United Nations Educational, Scientific and Cultural Organization. En français : Organisation des Nations unies pour l'éducation, la science et la culture.

Unicellulaire. Ensemble des êtres vivants constitués par une seule cellule de type procaryotes : bactéries, algues bleues, ou eucaryotes : protistes.

UV. Pour ultraviolet. Les rayons ultraviolets sont des radiations dont le spectre est au-delà du violet, et dont la longueur d'onde est comprise entre 4 000 Å et 200 Å. Ils sont invisibles par l'œil humain, mais sont dangereux pour la peau.

Vacuole. Cavité à l'intérieur d'une cellule, limitée par une membrane et contenant un liquide (ou suc) vacuolaire. L'ensemble des vacuoles d'une cellule forme le vacuome.

Vertébrés. Ensemble homogène (embranchement) des animaux possédant des vertèbres, par opposition aux invertébrés qui n'en ont pas. Poissons, amphibiens, reptiles, oiseaux et mammifères sont les cinq classes de l'embranchement des vertébrés.

VIH. Virus d'immunodéficience humaine. Il est responsable chez l'homme du sida (Syndrome d'immunodéfience acquise).

Virologie. Partie de la microbiologie qui a pour objet d'étude les virus.

Virus. Être acellulaire constitué essentiellement d'un génome (ADN ou ARN) entouré par une capside protéique ou enveloppé par une membrane. Ne disposant d'aucun organite cellulaire, il parasite une cellule afin d'assurer sa reproduction ; la cellule parasitée est lésée ou tuée.

Vitellus (ou jaune de l'œuf). Représente la réserve nutritive de la cellule-œuf. Il s'agit d'une protéine, la vitellogénine, accumulée par pinocytose ; elle servira au développement de l'embryon.

Viviparité. Mécanisme de reproduction des animaux par naissance d'un nouveau-né déjà développé à l'intérieur des voies génitales de la femelle : les mammifères sont vivipares.

Zooflagellé. Protiste à affinité animale se déplaçant grâce à un ou plusieurs flagelles.

Zoologie. (Du grec *zôon* : « animal » et *logos* : « étude »), partie de la biologie dont l'objet d'étude est le monde animal. Les zoologistes étudient les animaux.

Zooplancton. Ensemble des animaux constituant le plancton ; les végétaux formant le phytoplancton.

Zygote. Autre nom donné à l'œuf fécondé. Résultat de la fécondation d'un ovule par un spermatozoïde, il possède 2n chromosomes : il est diploïde.

TABLE DES MATIÈRES

Troisième partie
L'espèce,
unité de base du monde vivant

Quatrième partie
L'écosystème,
unité de base de la biosphère